JN200229

機械設計失敗事典

—99の事例から学ぶ正しい設計法—

飯田　眞［著］

読者の皆様へ

筆者は約40年間をエンジン設計にささげてきた仕事人間です。昔のことですから拘束時間が厳しかったですが，設計業務は面白い経験ばかりでした。しかし，現場を引退し大学で非常勤講師をしていた際に，「将来の仕事として開発に関わる厳しい設計はしたくない」と考えている学生が多いことを知り，残念でなりませんでした。彼らは，自分が設計ミスをすることを極度に恐れているのです。

失敗は，特別なことではありません。開発とは挑戦であるとともに，失敗によって製品を改善していく作業ともいえ，怖がる必要はないのです（ケアレスミスのような失敗は避けるべきですが）。筆者は，発生した不具合の対策活動にわくわくする気持ちもありました。もちろん，対策活動は緊急性があり業務としては厳しいですが，不具合の原因を追究し，改良することには技術者冥利につきる面白さがあるのです。

本書は，「設計の失敗」だけでなく，「製造時の失敗」「整備の失敗」「使われ方による失敗」および「マネジメントの失敗」の事例を取り扱っています。これらの事例がなぜ失敗したのか，その現場環境を紹介し，解決策を示すことで，ミスを無くすとともに量産しやすい設計法を身に付け，一段階上の技術者を目指すための橋渡しとしています。

また，本書では，筆者が長年にわたり蓄積し日常的に活用してきた実務データを端々に掲載しています。これらの実務データや克服技術のノウハウは，各団体や個人が非公開にしていることが多く，貴重ですので，日常業務などで有効に活用できると思います（もちろん，筆者が現役時の数値ですので，適宜，皆様自身で再確認・更新は必要です）。

「失敗」には無限のパターンがありますので，本書でお役に立てることは限定的です。しかし，本書は失敗事例（NG）を通して事故そのもののメカニズムを知るだけでなく，「未然に不具合を避ける設計」や「原因究明や対策活動に立ち向かう姿勢」を学べるよう執筆しています。本書により，設計に興味を持っていただくとともに，「失敗は知らなかった技術に触れ，新たなノウハウを身につけるチャンス」とポジティブに向き合い，現場に強い設計者となる一助としていただければ幸いです。

最後になりましたが，本書の出版にあたり，日本大学理工学部の堀内伸一郎特任教授および一般社団法人日本ねじ研究協会の来住健理事には，詳細に内容を査読いただくとともに，多くのアドバイスをご提示いただきました。また，本書内の図表や技術情報の掲載においては，いすゞ自動車の他，各部品メーカ，工具メーカなどに快く許諾していただきました。この場を借りて，深く感謝いたします。

2025年3月　飯田　眞

目　次

1章 機械設計と失敗概論

2章 重大事件・事故となった失敗

3章 起こしやすい失敗と克服技術

各種区分・項目別の関連 NG 一覧

ここでは，本書に紹介している失敗事例（NG）を部品・技術・工程などの項目別に整理し，関連している節・NG 番号をまとめています。ご自身が直面している問題に近い事例がどれか，などを探す場合にご活用ください。なお，各節・NG が掲載されているページにつきましては，前記の目次を参照ください。

区分	項目	主な関連節	関連 NG
製造工程（締結・整備・点検を除く）	鋳造（アルミ・鋳鉄等）	3-12, 3-13	97　98
	焼結	3-01～03	19
	溶接・ろう付け・熱処理	3-01～04	06　08　20～23　37～40
	加工硬化・硬化法	3-01-8	31～33　37～40
	表面処理（塗装・めっき・コーティング）	3-04-3	45　50～52　56
	ホースクリップ	3-07-3	83～87
	圧入・焼きばめ・冷しばめ	3-01-9	34　41
	組立・検査	3-05	10　25　57　58　65～75　77
	加工	3-01-8	32　37　64　79
	工具・設備	1-06, 3-05	65～69
	人的ミス（設計・生産工程以外の）	1-06	01～03　05　07
締結	締付け・カシメ	3-04, 3-05	02　03　16　24～27　35 46～75　78　95
材料（表記以外は鉄系）	非鉄金属（アルミ・銅など）	3-01-8	31　32
	ゴム・樹脂・シール剤	3-07	10　12　56　77～79
	流体（燃料・冷却水・油など）	2-02	05　78
業界（自動車を除く）	鉄道	2-02, 2-03	06　08　23　96
	船舶	2-02	09
	航空・宇宙	2-01, 2-04	01　03　13　80
	昇降機	2-01	04
	建築・土木・プラント	2-04	10　75
原因と故障モード	強度不良による折損	3-01	08　09　12　14～26　29　30
	振動・疲労強度	3-01-7	04　08　28　29
	腐食・キャビテーション	3-03	02　42～45
	潤滑不良	3-08	01　36　53　88～90
	火災	1-06	05　76
	熱処理・残留応力	3-02-2	06　08　20　23　37～40
	熱膨張差	3-02-1	35　36　54　55　79

区　分	項　目	主な関連節	関連 NG
原因と故障モード	整備不良・締付不良	3-05	01　02　49　66　68～70　76
	高トルク締付の課題	3-09-4	68　69
	耐寒性・耐熱性	3-05	13　53　55　80　83　91　92
	漏れ	3-06, 3-07	13　27　32　35　74　75　77～81　83　85
	水素脆性破壊	3-04-8	59～62
	ブレーキ	2-02	04　05　07
	制御不能	3-11	94　96
	排出ガス・燃費など	2-04	11
	異常な使われ方	2-02	05　07　90　93　94
	製造欠陥	3-01-7	06
要素部品	軸受	2-01, 3-02	01　36
	ボルト	2-01 3-06-2	02　03　09　16　46～75　78
	ガスケット	3-04-6	27　31　32　35　57　58　64　75～81
	ブレーキ	2-02	04　05　07
	ソレノイド	2-01	04
	継手・フランジ	3-05-8	02　09　75
	免震ゴム	2-04	10
	O リング	3-07-1	13　80　81
	制御・ソフト	2-04	11
管　理	企画・プロジェクト推進	3-02	10　11　13　99
	安全設計・誤組付け	3-02	02～05　07　12　35～41
	マニュアル・基準・規格	1-00, 1-01	01　02　04～06　08　20～23　26　32～34　37　38　41　44　45　47～48　50～52　58～62　71～73　82　89　91　92
	エレキ制御（ソフトウェア）・電気系	2-04	04　11　96
	品質管理・生産管理	2-04	06　08　10
	実験・評価・品質保証	3-02	11　12　14　19　20　29　65
	整備 （保全・定期点検・部品交換など）	2-01	01～04　14　20　76　93　94
	教育	2-03	01　02　05～09
	リソース不足	2-04	01　10　11
	法令遵守（コンプライアンス）・ガバナンス	2-03	10～14
	コスト （投資回収・コスト意識など）	3-13	98　99

常用図表・技術計算式一覧

ここでは，設計業務を進めていく際で日常的に使用するグラフ・表や計算式などを一覧としてまとめました。掲載されているページにフセンなどを立てておくと，ぱっと開けて便利に使えます。

各種区分別の常用図表リスト

各種区分別の常用図表リスト（続き）

常用技術計算式リスト

項番号	式の名称	式番号	掲載ページ
3-01-7	両端固定直管の固有振動数	a	p.128
	固有振動数の計算例	b	p.128
	管の内面応力	a	p.130
3-01-9	圧入接合面の面圧	a	p.139
	圧入接合部面積	b	p.139
	圧入部の伝達トルク	c	p.139
	圧入外筒の内面応力	d	p.139
3-02-1	温度変化のある締結物の軸力変化	a	p.142
	相対収縮量	b	p.143
	ボルトばね定数	c	p.143
	被締結物（アルミヘッド）ばね定数	d	p.143
3-02-3	軸と円筒圧入時の円筒内面圧を求める式	a	p.151
	円筒と軸の伝達トルクを求める式	b	p.152
	円筒加熱時の必要最低隙間を求める式	c	p.152
	焼きばめ歯車の上下限伝達トルク計算例	e	p.152
	焼きばめ歯車必要圧入荷重計算例	f	p.152
	歯車の焼きばめ温度計算例	g	p.153
3-07-2	アレニウスの式	a	p.232
	反応速度の対数を求める式	b	p.232
	ゴムの簡易寿命予測の式	c	p.233
3-13-1	VE 手法の価値の定義式	a	p.259

本書執筆者によるサポートページ

https://www.iida-engineering.com
本書に関するご質問や，ご意見などをお寄せください。

1章

機械設計と失敗概論

00 本書の狙いと活用方法

本書は，実務経験のない学生や，経験の浅い技術者に向けて，経験から得られる技術を早く身につけてもらうことと，設計着手時や失敗時（故障など）に対策方針を計画する時の羅針盤となることを狙った本です。実務経験のない読者にとっては設計から量産した後までの実作業の内容や関連部署との連携の重要性を垣間見ることができるでしょう。また実務者には小さい設計ミスや配慮不足が命に関わる事故につながる可能性があることを認識する良い教科書となるでしょう。

1. 大学の勉強は役に立たない？

筆者は就職直後の頃，失敗が怖くて図面の中心線さえ描くのに躊躇したことを思い出します。実務に携わる技術者の中には「大学で習ったことなど役に立たない」と言う人がいますが，決してそのようなことはありません。大学で学ぶ知識は重要です。彼らが言いたいのは，「基本的な設計はできても，実務的知識がなければ使いものにならない」ということでしょう。

大学の研究や理論の世界とは異なり，実務においては様々な環境条件が有機的かつ複雑に絡んできます。例えば，学生時代に機械の 4 力学（機械・材料・流体・熱）を完璧に修めたとしても，樹脂・ゴム・薬品にまで詳しい人は，まずいないでしょう。長年実務に携わっている技術者でさえ，腐食や摩耗，ボルト締結技術，低温や高温環境の複合的影響までを理解している人は少ないのです。技術者の方には，これらの実務的なノウハウに興味を持ってほしいと思います。

2. 会社の設計マニュアルでも役に立たないことがある。

設計マニュアルは，設計時に失敗を繰り返さないための設計基準書です。大手企業では，設計マニュアルが整備されていて，日常設計や開発中の不具合対策設計に不自由なく対処できるものと思います。しかし，その設計基準に沿って設計したものが厳しい評価試験を合格して量産したにもかかわらず出てしまう不具合もあるでしょう。それはきっと経験していない新たなメカニズムで故障した失敗なのです。自社で未経験の失敗は，マニュアル化されてないので無理はありません。本書で扱っている失敗事例は，各社においてマニュアル化されていないものが多いと思います。マニュアルは常に見直（アップデート）さないと，内容が実情と乖離していき陳腐化して使われなくなるのが一般的です。したがって，読者の皆様にはマニュアルの改訂にも積極的に自ら関わってほしいと思います。それが組織のノウハウの向上と，役立つマニュアルにつながるのです。

3. 失敗経験は無駄か？

製品の故障（失敗）は，単純なメカニズムが有機的に絡みあって起こります。失敗を繰り返さないためには，この失敗克服技術を再発防止の設計マニュアルとして使いやすい形に整理して残すことが大切なのです。筆者は，難しい不具合対策活動をするたびに，そこで得られた情報をハンドブックのように使いやすく整理して，自分のノウハウ集として活用するとともに，当時勤めていた自部署のデータベースに保存していました。それでも組織的なデータ保存としては不十分でした。日常の業務は多忙であり，記録を残すことは簡単なようで，なかなかできないものです。しかし，膨大な対策業務で得られた技術を整理しなければ，関係者以外に伝承することは不可能で，再発防止のためのノウハウにならないのです。筆者にとっても，これらの技術情報こそ新鮮で魅力的なデータでした。

皆様ご存知の人工衛星［はやぶさ 2］帰還の成果は，［はやぶさ 1］の失敗経験を最大限生かして，最高の成果を上げるこで『挑戦の結果失敗したときには，その経験を生かしてより良い物づくりをしなさい！』と伝えているのです。

若い技術者は技術レベルが低いのではなく，実務経験が少ないことで結果的に，複合的なメカニズムなどには弱いのす。だから失敗はある意味必然なのです。それをサポートするのが先輩です。とはいえ，無駄・無益な失敗は少ないほうが良いに決まっています。本書の先人たちの失敗談から得られるノウハウ（Know-How；秘密の技術知識，経験の集積）を積むだけでなく，自分事として使えるデータを活かすことで，不毛な失敗を避けていただければ幸いです。

4. 日常の実務に役に立つ失敗学

世の中の失敗克服技術の多くはノウハウとして，各組織の技術力（存在価値）になっています。しかし，貴重なノウハウなので外部に出ることはほとんどありません。そのなかで『失敗百選』[1]（中尾政之著），『続々・実際の設計』[2]（畑村洋太郎著）などは貴重な資料だと思います。とはいえ上記書籍の失敗学は，どちらかと言えば経験深い技術者の方がさらに技術の幅と深さを求める読み物となっています。本書は，それらと比べて経験の浅い技術者向けに，失敗時の対処方法を養う事典を目指したものです。そのため，本書では有名な重大事故だけでなく，ニュースにならない身の回りで起こりやすい失敗事例を掲載することで，技術者の皆様がより実務に活用しやすい内容としました。

ノウハウは使わなければ意味がありません。現役時代に筆者自身の業務用に作り上げてきた技術データを更に整理し，日常的に使える技術データ付きの書籍を目指しました。そのため，一般的な目次のほかに調べたいことを検索しやすいように技術分野別の目次を追加し，各事例には実用的な数値データを掲載しています。

5. 日本の競争力は低下しているのか？

国際競争力の比較尺度は，GDP（国内総生産）を人口で割って求める「国民一人当たりの労働生産性」が最も一般的です。その順位は**図 1** に示すように，日本は 1990 年代後半より急激に低下し，現在は G7 最下位となっています[6]。この低下要因は，製造業の競争力が低下したからだと言われていますが，果たしてそうでしょうか。グローバル企業が工場の大半を海外に移していることや為替の影響も大きな要因の一つだと考えられます。

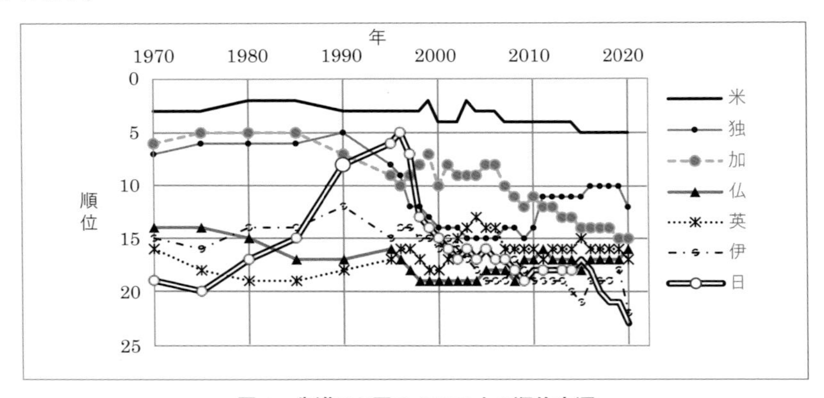

図 1　先進 7 か国の GDP/ 人の順位変遷

そして，更なる原因として筆者が考えるに，海外と比べて高品質（故障しない）な製品開発に金と時間が掛かり過ぎているからだと感じています。しかし，この高品質な製品造りは大切な財産（ジャパンブランド）でもあります。鉄道・自動車などの製造業はドイツと並び最も高いレベルで維持されており，今後も大切にすべきです。

確かに GDP の向上は大切であり，日本企業はグローバル戦略に弱いこと（ガラパゴス化）が問題です。しかしそれは裏返せば，欧米が日本の技術に対抗して，それらを普及させない戦略でガラパゴス化に追いやっている現実（交通系 IC カード，ハイブリッドカーなど）でもあるのです。日本の高品質技術は守って育てることが重要です。その証拠に，現在，欧州の EV 戦略は陰りを見せて，日本のハイブリッドカー技術が見直されつつあるのです。

本書は，我々技術者が大切にすべき「ジャパンブランドでもある高品質なものづくり」のための技術書なのです。

6. 商品の信頼性確保のための設計者の役割

設計者は図面を作成するだけが仕事ではありません。設計者は，設計部品の特性を知っている唯一の技術者であり，作り方から整備方法まで考えながら設計しなければなりません。だからこそ，その情報を製造や整備関係部署に伝えなければ，安心安全な高品質商品にはならないのです。

a）製造部門への技術情報伝達

設計者は，図面や製品仕様書などに作業要領や注意項目を記載し，製造部門に情報伝達をすべきです。溶接製品には溶接の注意事項や条件を，組立製品には締付トルク管理値や組立順序などを指定します。

b）整備のための技術情報伝達

耐久資財商品は設計者が関与する整備技術も重要です。重機の中古市場では，良い状態のメンテナンスがされている「Used in Japan」が人気です。中古製品が高く売れていると聞きます。メーカー各社は，中古製品の価格が高ければ新車の売れ行きも伸びるので，「高品質のメンテナンス」をビジネスの重要項目に挙げているわけです。その良い状態のメンテナンスをするためには，設計者が適切な部品交換時間や整備手順が記載された整備マニュアル作成に関与しなければいけません。

本書では，『製造・組立・整備に起因する失敗であっても，原因の一部は設計者にあり，責任を担うべき』という姿勢で執筆しています。したがって，本書を読むと，生産技術・製造・整備関係者との「注意すべき技術や作業」「関係部署との連携」の重要性が理解できるでしょう。そのため，設計段階から各部署などとのコミュニケーションを積極的に行うよう随所で提案しています。本書を読み進めることで，このような思考が自然に身に付くことを期待しております。

7. 熟練設計技術者の方に

本書は，「経験の浅い機械設計技術者向け」としています。しかし以下のように，熟練の技術者の方にとっても面白い読み物になっていると思います。

a）重大事故の技術的背景と新たな技術情報が面白い

有名な事故原因のデータ付き深掘り解説は，熟練技術者にとっても興味を引き付けること間違いなしです。この新たな失敗学の切り口は技術の面白さを再認識することでしょう。

b）役職の皆様が部下の指導用に

ここに掲載しているグラフやデータは筆者が収集して見やすく整理したものです。インターネットや書物にもないデータが多いので，熟練技術者にとっても，本書の技術データは新鮮に映ると思います。若い技術者を毎日指導し戦力アップすることが，中堅技術者の仕事の一部だろうと思います。その指導にはデータを示して具体的に納得させることが大切で，そのコミュニケーションツールとして有効活用できるものと思います。

c）製造技術部門やメーカの技術者や作業者の皆様へ

ものづくりは，図面だけでなく，製造技術や協力企業の技術力（ノウハウ）の共有や密接なコミュニケーションによって成り立っています。重要事項が作業者や協力企業に伝わらなかった失敗事例をいくつか掲載しています。コミュニケーションは一方通行ではなく，相互方向で確認することが大切であることを再確認できるでしょう。

d）整備に携わる皆様へ

残念ながら，重大事故の大半は整備不良が原因です。本書では，定期交換時期決定・組立作業手順決定・誤組付防止などの重要性を説き，作業ミスをしにくい設計をすべきことを述べています。整備に携わる方にとって，作業に直結する問題です。これらの失敗原因とメカニズムの解説を見ていただくことで，整備時に注意すべき事項を理解しやすい内容になっています。

01 機械設計とは

機械設計とは，機械製品を設計することです。そして，機械製品とは，動力で動く装置と定義され多くの機械要素部品（軸受，歯車などの伝達機構，軸，潤滑装置，シール部品，バルブなど）を用いて，締結部品などで組み立てられたものです。したがって，電機メーカの製品（洗濯機やエアコンなど）を含めて動く製品すべてが，広義の機械製品と言えます。

機械設計には，製造から補修サービスまでのシステムとして設計することが求められます。例えば，高温部のホースが熱劣化によって破損し火災が発生した場合，直接の不具合要因は整備不良（定期点検や交換処置不良）による不具合でしょう。しかし，設計者としては，熱源近くにゴムホース配置が必要な場合，ゴムの耐熱寿命計算から定期交換時期を決めるのはもちろん，遮蔽板で熱害軽減するとともに，ホース破損の最悪事態を想定し，遮蔽板による内部油の飛散が熱源への直撃を防止するなど，製造から整備まで配慮した設計姿勢が求められているのです。

開発の段階（ステージ）は，**図 2** に示すように構想段階，試作，量産準備，量産の段階があります。それぞれに評価内容が異なり，最終量産設計製品の評価では，徹底的に品質や損益評価を経て量産にいたるわけです。そして量産後，市場評価による改良設計（不具合対策）が行われます。この全てに設計は関わることになります。

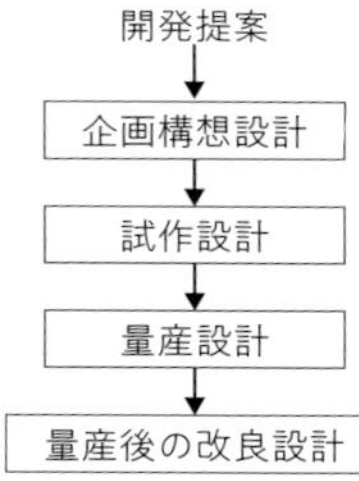

開発提案
↓
企画構想設計
↓
試作設計
↓
量産設計
↓
量産後の改良設計

図 2　ステージフロー

02 機械設計に求められる技術範囲

商品の業務範囲にもよりますが，機械設計に求められる技術範囲は，以下に示すように非常に広範囲にわたります。

① 製造技術：鋳造，鍛造，プレス，溶接，締結，表面処理，熱処理，加工，組立
② 材料技術：金属，樹脂，ゴム，焼結，シール剤，腐食
③ 要素技術：軸受，電子制御，シール部品，締結部品，工具，冷却，潤滑
④ その他の技術:検査，測定，試験法，信頼性工学，燃焼，寿命予測，センサ，アクチュエータなど

本書では，これらについても扱うことによって，技術者の苦手分野を埋める工夫をしています。

03 設計の流れ

前掲した製品開発フロー（図2）を少し細かくしたものを**図3**に示します。

この図3のフローにおいて，課題を解決する方法のPDCAサイクル※1が行われています。

具体的には，図面段階のシミュレーション，試作段階の評価など，何度も評価（Check）段階を設けて，図3におけるそれぞれの上向きのフロー(フィードバック）が，品質不良品を世の中に出さないための改善活動の仕組みなのです。それでも，残念ながら世の中に出した後で不具合を出した場合は，右下の太枠内に示すリコールなどの不具合対策活動をするのです。

これらの各改善活動の経験で得られた新しい発見(技術）が貴重なノウハウになるのです。本書では，これらの失敗から得られた技術を集約したものであり，未経験の読者にとって本書は，「失敗を疑似体験できることによってノウハウを得られる事典」とも言えるのです。

本書では，事故に無関係な初期の構想設計（図3の上の太線枠内）は扱わず，技術者に最も必要なノウハウ（図3の下の太線枠内）の不具合対策にフォーカスしました。そのノウハウを初期設計時の再発防止技術にフィードバックする（図3左の太い矢印）ことで，さらに高いレベルの設計が可能になるわけです。これによって，不具合を予見し，フロー中の詳細設計時にあらかじめ対処することで，開発段階の失敗や量産後の不具合を最小規模に抑えられます。

※1　Plan（計画），Do（実行），Check（評価），Action（改善）のサイクルを繰り返して，生産や品質などの管理業務を継続的に改善していく手法。

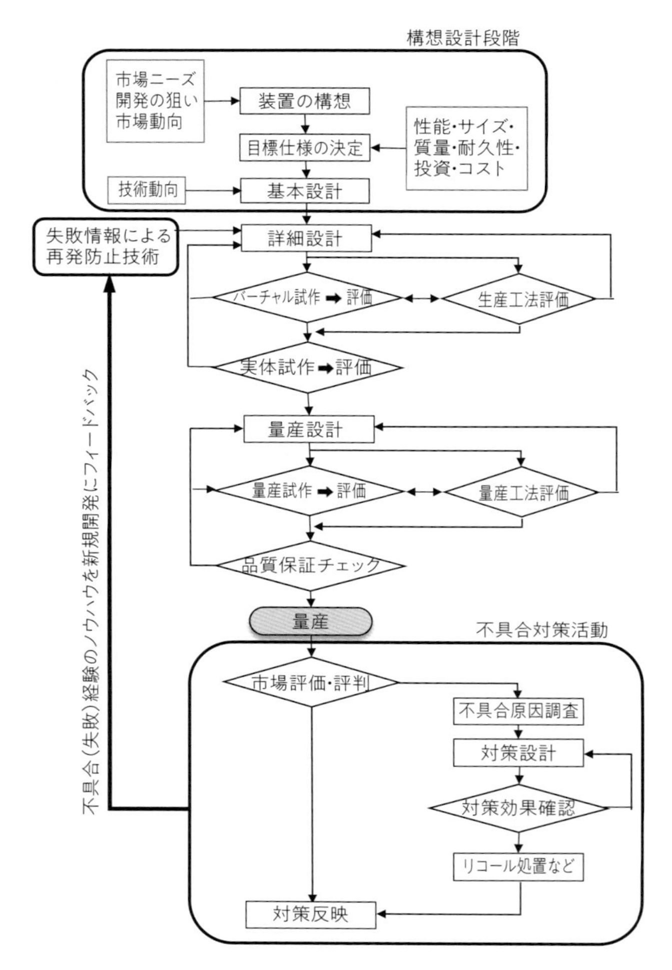

図 3　設計フローチャート

04 設計に必要なノウハウとは

ノウハウは「秘密の技術的知識，経験またはその集積」などと言われ，優良企業はそのノウハウによって会社存在価値を獲得しているわけです。しかし，これらのノウハウは一般的に秘匿性があり，世の中に知られる機会のないのが現状です。

「頭脳が優れている」だけでは良い設計はできません。その悪い事例として，MSJ（三菱スペースジェット）の飛行機開発があります。開発には，18 年という月日と 1 兆円超えの費用，2,000人の技術者が投入されましたが，2023年に開発中止（2024年に事業精算）となりました。MSJはボーイング社への航空機部品の納入実績があり，間違いなく高い技術を持っていました。しかし，新規商業機の開発経験がなく，思いのほかプロジェクト推進に苦戦し，型式証明をとるために900件以上の設計変更が必要となり，開発凍結となったのです。ある社員は**『我々のノウハウはノウハウではなかった』**と反省していると聞いています[5]。この貴重な経験は，個々の失敗事例を記録に残すことで，次の開発チャンスに生かせることと思います。そういう反省と失敗分析があってこそ，彼らの挑戦が単なる大失敗で終わらず，次の開発のための蓄積とパワーになるのです。

リアル（机上の空論ではない実世界）は複雑で，未経験者には予想外の失敗が起きます。しかし「予想外のこと＝未経験」ですが，経験すれば予想・対処ができるようになるのです。

本書は予期すべき失敗を顕在化し，その対処に必要なデータを準備して，より良い設計ができる手助けを目指す失敗事典です。もし仮に，不具合が起きたとき，本書の事例を参考に対策を進めることで，速やかにより良い解決方法を見つけ出すことができるものと思います。ただし，本書内のデータは筆者が実務の中で得たものです。中には試験条件で数値が変化するものもあるので，自ら検証するように心掛けてください。

05 失敗対策も重要な設計

不具合への対策は，会社によって対応の仕方もそれぞれですが，筆者が勤めていた企業では，開発が完了し商品化した後の不具合対策も設計の重要な業務でした。開発をしながら市場不具合の対策活動（改良設計）を並行で推進していたのです（図3の太線枠内）。そのため，設計業務の1/3程度は改良設計が占めていました。

業界によって差があると思いますが，不具合対応の業務負担は大きいものです。そのため，開発設計と市場対応設計を分けている会社もあります。これらの改良業務こそが開発技術のノウハウを得る作業なのです。従って，これらのノウハウを蓄積して，常に使える状況にすることが，製造会社の財産になり技術価値を高めることになります。失敗克服のノウハウの蓄積こそが，技術競争力の向上につながるのです。

06 失敗の6Mと設計の関係：事故原因の基本的観点

商品開発の経緯と設計的に技術的根拠を知る設計部門が，不具合調査責任部署となるのが理想的でしょう。ここでは事故調査方法のポイントについて触れておきます。

失敗要因は，よく以下に示す「6Mで考えて分析しなさい」と言われています。

① Man（人）：人為ミス

② Machine（機械）：機械の不具合

③ Media（情報伝達）：情報伝達の悪さ

④ Management（組織運営）：組織やリーダシップ

⑤ Mission（使命）：高すぎる目標や不明瞭な目標

⑥ Material（材料）：材質の欠陥

これらの不具合要因に対する設計とのかかわりについて考えてみましょう。

a）整備や組立作業の失敗（人為ミス）

事業用バスの重大な火災要因は，整備ミスがほとんど（62%，**図 4** 参照）です。エンジン系リコールの約 25% は製造上の問題ですが，組立作業ミス防止方法も設計上の問題として本書では扱います。

b）操作による失敗（人為ミス）

自動車重大事故の約 70％を占める運転操作ミスを本書の対象外にすることは容易ですが，「操作ミス防止設計」の可能性を検討すべきと提案しています。

本書ではわかりやすい事例として，「ブレーキとアクセルの踏み間違え」「パーキング

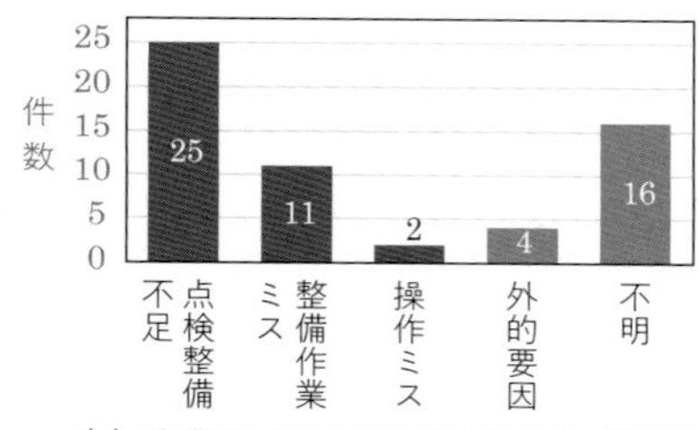

（a）事業用バスの2024年1月から4年間の出火事故件数（N＝58）

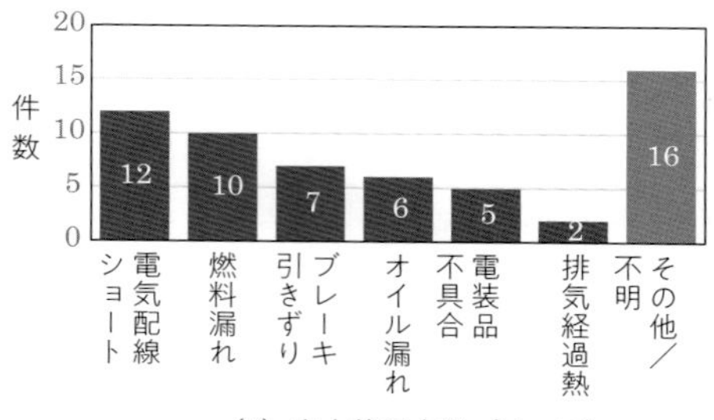

（b）出火状況内訳（N＝58）

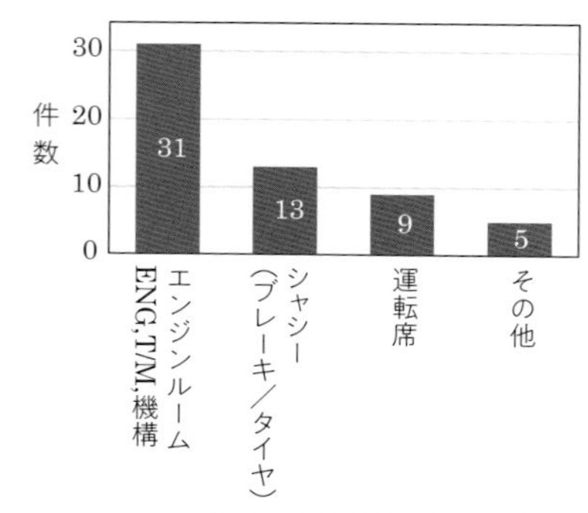

（c）出火箇所内訳（N＝58）

図 4　バス火災の要因[8]

ブレーキ作動状態で走行」のような場合には，誤操作の検出によって，走行を不能とする設計を推奨しています。

c）組織的不正行為（人為ミス）（情報伝達の悪さ）（組織やリーダシップ）

設計者にとって，不正は技術に無関係と感じると思いますが，設計者による開発活動には法令関連業務が多く，無知によって法に触れてしまう可能性は高いのです。優良企業の不正がクローズアップされ，企業存続の危機につながる大問題になる可能性があるので，あえて取り上げました。

例えば，商品の危険性を設計者自身が把握したならば，設計者は改善行動とリコール準備に必要な行動を起こす責任があります。会社が「リコール隠し」をするようであれば，それを説得や告発する責任が設計者にはあるのです。それゆえ，本書では重要なテーマの一つとして取り扱っています。

d）組織間のコミュニケーション不足（情報伝達の悪さ）

設計品質は「図面にできる限りの技術情報を記載」することが原則です。しかし，図面に書けない情報も少なくありません。例えば，溶接の作業基準や残留応力を除去する方法，締付順序指定，整備時の錆取り，部品交換時期などの情報は，最も製品特性を理解している設計者が，図面とは別に，作業基準書などで関係部署へ伝達すべきです。これらの情報伝達不良が，製品の品質保証に直結する問題となっており，手を抜けないコミュニケーションなのです。

e）加工機械・組立機械・検査機器等の不調（機械の不具合）

設計技術者では対応できない分野でしょう。設計者が不具合の原因究明を推進する中では，「不具合発生の変化点調査などによる要因を突き止める解析力」を求められることもありますが，事例となるデータ付き情報が少ないため，本書では取り扱いません。

f）高い目標や曖昧な目標設定（高すぎる目標や不明瞭な目標）

開発には高い目標設定が必要なのは当然ですが，企業の実力をはるかに上回る高過ぎる性能目標や，厳しすぎる開発期間，およびパワハラ的な厳しい管理は，不具合発生や不正発生の温床となります。現場が不正データにより，その場しのぎの運用をしだすのです。そのようなプロジェクトでは，組織として開発責任者から切り離した権限のあるチェック機能を設置しておくことが大切です。

07 2章・3章の掲載内容

次の章から，いよいよ実際の失敗事例を扱っていきます。

2章　重大事件・事故となった失敗

2章は，新聞記事やTVなどで放送された重大事故や事件の技術背景を掘り下げて紹介しています。掲載に際しては、以下のようにカテゴリー分けを行いました。

2-01　整備不良を起こしやすい設計による失敗
2-02　操縦者・作業者による失敗
2-03　設計者の認識不足による失敗
2-04　組織的な不正による失敗

事件・事故の背後にある隠された事情や技術的問題を記載していますので，皆様自身が当該事故の開発担当者になった気持ちで読んでいただき，「このような事件・事故が二度と起きないようにするには，自分自身が何をすべきであったか」など，技術者のあり方を考えていただくと，自身の技術力を高められると思います。

3章　起こしやすい失敗と克服技術

2章では，報道されるような重大な事故を紹介していますが，これらは開発中に十分評価したにもかかわらず失敗してしまった事例なので，設計時のチェックや実験評価では発見し難い失敗とも言えます。ところが，機械設計者が多く経験する失敗（いわゆる「よくある失敗」）は，世の中に製品が出回る前の，開発中の不具合が多いのが実情です。

そこで3章では，身の回りでよくある失敗を集めて，技術区分ごとに分けて解説しています。3章で掲載している事例の多くは，筆者が実際に経験している失敗です。それを事例ごとに，国交省に提出されているリコール情報を活用しながら，筆者が考察する失敗のメカニズムと，失敗から学び実務において実施すべき対策を解説しています。

リコール事故以外は普遍的な失敗ですので，どこで（どの会社で）起こったかなどは明確にしていません。また，筆者がエンジン系の技術者であったために，事例がやや偏っていることはご理解ください。自身の業務範囲の設計項目にうまく置き換えて活用いただければと思います。

掲載に際しては、以下のようにカテゴリー分けを行いました。

3-01　強度設計の失敗……………ばらつき・応力集中・熱・疲労など
3-02　熱の影響による失敗………熱膨張率差・熱処理・焼きばめ
3-03　腐食による失敗……………凝縮水・キャビテーション・イオン化傾向
3-04　締結による失敗……………ねじのはめあい長さ・塗装・熱・摩擦係数・水素ぜい性など

3-05　組立や整備による失敗……作業スペース・締付工具・締付順序・点検など
3-06　シール部の失敗……………液状ガスケット・管用ねじ・熱膨張差など
3-07　ゴム・樹脂製品の失敗……耐熱・耐寒・耐薬品・寿命・電気劣化
3-08　潤滑や摩耗関連の失敗……スラスト荷重・オイルパンヒット
3-09　寒冷地対応の失敗…………凝縮水凍結・オイル・燃料・不凍液
3-10　オイル過多による失敗
3-11　電気関連の失敗……………端子カシメ部通電不良・ノイズ
3-12　鋳造技術上の失敗…………型割・幅木
3-13　コスト・投資による失敗…工法・VE・ペイバック

3章は，「設計時の落とし穴」のような失敗事例で，その対策は当たり前の技術の積み重ねです。しかし，大学などでは教えてくれず，実務に携わるには基本的に知っておかなければならない事項を多く掲載しています。この章で示すデータは，日常的に参照すべき内容が多いので，自分なりに整理して，いつでも見られるようにしていただくと機械設計業務の質を高める一助になるものと思います。

各種区分・項目別の関連 NG 一覧，常用図表・技術計算式一覧

目次の後に，本書掲載事例（NG）を部品･技術･工程などの項目別に掲載しています。また，業務で常用する技術情報をまとめたグラフや表，および計算式のリストを掲載していますので，設計作業の索引としてご活用ください。

2章

重大事件・事故となった失敗

2-01 整備不良を起こしやすい設計による失敗

2021年の国交省による自動車の重大事故分析結果の事故発生状況を見ると，車両故障が50.3%，運転ミス47.7%となっています。これを見て，読者の皆様は「整備不良だから，設計者には関係ない」と思っていませんか。

いわゆる「優良」と呼ばれる企業には，設計段階で組立ミスや整備ミスを避けるための工夫が求められています。作業基準書※1や整備マニュアル※2にも設計者の意思をしっかり伝えなければ，良い商品が使われ続けられる保証はないのです。もちろん，その姿勢は，組み立てやすい・整備しやすい設計にもつながるものだと信じています。

この節は，そんな「設計は図面だけではないぞ！」という筆者の気持ちを読者の皆様に伝えたいために，あえて取り上げています。概ね半数が整備不良によるものと言えます。したがって確実な整備を行うための教育や環境整備が大切だと考えます。その中でも整備をしやすい設計やミスを起こしにくい設計によって多くの故障件数を低減できるとなれば，その設計の役割の重要性を理解していただけるものと思います。

NG 01 軸受整備不良によるヘリコプタ墜落

関連 NG ▸ 09, 49, 69

1 事件・事故の概要[10]

a）事故の内容・調査報告

2017年11月8日，群馬県上空を飛行中の東邦航空社所属のフランス製アエロスパシアル式※3大型ヘリコプタ（最大搭乗員24名，飛行時間1,300時間強）が，山梨から栃木に向けて飛行中に，群馬上空でテールロータが分離して墜落，操縦士を含む乗員全員（4名）が死亡する事故が発生しました（**図2-01-01**）※4。

b）運輸安全委員会公表の事故原因

テールロータの5色の内の白色ブレードのフラッピングヒンジベアリングが損傷し

※1　製造品質を確保するための作業内容を作業者に伝える書類。

※2　修理要領書とも呼び，ユーザが使用し続ける品質を維持するための整備手順書。

※3　1987年製造であるため，当時の社名「アエロスパシアル」が型式名となっています。会社はその後統合され，エアバス・ヘリコプターズ社に引き継がれています。

※4　運輸安全委員会報告書（令和2年4月）[10]より。

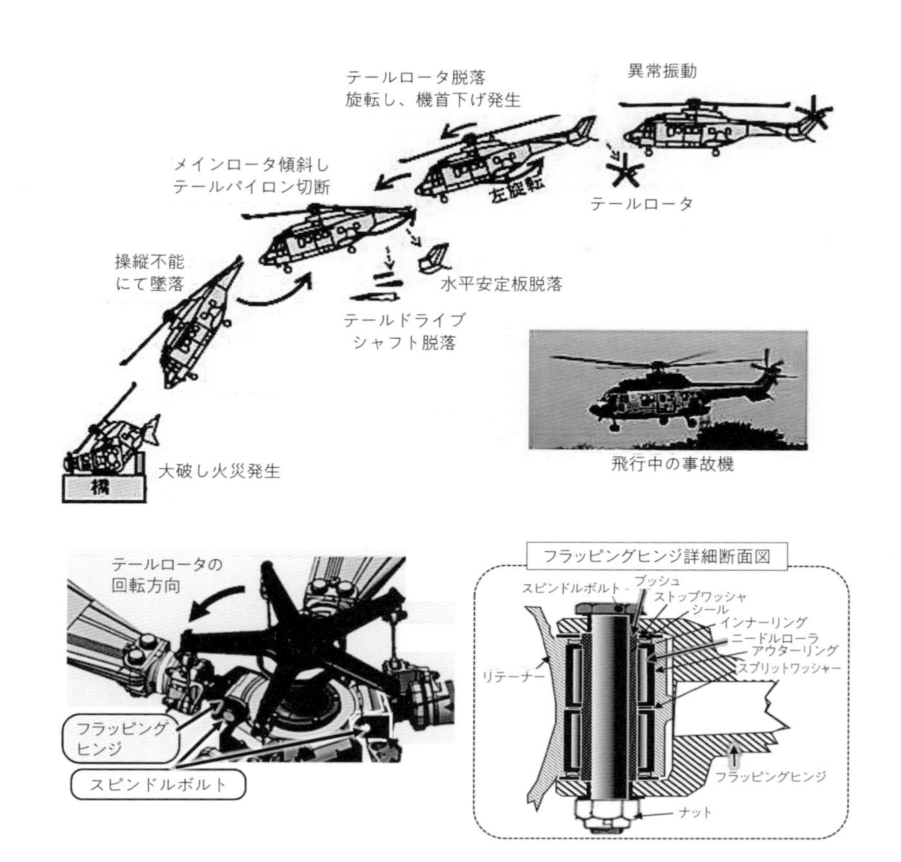

図 2-01-01　テールロータの構造

固着（**図 2-01-02**）したことで，スピンドルボルト※5が破断して異常振動が発生したので不時着を試みている最中に，機体からテールロータが破壊分離して，操縦不能となり墜落したと推定されます。点検および整備時にベアリングの損傷状態が把握されずに，適切な処置が講じられなかったために軸受が固着したと推定されました（**図 2-02-03**）。

［事故の背景］　事故50日前の250時間ごとの点検でテールロータの内の白色ブレード1枚の動きが円滑ではないので，分解したところニードルとインナーリングにスポーリング(表面損傷)を発見しました。亀裂が確認されたインナーリングとストップワッシャのみ交換しましたが，整備管理部門への報告をせず，整備マニュアルの「スポー

※5　固定軸の機能を兼ね備えたボルト。

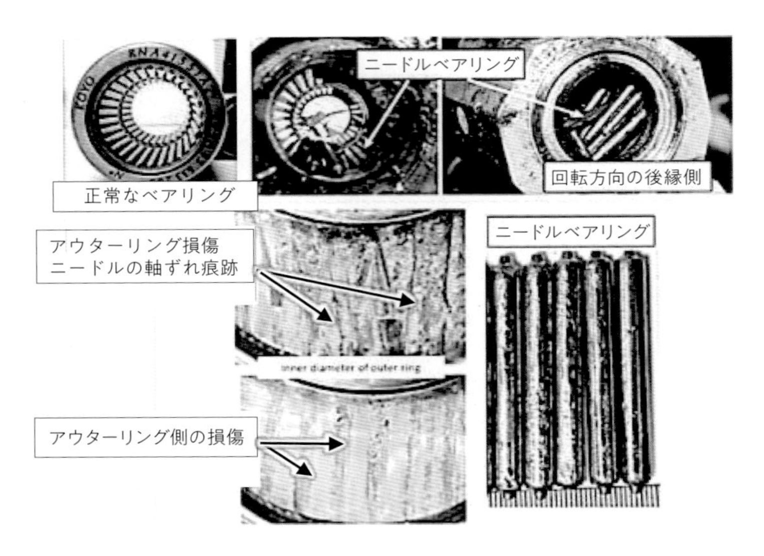

図 2-01-02　損傷したアウターリング

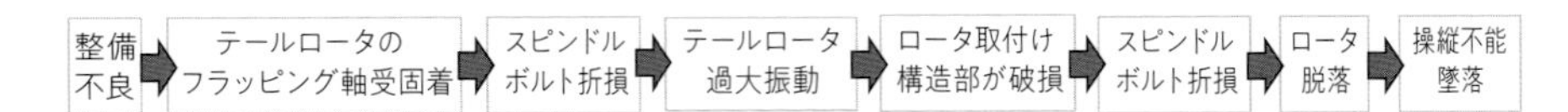

図 2-01-03　事故のメカニズム

リングが発見された場合，インナーとアウターリングの両方を交換」も守られていませんでした。そして，事故の８日前の飛行時に「横振動を感じた」という操縦士の報告に対し，整備士は「１か月後の定期点検で整備するつもりだった」との発言が記録されています。

c）運輸安全委員会公表の再発防止対策

- 整備士が機体の不具合が疑われた場合は，整備管理部門に報告し，整備管理部門は技術検討を行い必要に応じて製造会社に報告し，的確な整備指示を整備士に行なわなければならないと指示（2017 年 11 月）。
- エアバス・ヘリコプターズ社※6 に，テールロータのフラッピングヒンジ※7 の緊急点検の実施を求めた。

※6　1992 年にフランスのエアロスパシアルとドイツのダイムラークライスラー・エアロスペースのヘリコプタ部門を統合して設立されたヘリコプタ専門の製造・サポート会社。

※7　ブレードのピッチ角を制御するためのヒンジ（蝶番）。

• フラッピングヒンジは，スピンドル以外の構成部品全てを飛行 250 時間以内に新品と交換すると決定（2019 年 10 月）。
• 東邦航空社は，安全意識の再徹底とコンプライアンス（法令遵守）教育の実施，安全管理体制と整備体制の再構築，航空日誌の記載に係る規定類の見直しを実施するとした。

2 事故調査結果への考察

本事故原因の陰に，整備ミスと設計ミスがあったと推測します。

整備ミス

アウターリング（外輪），インナーリング（内輪），ニードルローラ（針状転動体）はセット交換が常識ですが，整備士への教育ができておらず，また整備マニュアルを見ずにアウターリングを交換しませんでした。

• **技術的常識の欠如**：転がり軸受は転動するので，異常摩耗は相手に転写されます。本件では，損傷を確認したニードルローラとインナーリングのみを交換しましたが，確認されていないアウターリングも間違いなく損傷していたはずなので，それらを同時に交換すべきです。そのことは，整備マニュアルにも『スポーリング※8 発生時にはインナーリングおよびアウターリングを同時交換すること』と記載されています。

軸受け設計のミス

エアバス・ヘリコプターズ社は，事故後の緊急点検調査によって，再発防止対策として「整備基準であった 1000 時間ごとの点検義務を，調査後に 250 時間以内の軸受新品に交換」に変更しました。このことは設計時の想定に対して，実際は大幅に短寿命であったことを示します。「250 時間」は非常識なほど整備負担の大きい短期間であり，基本的な設計ミスがあったのは間違いないでしょう。それだけでなく，開発時の耐久評価時に軸受の分解確認まで実施していなかった可能性を疑います。

整備基準の妥当性疑問

エアバス・ヘリコプターズ社は事故対策で「250 時間ごとに軸受交換」としており，事故前の整備基準「飛行時間 1000 時間ごとに軸受点検」は間違いだったのです。

整備基準を決めるのは設計者です。設計者には整備基準の重要性を再認識して欲しいと思います。また，調査報告書に「高温多湿環境で 1 日以上駐機時にグリス再注入」

※8　転がり軸受内輪・外輪・転導動体の転動面が転がり疲れによってうろこ状にはがれる現象。ブレーキングとも呼ばれる。

の整備基準が守られていなかったとありますが，筆者の経験からグリスはその程度で容易に乾くことはなく技術的な裏付けが疑われます[※9]。

3 まとめ

整備要員が少なく管理体制や教育も不十分だったために起きた典型的な事故です。中小企業にありがちな管理体制と思われます。特にヘリコプタは滑空できないこともあり（オートローテーションによりある程度の滑空は可能だが），旅客機より事故発生率が140倍とも言われ航空機事故の31%（1974～2022年の1440件中446件）を占めています。ヘリコプタの整備不良による事故率は2.2%と低いですが，人命にかかわる大事故につながるので一層の整備の安全管理が重要なのです。

失敗から学び，実施すべきこと

- **整備マニュアルの内容に設計者が関与すること**
  （整備マニュアルは整備内容の質に直結しているので，製品各部品の重要ポイントや禁止ポイントなどを把握している設計者がマニュアルのベースを作成すべき）
- **整備マニュアルは，整備者が「基礎技術を知らない」「誤解の可能性あり」というような前提でていねいに記載すること（整備者は熟練工ばかりではない）**
- **整備熟練者は要領が良い（作業内容を省略や簡素化する）傾向があり，「軸受のセット交換」など大事なことは必須作業として念押しの説明を記載すること**
- **部品交換時期の指定は，技術的根拠を明確にしておくこと**
  （法令で義務付けられている交換寿命指定は，整備の重要項目なので，指定期間の技術的根拠となるエビデンス（実験・計算の観察，結果など事実に基づく記録や報告書）を残しておく）

※9　筆者のアフリカへの海上輸出などの経験から，高温多湿だろうと1か月程度の放置は問題ありません。

NG 02 締付不良による車輪脱落事故多発　関連 NG ► 12, 16

現在，車輪脱落不具合が急増しており，その原因は整備不良による「ホイールナットゆるみ」とされています。技術者としては整備不良を起こさせないための仕組みづくりも必要なので，ここで取り上げることにしました。

1 事故多発の概要

大型車の車輪脱落事故が 2003 年から 20 年間で約 1330 件発生し，2015 年以降急増傾向が見られ，国交省より 2024 年 9 月に報告されたデータ分析結果[11]を**図 2-01-04** と**図 2-01-05** に示します。

2004 年の脱落急増時に，国交省による「大型車のホイールボルト折損による車輪脱輪事故に係る調査検討会」において，世界の 95% で採用している ISO 方式への移行が議論されました。その後，各種評価を経た上で 2010 年からホイールの ISO 方式に切替が行われ，その影響について心配されていた中での報告です。

図 2-01-04　大型車車輪脱落事故件数の推移[11]

a）事故の内容・調査報告

発生傾向

タイヤ脱落は，**図 2-01-05** に示すように，冬タイヤへの交換時期に多く発生する傾向にあり，脱着作業後 1 か月以内に脱落が多発傾向であることがわかります。

運送業者の整備状況についてのアンケート※10**結果**

- 4.6% がねじ部の点検・清掃をしていない。

※10　2022 年 9 月に国交省が，事故調査の一環として NX 総合研究所に委託したアンケート調査。

2 章　重大事件・事故となった失敗

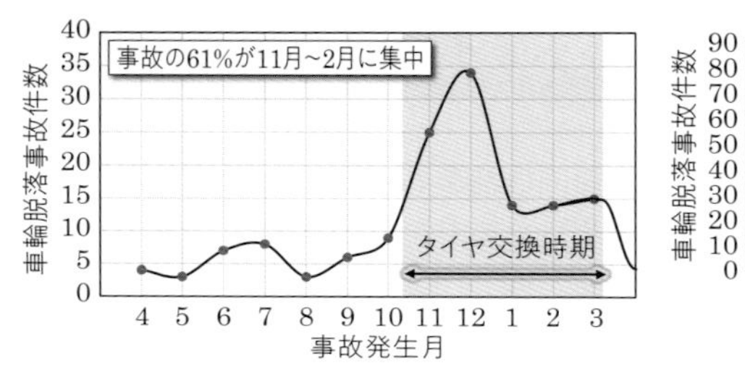

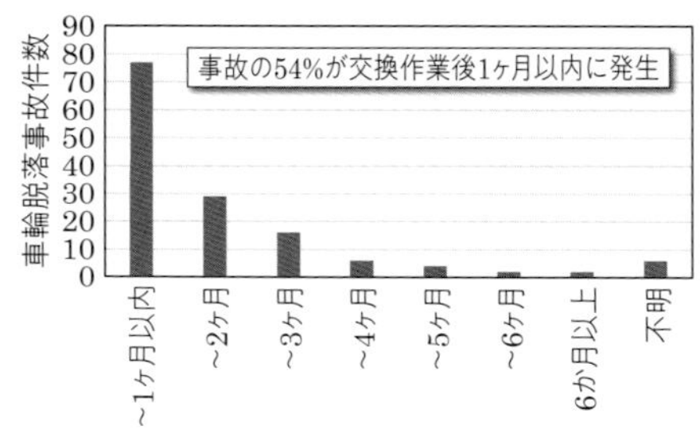

図 2-01-05　大型車車輪脱落事故発生傾向分析結果[11]

- 65% がトルクレンチ※11 ではなくインパクトレンチ※12 で締め付けている。
- 6.6% はトルク管理をしていない。
- 13.1% はタイヤ交換後に増し締めを行っていない。

などの不適切な整備が少なくないことがわかりました。

事故車調査結果（図 2-01-06）※13

事故車は「ホイールナットに著しい錆やゴミなどの異物が付着」「ねじ部に潤滑材が塗布された痕跡がない」「なめらかに回転しない」など，タイヤ脱着時の点検清掃作業

鋳でナット座面固着確認

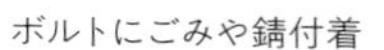

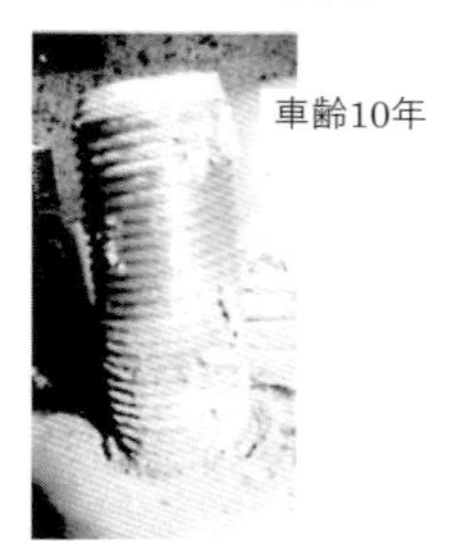

座面の錆や剥離

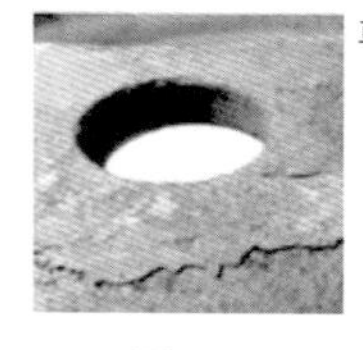

図 2-01-06　タイヤ脱落車の締結部写真

※11　所定のトルクでねじを締め付けるための工具。

※12　エアー圧を利用して，工具内部のハンマーによる打撃力で締め付けるので，トルクレンチより精度が劣る。トルクレンチを用いるのがベター。

※13　2022 年 12 月 27 日に国交省公表の「大型車の車輪脱落事故防止対策に係る調査・分析検討会」の中間とりまとめ内容[12]。

や部品交換が適切に行われていないことが確認されました。

使用過程のボルト・ナット軸力変化試験*[13]

無潤滑（給油無し）の締結を繰り返すと軸力が徐々に低下していくことが確認されました（給油があれば軸力は低下しない）（**図 2-01-07**）。

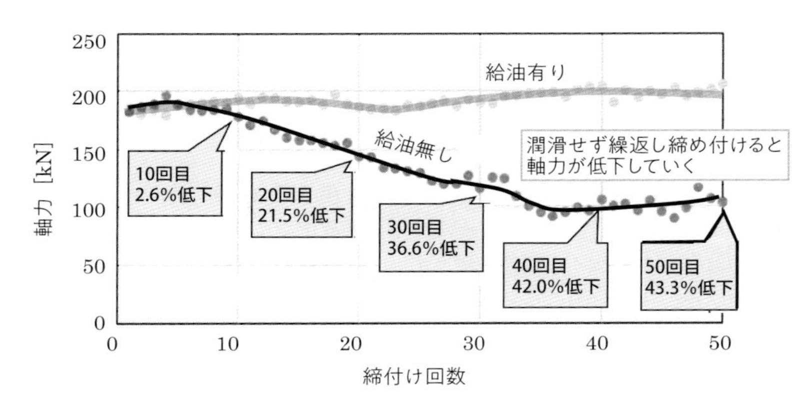

図 2-01-07　繰返し締付実験結果

限界軸力確認実験（図 2-01-08）*[13]

最大積載のトラックの左右駆動輪を標準よりもかなり低い 30 kN の軸力で締め付けて悪路走行実験すると，急速に軸力が低下して，特に左輪は軸力がほぼゼロになる状態を再現できました（悪路走行一巡を 1 サイクルと呼ぶ）。

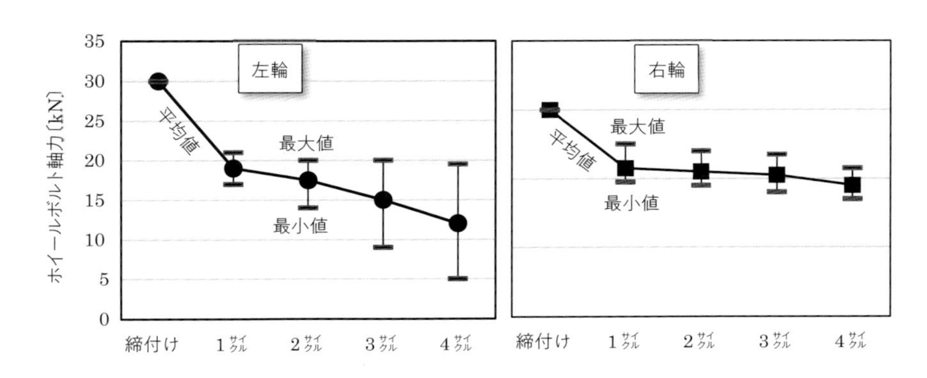

図 2-01-08　限界軸力実験結果

b）国交省の調査による事故原因

事故調査報告書では原因を確定できていませんが，事故調査委員会としては，事故車の調査と整備現場の実態から，「締結面の錆の除去清掃，潤滑油塗布，締付トルク管理不足，整備初期走行後の増し締めをしていない」などの不適切な整備が原因と推測しました。

事故までの推定メカニズムは，以下の通りです。

軸力不足⇒ハブとホイール接続面のすべり
⇒さらなる軸力低下⇒ナットが回転⇒ホイール脱落

c）国交省より整備業者への緊急点検依頼（2022 年 9 月 30 日）

車輪脱落事故車両の調査などを行った結果，事故車両には劣化したホイールナットが使用されており，またタイヤ脱着時にホイールナットの清掃や潤滑剤の塗布などが適切に行われていない状況が明らかとなりました。それに伴い，国交省より次の緊急点検指示が整備業者に発令されました。

- **日常点検**：目視で錆の有無，ハンマリングによる異常有無をチェック。
- **定期点検（3，12 か月）**：外観異常・錆の有無点検とトルクチェック。
- **タイヤ交換作業**：錆・ゴミ・泥の除去後にオイルを塗布し，**図 2-01-09** に示す対角線順に，2 ～ 3 回に分けてトルクレンチを用いて規定トルクで締め付ける。路上でタイヤ交換の応急処置後に，近隣の整備工場にて，すぐに分解し錆の除去と，ねじ面および摺動座面に潤滑を行い，正規トルクで締め直すこと。
- **大型車 ISO 方式ホイールナットの緊急点検**：ISO 方式のホイール脱落が多い傾向にあったため，同方式で 4 年超経過したタイヤの脱着時に，ナットの清掃・給油と，適正締付による作業の周知徹底を依頼。さらに，劣化したナットがあった場合には，トラックメーカが無償で純正ホイールナットを提供・交換の実施を依頼。
- **ホイールナットの増し締め**：タイヤ交換後の走行で初期なじみによる締付力低下が起こるので，50 ～ 100 km 目安で規定トルクにトルクレンチで締め付けること。

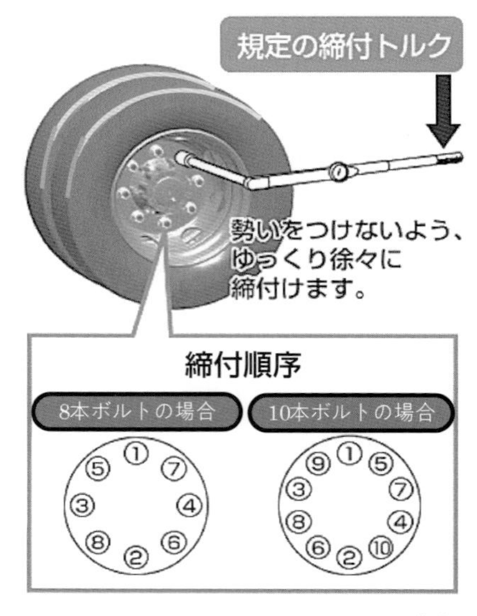

図 2-01-09　規定トルクと締付順序[13]

d）自動車工業会[※14] **推奨対策**

前記の公表対策のほか，日常的にナットのゆるみなどの異常が目視で点検しやすくなるため，**図 2-01-10** [14] のような目視点検用インジケータの装着を推奨します。これを装着していると，ナットの回転ゆるみが発生した際に直線連結部分が大きく変形し，一目でわかりますので，ハンマ点検などと併用するとよいでしょう。

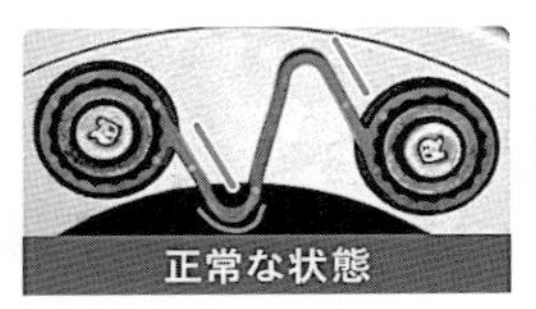

図 2-01-10　連結式ナット回転インジケータ（日本自動車工業会 HP より）

2　事故調査結果への考察

a）ホイールナットを ISO 方式へ切り替えた影響

▶締結構造の違い

従来の JIS（日本産業規格）方式の球面座が ISO（国際標準化機構）方式の平面座になり，大幅な構造変更（**図 2-01-11**）になりますが，ISO 方式は部品点数の削減，ライフサイクルコストの削減および交換作業時間を半減できるメリットなどから，世界の 95% の国々で採用されています。また，トラックメーカによる十分な切替評価が実施され，正規締付なら問題がないことは実証済みです。

しかし，発生傾向から見ると，ISO へ切り替えたことによる影響があった可能性を否定できません。整備不良で締付力が低い場合は，旧 JIS 方式（球面座）のほうが接合面滑りへの抗力が大きいため，ゆるみにくいのかもしれませんが，構造違いが真の原因

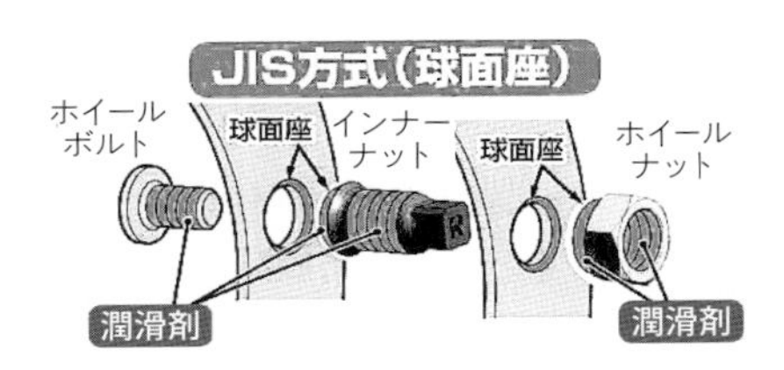

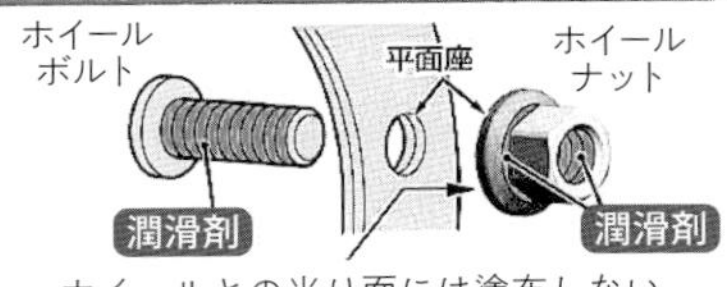

図 2-01-11　旧 JIS 方式と ISO 方式の構造 [13]

※14　通称「自工会（JAMA）」。会員団体は，いすゞ・川重・スズキ・スバル・ダイハツ・トヨタ・日産・白野・ホンダ・マツダ・三菱自工・三菱ふそう・ヤマハ・UD（以上，略称）の自動車等生産企業。

ではなく整備上の問題なのであり，旧 JIS 方式※15 に戻す必要はなく，世界標準である ISO 方式を維持して整備品質を上げるべきなのです。

左側ホイールの右ねじ化の影響

旧 JIS は左側ホイールは左ねじ（通称逆ねじ）にして，走行による回転ゆるみが発生しにくくしていたのに対し，ISO では左右共通の右ねじとしました。左後輪タイヤの脱落割合が 91% と特に高いのは，道路傾斜による左右輪の荷重負担の差や，左旋回時の左後輪は転がりが少ないのに車両旋回半径が小さいので，左後輪ホイールへの曲げ荷重が大きいためと言われています。

海外では左側の右ねじの実績があるものの，左側通行は英国圏と日本のみなので，海外の実績がそのまま日本に通用するとは言えないのです。英国での分析記録が報告されていないので，英国圏における整備状況と事故分析調査が必要と思います※16。

b）トルク管理可能な締付工具

タイヤ脱落事故の防止は，正しい整備の実施が前提なので，トルクレンチにより正しいトルクで締め付けることが必要です。しかし，2022 年 2 月の報告によると，トラック運送業でトルクレンチを用いた正規の締付が行われているのは，わずか 19.3% です。必要とされる締付トルクが大きいので，大多数にあたる 65%はトルク制御性の低いインパクトレンチ（工具精度± 50%）が使用されているのです（表 3-05-01 参照）。

トルクレンチの工具精度は JIS B 4652 にて 4% 以下と規定されており，これに作業者のトルクレンチ操作時の誤差が足されても，締付精度は約± 10% 程度に収まります。重要ボルトの最終締付には，トルクレンチの使用を義務付けるべきです。

それと同時に，各ホイールの全てのナットの締付トルクを整備記録に記載させることを義務付けることも必要ではないでしょうか。また，大型車の締付トルクは 600 N m ほどで，「1 m 以上の長いレンチによる二人作業」となるので，安価でコンパクトな倍力装置の開発も必要と思います。

c）潤滑と錆の問題

ホイールナットの締結は締付トルクによって管理されていますが，締付トルクはねじ面およびナット座面摩擦が働き，締付トルクが同じであれば，摩擦係数が 2 倍になれば軸力は約半分になります。オイル塗布の摩擦係数が 0.15 ほどなのに対して，乾燥状

※ 15　ホイールナットの JIS は，2014 年に ISO7575 を基に改正されましたが，市場に走っているトラックのほとんどは改正前の JIS のものなので，区別するために通称「旧 JIS 方式」と呼ばれています。

※ 16　（一社）日本自動車工業会の英国現地調査では，一部に図 2-01-10 のようなインジケータが活用されています。

態摩擦係数は最大 0.45 で，それだけで同じ締付トルクでも軸力は約 1/3 になってしまうので，締付トルク以上に潤滑と錆の除去が重要なのです。そのため整備マニュアルには，図 2-01-11 に示すようにねじ面と摺動座面に必ずオイル（潤滑剤）を塗布するよう指示しています。

また，タイヤ周りは風雨だけでなく，冬の凍結防止剤による塩害腐食は避けられず，固着や座面のへたりなどが発生するので，防錆性能向上が重要です。表面処理や材質変更，締結後の防錆塗装，ホイールキャップ[※17]や六角ナット[※18]の採用なども開発すべきです。

3 まとめ

商品製作時（メーカ組立）と整備時の大きな違いは，錆の問題です（特に自動車の足回り部品）。締結品質の重要要素は「摩擦係数と締付トルク」であり，締結構造を深く理解している設計者が「防錆を意識した設計」や「錆落し」を含んだ整備マニュアル作成に関与することの重要性を再認識すべきです。

失敗から学び，実施すべきこと

- **締結部を錆から守る設計をすること（本件の場合，ナットを六角袋ナット[※18]にする，耐食性の高い表面処理を施すなど）**
- **ねじ面や座面の錆落しを徹底させること**
- **オイル塗布指示部位はオイルの塗布を徹底させること（オイル塗布をしないと，軸力が想定の半分以下になることもある）**
- **重要部品（本件のような強度部位）の締付はトルクレンチを必ず使用し，値を記録すること（設定トルクの記載でも可）**
- **インパクトレンチはトルク制御ができないので，予備的な締付や分解時の使用に限定するよう整備マニュアルなどに記載すること**
- **錆による摩擦増大の対策として，弾性域回転角法締付の導入も検討のこと**

※17　外観を美しく見せるためや，ホイールの保護のために用いられる蓋状の部品。
※18　通常キャップナットと呼ばれ，装飾やけがの防止，防錆用などに使われています。

NG 03 異品のボルト締付による飛行機事故

関連 NG ▶ 09

分解後の再組立で，多種類のボルトが散乱して，どのボルトかわからず，間違って異なるボルトを取り付けてしまった読者の方もいると思います。少し長いボルトは，ボルト先端がめねじ穴の底に当たり取付面が密着しなくなります。また少し短いボルトは，ねじ強度不足でゆるみやねじ山破断になることがあります。

ここでは，これらの作業ミスが大事故を繋がることを **NG03-01**，**NG03-02** の 2 事例で紹介しますので，設計者がこのような問題に立ち向かうときに何をすべきかを考える機会になってくれればと思います。

NG03-01 KLM 航空機パネル落下事故

まずはこの事例の詳細を紹介する前に，読者の方々に事故の背景を知っておいていただきたいので，ボーイング 777 - 200 型・300 型機の事故前に発生した不具合とボーイング社の対応を以下に示します。

- 2007 年に，300 型機にねじのゆるみによる不具合が発生したことにより，ボーイング社は，ねじのゆるみの点検と交換の指示書を発行
- 2008 年に，200 型機でパネルの脱落，300 型機でパネルが胴体に密着しない問題が発生。しかし，ボーイング社はパネル段差の点検を 300 型機だけに指示
- 2009 年までに当該部のブラケットの亀裂が 6 件発生。ボーイング社は 200 型・300 型のラインナンバ 1 ～ 699（当該事故機はナンバ 461）を対象に，運行会社へ「対策ブラケットに交換できる」ことを通達
- しかし，それ以上のより強い交換指示をボーイング社が出さなかったために，更に 2017 年時点で 200 型機 10 件，300 型機 1 件のパネル脱落事故が発生

1 事後の概要 [19]

a）事故の内容・調査報告※19

2017 年 9 月関西空港を離陸した航空機（ボーイング 777-200 型）から 1 m 四方の大きなパネル（**図 2-01-12**）が落下し，大阪市内を走行中の乗用車に衝突しました。過去に同型機は，ブラケットの強度不足でパネルが脱落する不具合が 11 件発生し，300 型機を 2007 年に改良対策をするも，今回の 200 型機には対策処置が行われていませんでした。

※ 19　2018 年運輸安全委員会査報告書 [19] より。

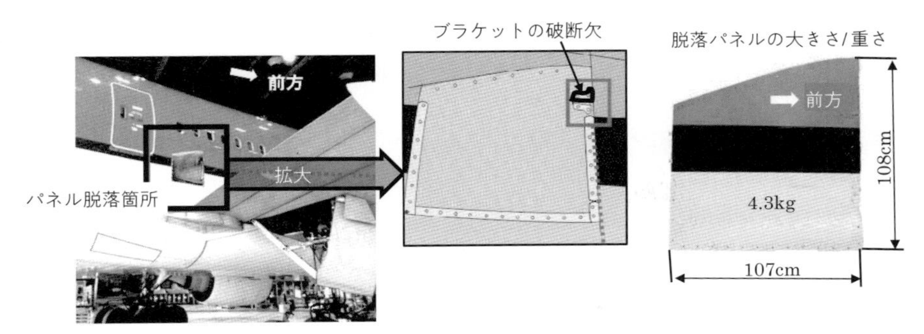

図 2-01-12　脱落したパネル

b）安全委員会調査報告書公表の事故原因

- ブラケットが強度不足で変形しやすかった。
- **図 2-01-13** に示すように，正規品よりグリップ長さ※20 が 1.6 mm 長いボルトで締め付けていたが，パネルが最大 0.7 mm 浮く程度なので，作業者が気づけなかった。

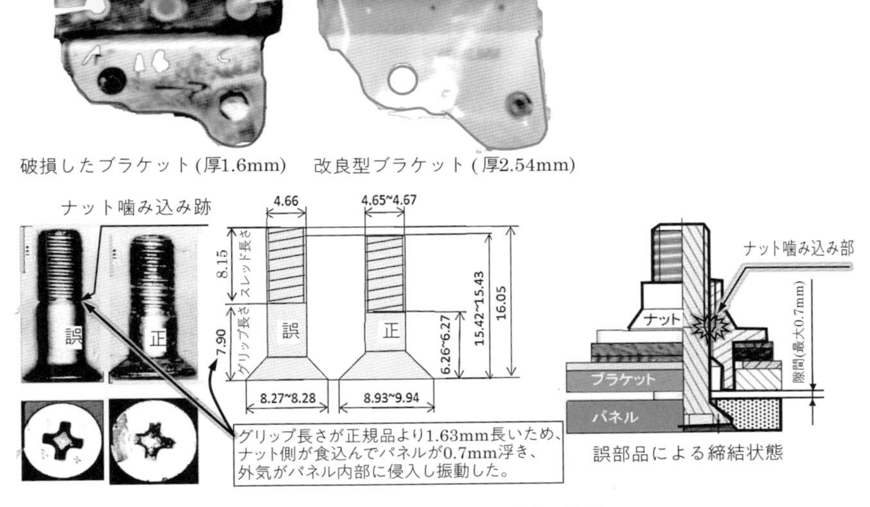

図 2-01-13　不具合品と対策品比較

※ 20　ねじ用語（JIS B 0101）では，「ボルトとナットで締付時は両座面間の距離」，本件の皿頭ねじの場合は「相手皿穴の穴径面の大径面とナット座面の距離」と定めています。本件の報告書では，誤って図 2-01-13 で定義されていますが，ここではそのまま転用しました。

パネル脱落までの推定経緯

①ブラケットが強度不足で変形

⇒　②誤部品ねじ使用でパネルが最大 0.7 mm 浮く（図 2-01-13 の右下図）

⇒　③パネル内に外気侵入

⇒　④パネルが振動

⇒　⑤ボルト穴部に応力が集中し破壊

⇒　⑥パネルが脱落し乗用車を直撃

c）安全委員会調査報告書公表の対策

- 同型機のブラケットを改良品に交換（2017 年 12 月までに完了済）
- ボルトの誤部品混入防止のために収納管理された移動式キャビネットを運用中

2　事故調査結果への考察

標準ボルト化および特殊ボルト識別による誤組防止

長さが 0.6 mm 違うボルトの存在自体が問題です。長さ違いが 5 mm 未満などのボルト設定を避けましょう。

対策に「収納管理キャビネットで運用する」とありますが，キャビネットに収納するときに間違える可能性もありますので，本件の正誤ボルト両者の共通化を図るべきでしょう（長さ 16 mm の全ねじで共通化が可能と考えます）※21。

不具合対策の絞り込み作業の注意事項

不具合対策の対象台数が多い場合，費用を抑えるために対象範囲を限定したり，情報提供のみとして，リコールや対策指示を出さないことがありますが，「安全第一」を肝に銘じ，対象を絞り過ぎないようにすべきです。

短いボルトは全ねじに統一

図 2-01-13 の右側の図に示すように，今回のねじは不完全ねじ部が喰み込むことで最後まで締付け（着座）できなかった事例です。JIS B 1101 では，呼び長さ 40mm 以下は全ねじにしているように，短いボルトは全ねじ化を徹底したいものです。

※21　JIS B 1101 の皿小ねじは，呼び長さ 40 mm 以下のねじはすべて全ねじで，不完全ねじ部の長さが短いので，今回のような問題を起こしにくいし，標準規格を用いれば酷似部品を排除できます。固有特殊部品の設計が必要な場合は，有色めっきなどによる識別を推奨します。

NG03-02 操縦席の窓ガラス吹飛び事故[20]

ここでは，前述の **NG03-01** と同じく正規のねじを使わなかった整備ミスにより発生した航空機事故を紹介します。

本事故の根本原因は整備ミスですが，そもそも内圧がかかる航空機用窓ガラスは，外側からでなく内側から取り付ける構造に設計すべきでした。技術者の皆様は，ぜひとも事故が発生し難い安全設計を心掛けてください。

1 事故の概要

a）事故の内容・調査報告

1990 年ブリティッシュ・エアウェイズ 5390 便は，バーミンガム空港を離陸後，機長が副操縦士に操縦をまかせてシートベルトを外していたときに，突然操縦席の窓ガラスが吹き飛び，窓から機長の上半身が吸い出されました。飛行機内が急激に減圧するも，本機は何とかサウサンプトン空港に緊急着陸し，上半身が吸い出された機長も乗組員が必死に支え続け，骨折や凍傷を負ったものの，命に別状はありませんでした。

本事故は，TV でもたびたび取り上げられていますので，再現映像をご覧になった方も多いでしょう。

b）AAIB[※22] 公表の事故原因

飛行 27 時間前の操縦室窓交換時に，正規の No.10-32UNF（10 番ユニファイ[※23] 細目ねじ）に対して**径の小さい** No.8-32UNC（8 番ユニファイ並目ねじ）のボルトを使用し，中にはねじ長さが 2.5mm 短いねじも使われています[※24]。

- 90 本中，84 本のボルトが誤部品の No.8-32UNC
- No.10-32UNF の外径 4.826 mm に対し，8UNC は 4.166 mm，有効断面積は 72% 程度（**図 2-01-14**[※25]）ですが，おねじの外径 d とめねじの内径 D_1 の差がねじ山どうしの重なりですが，正規であれば，山の重なりが 0.85mm に対して，不具合のねじでは 0.19mm となり**山の重なり**が正規の 22% まで下がっていたわけなので，ねじ山がせん断したのは必然だったのです。

※ 22　Air Accidents Investigation Branch，英国航空事故調査委員会

※ 23　インチねじの中で，ねじ山の角度が 60° のもの。ねじはメートルねじに統合されてきていますが，航空機や米国製品などにはまだ残っています。

※ 24　No8-32UNF の d=4.166，D_1=3.307，No10-32UNF の d=4.826，D_1=3.976

※ 25　図 2-01-14 ではわかりづらいですが，めっきの色で識別可能にはしていました。

• さらに6本は，長さが正規品より2.5 mm短かかった

そのため**取付強度不足**となり，飛行中の内外気圧差によって窓ガラスが脱落したのです。

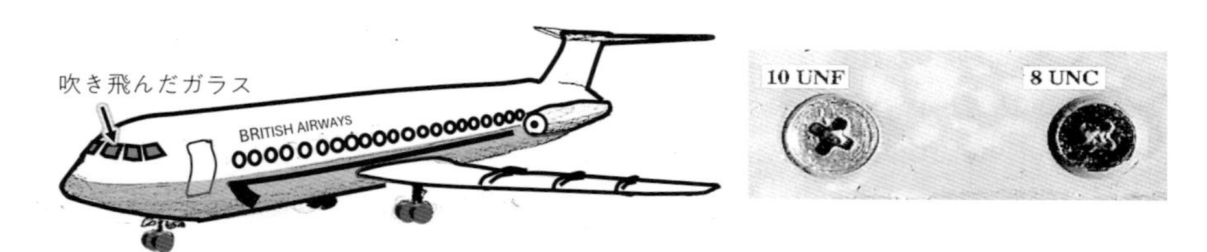

図 2-01-14　事故機と取付ねじの正誤比較

c）AAIB 公表の対策

- 整備部品の管理体系の再考と，方針伝達，意思疎通の徹底
- 整備監督者に対して，整備仕様書と技術専門レベルの再教育
- 整備担当者からの詳しい聞き取り調査と作業基準の再考

2　事故調査結果への考察

ミスを発生しやすい職場環境

事故の数年前からボルト径の違う誤部品（今回より長いボルト）を用いており，事故機は径が異なるだけでなく，ボルトが短くガラス交換をして事故に至ったのです。当時バーミンガム空港は，過密勤務で離陸時間に間に合わせるため（独自の省略整備手順が横行。整備後の確認検査なし）誤部品使用を発見できませんでした。

この空港に正規のボルトがなかったのか，取り付けられればどんなボルトでも良いと判断する職場環境や，ねじの呼び径が違っても気づかずに作業をするほど低い整備技術であったことに驚きます。

分解時の部品の管理

皆様も，分解組立時にボルトが1本足りない，あるいは余ってしまったなどの経験があるかと思います。どちらもそのままでは事故につながるので，部分ごとに整備部品をキャビネットで区分して，確実に正規ボルトで組み立てられるようにしておくことが基本です。今回の事故では，別の部位用なのか他機種用のボルトが混じっていたようで，あり得ないほど悪い整備環境だったのです。

筆者はちょうどこの時期，当該空港を利用してバーミンガムの部品メーカを訪問していました。劣悪な整備環境を知った今となっては，思い返すとぞっとします。

NG03-01, 02 のまとめ

ボルトは身の周りにある機械要素部品なので，技術者でなくても多くの方がねじ締め作業を経験しており，自分の感覚で締め付ける習慣が身についているかもしれません。

自宅で木工組立を行うくらい（いわゆる DIY）でしたらそれで問題ありませんが，一般に流通するような機械製品を感覚的に組み立てることは許されません。機械部品は限界設計が基本であり，誤組付けは厳禁です。しかし，機械製品の組立現場でも，アルバイトなどで「ねじは組付けができればよい」と考える人は存在します。

設計者は，そのような人が作業に携わることを考慮し，締付トルク，潤滑，汚れの有無，ねじ強度，およびはめ合い長さなどの重要性を理解させるべく作業手順書などに注意事項を記載し，指導・教育する意識を持つことが大切です。

また，整備時に類似ボルトが混在しないよう，間違いやすい類似ねじを用いないことや，間違えた場合に組立ができない（めねじに届かない）ようにする，浮上りで目立たせて誤組立の発見を容易にする，めっきの色を変えてねじを識別しやすくする（NG03-02 では色が異なるのに間違えたようですが），などを考慮した設計が重要です。

失敗から学び，実施すべきこと

- **そもそも内圧がかかる部品は，ボルトに荷重負担させないように内側から固定するような構造にすること**
- **誤部品は組み付けることができないか，誤った組付けをした場合に判別しやすいように配慮した設計をすること（見ただけで異常と判別可能）**
- **締結の重要性を理解し，締結技術の基礎を身につけること**

NG 04 エレベータ急上昇による死亡事故 関連NG ▸ 49, 69

本事故は，整備ミスが原因でした。設計者は本事故事例を通して，「整備ミスは必ずある」というフェイルセーフ設計※26（万が一の事故でも最低限の安全を確保）の重要性を理解していただければと思います。

1 事故の概要[21]

a）事故の内容・調査報告

2006年，高校生が東京都港区にある公共住宅の12階までエレベータで上がり，フロアに降りようとした瞬間にエレベータの戸が開いたまま上昇し，乗降口の上枠とカゴの床に挟まれて死亡しました（**図2-01-15**(**a**)）。

ブレーキ作動機構説明（図2-01-15(b)）

- **ブレーキON**：かご停止（＝モータoff）と同時にソレノイド※27がoffとなり，スプリング力でブレーキライニングがブレーキドラムを挟み，カゴを支えます。
- **ブレーキOFF**：モータonと同時にソレノイドがonとなり，アームが開きライニングがドラムから離れる仕組みになっています。

b）昇降機等事故対策委員会調査報告書による原因

以下の経緯で事故につながったようです。

① 振動などでソレノイド内部のコイル短絡によって作動力が低下

⇒ ② ブレーキ開度不足（半がかり）状態にて昇降を繰り返す

⇒ ③ ライニングの摩耗が進行し，ブレーキの予備ストロークがなくなる

⇒ ④ ライニングがブレーキドラムを押さえられなくなる

⇒ ⑤ 停止中にかごとおもりのバランスで，乗降戸が開いたままかごが上昇して人が挟まれたのです

保守点検の問題点

- 保守点検業者は，製造元のシンドラー社保守管理**マニュアルを所有していなかった。**
- シンドラー社の保守管理マニュアルの定期点検では，ブレーキライニングの厚みを目視確認して薄いようであれば測定することになっていたが，本機はマニュアル未継承なので，東京都の「維持保全業務標準仕様書」に則り，ブレーキ動作がスムー

※26　構成部品の破損・誤操作・誤動作などの障害発生時に，安全側に動作するようにした信頼設計のこと。

※27　電磁石を用い，電気エネルギーを機械的に変換する部品。

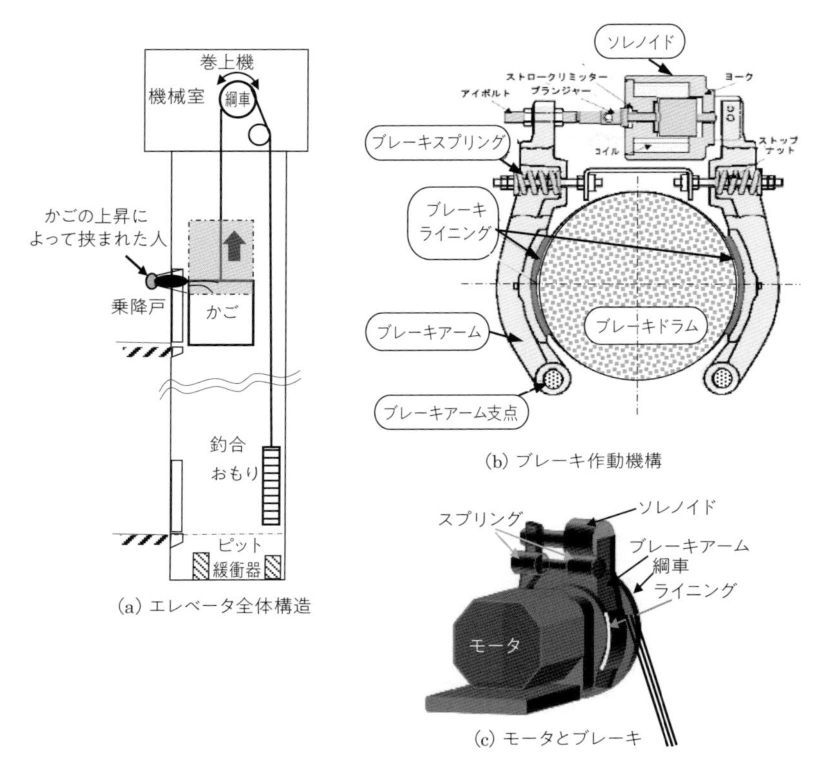

図 2-01-15　事故機の構造

ズか否かの確認のみで，**ブレーキライニングの摩耗量の確認**がされていなかった。

- 事故直前の 3 年の間に，入札制度で毎年保守管理会社が変更（シンドラー➡日本電力サービス➡ SEC）された影響と思われるが，当該エレベータの**故障率が業界平均の 40 倍以上**なのに，その原因究明がされずに，最小限度の点検で済まされていた。

c）昇降機等事故対策委員会調査報告書による対策

- **定期検査・報告制度の見直し**
  ① 検査項目や検査方法の細分化と具体化，検査結果や写真添付の義務付け
  ② 判断基準の定量化
  ③ ブレーキライニング残存厚，接触状況，作動時プランジャー状況の検査を追加

- **エレベータ設置申請時に保守点検マニュアルの添付を義務化**
- **新設時のブレーキ二重化**（フェイルセーフ，既存品への追加は努力義務）※28
- **戸開走行自動的制止装置**（システム故障時のバックアップ，**図 2-01-16**）**の設置を義務付**

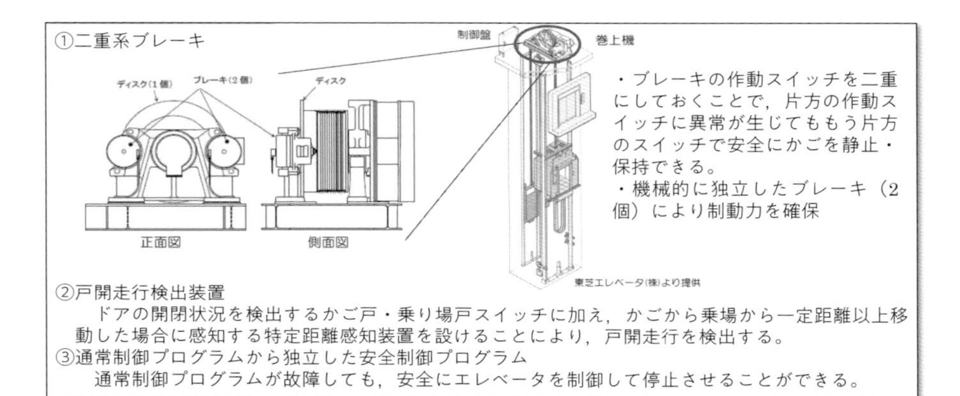

図 2-01-16　エレベータの戸開走行保護装置

2　事故調査結果への考察

人を運ぶ装置は人命を預かるので，あらゆるリスクに対するフェールセーフ設計が求められます。特にブレーキ装置は最も重要で，完全に機能を失わない設計が前提となり，以下のような機能を持ったシステムが求められるはずです。

- ブレーキシステムが壊れたら，バックアップで停止させる
- 扉が完全に閉じなければ動かない
- ブレーキライニング寿命となる少し前に自動でメンテナンスが必要であることを保守管理会社へ通知するシステムを構築するか，警告表示とともに運行不能にすべきです

※28　**ブレーキ二重化の進捗状況**：2009 年 9 月以降設置エレベータに，ブレーキ二重化を義務化し，それ以前のものには対策改造費用の補助金制度（最大 23%）が設けられ，対策促進が図られました。これにより，2022 年 1 月時点での日本における全エレベータに対する二重ブレーキ装置設置率は 29% となっています [24]。

3 類似のエレベータ事故事例

東京晴海エレベータ事故[22]

2018年7月，東京都中央区にある晴海アイランドトリトンスクエアアーバンタワーの5階フロアにエレベータの利用者が降りた後,乗降戸が閉まりきる前にかごが上昇し,昇降路頂部に衝突した（被害者なし）※29。

原因：ブレーキライニングの破損と摩耗により，ブレーキ保持力が小さくなっていたため

対策：事故機を撤去し，戸開走行保護装置付のエレベータを新たに設置

京都洛和会音羽病院エレベータ事故[23]

4階から利用者4人（患者，患者の家族2名，看護師）がエレベータに乗り込み下降，かごが2階に着床した後，扉が一瞬開いてすぐに閉じながら上昇し，5階（最上階）を超えて停止。停止時の衝撃により，かご内の天井の照明カバーが落下したため，患者の家族が負傷。

原因：ブレーキのプランジャ押ボルトと鉄心の焼付きで，ブレーキが閉じきれずブレーキライニングがブレーキドラムを十分抑えきれなかったと推定

対策：戸開走行保護装置付エレベータに交換

香港のエレベータ事故

2002年，男性が17階のエレベータに乗り込むと同時に，戸が開いたまま上昇し，乗降口の上枠とかごの床の間に挟まれ死亡しました。

原因：**振動でブレーキばね調整ナット（ロックナット付）がゆるみ，ばねの圧縮力が低下し，ソレノイドの応答が緩慢**でブレーキアーム動作が遅れ，ブレーキがきかなかった

対策：—

ニューヨーク市タイムズスクエアのエレベータ事故

2004年，エレベータが高速で上昇して昇降頂部に激突し，エレベータ内の男性が死亡しました。

原因：非常用ブレーキ解除パイプのねじが緩んだことで，**外れたパイプがブレーキアームに挟まり，ブレーキを閉じることができなかった**

対策：—

※29　2022年12月23日に国交省から公表された昇降機等事故調査部会の報告。

中国のエレベータ事故[25, 26]

- **メンテナンス不良と管理責任**：中国国家市場監督管理総局の報告によると，エレベータ事故は25件 / 年（2020年：死者19人，中国に設置されている全エレベータ約786.55万基）と非常に多く，事故が起きる核心的な問題点は「エレベータの整備基準と責任が不明確」で，「ブレーキ連結部分やばねなどの部品がメンテナンス項目に含まれていない」ことだと指摘しています。**事故がなければ，定期点検**（メンテナンス）**などを行わず放置**していることが事故の主な要因なのです。
- **上方向への安全装置不足**：「製造・設置安全規範」がありますが，下方向への安全装置に比べて上方向への安全装置が不足し，天井衝突リスクが大きいと指摘しています。この背景もあり，中国では故障経験のある高層マンションの20階程度の低層階の住人は，エレベータではなく階段を使う人が多いと報道されたこともあります。

4 関連情報

機械製品の長期運転には整備や保守作業が必要不可欠であり，どの業界においても，開発力だけでなく整備・保守技術に注力する必要があります。

保守点検マニュアルなどのWeb化を積極的に推進

今回の事故では，保守点検業者変更時にシンドラー社の保守管理マニュアルを引き継がず（所有せず），適正な保守整備が行われませんでした。メーカは製品の保守整備に責任の一端を担っており，保守メーカやユーザに常時最新の情報や製品マニュアルを開示すべきです。

JISやISO規格の充実化

JIS A 4305（エレベータ用非常止め装置）ではISO規格に触れていませんが，世界規格との統合化を進めるべきでしょう。また，JISには落下方向に対する非常止め装置の記載はあるのですが，中国の事故事例を見る限り，上昇方向の天井衝突に対する安全基準が不十分なのかもしれません。事故を繰り返さないためにも，「二重ブレーキの設置」など，規格のアップデートも急がれます。

5 まとめ

ここで紹介した事故事例は，長い歴史をもってしてもエレベータはまだ安全設計の開発途上にあるということを示しています。紹介された海外の事故も考慮すると，世界的に統一した安全設計とその基準が求められると思います。難しいことではありますが，技術者の皆様は，安全設計のために会社の姿勢や業界のシステムをも変えていく気概を持ってほしいと考えます。

エレベータの安全は保守管理会社によって維持されていると言えるので，エレベータメーカおよびその設計者は，保守整備のマニュアルや整備システムにも力を注いで欲しいものです。

失敗から学び，実施すべきこと

- **ブレーキなどの人命にかかわる安全装置の設計では，故障時に絶対に止まることのできるバックアップ機能を設けること（フェールセーフ設計）**
- **整備業者や保守管理会社は装置の整備マニュアルを必携し，管理会社が変更になる場合には必ずマニュアルを引き継ぐこと**

2-02 操縦者・作業者による失敗

機械設計者は，使用者が「一般常識やユーザマニュアル（使用手順書），および整備マニュアル」を守ることを前提として設計します。従って想定外の使用法による不具合や事故に対して無防備であるため，大事故につながることがあります。また，設計者が技術的に常識と思っていることが，作業者や使用者には通用しないことも多くあります。設計者の固定観念を取り払い，整備者の整備方法や使用者の特異な使われ方も想定して，危険を回避する設計が求められているのです。

ユーザマニュアルの記載内容が守られていなければ，メーカは責任を回避できるとも言えますが，技術者としては「責任回避を目指す」のではなく，**事故が発生しにくい設計**をしてほしいと思います。

最近社会問題となっているアクセル踏み間違い防止装置がその良い例でしょう。

NG 05 バス火災事故

関連 NG ▶ 76, 80, 82

平成 23 ～ 26 年のバス火災事故は 58 件発生し，そのうち整備不良が 36 件です。具体的事例を下記に示します。バス火災は乗客を危険に及ぼす事故なので，より安全設計が求められます。

〔具体的事例〕

- 「デフオイルが不足や劣化の状態」で走行し、デファレンシャルギヤーが過熱して発火。
- 「ブレーキ系統のエアー漏れ」や「スプリングブレーキ作動状態」で、後輪のブレーキ引きずりから発火。
- 「高圧燃料パイプの締付け不良による燃料漏れ」でエンジンの熱で燃料が発火し火災。
- 「燃料フィルターのエアー抜きプラグが締付け不良で脱落」し漏れた燃料が排気管に触れ火災。
- 「長期間未整備のブレーキ機器からエアーが漏れ」でブレーキ引きずりから発火し火災。
- 「ヒューズボックス内のホコリがコネクタなどに付着」し湿気で腐食して発熱発火。
- 「バッテリーの固定不良で端子がボデーと接触」で発熱により発火し火災。

（自動車工業会 2016 年 4 月「バス火災事故防止の点検整備のポイント」より）

1 事件・事故の概要 [7]～[9], [28]

a）事故の内容・調査報告

2016年に，札幌市（1月4日）と三笠市（1月25日）において，いずれも貸切バスの走行中に，ブレーキ引きずり※30 によって後部タイヤから出火する火災事故が連続して発生しました。

b）国交省の火災事故徹底依頼通知による原因

駐車ブレーキ補助装置として後輪に設けられたスプリング式補助ブレーキ※31（以下「補助ブレーキ」という）が作動状態で走行を続けたことから，ブレーキが過熱し，火災に至ったと判断しました。

c）国交省公表による対策

日本バス協会に対して「バスのスプリング式補助ブレーキを備えた車両の火災事故防止」として，運転者の指導および整備管理者に以下の注意徹底が通知されました。

- いつもより加速が悪いと感じた時には，戻し忘れのブレーキ引きずりがないか注意すること
- 補助ブレーキが解除されていることを警告灯の消灯で確認すること
- 「補助ブレーキ・警報装置」の正常作動の確認と「補助ブレーキにエアー漏れ」がないことを点検および整備すること

2 事故調査結果への考察

1983 ～ 2000 年製造の日野自動車製観光バスにおいて，警告灯点灯と警報が作動したにもかかわらず，パーキングブレーキとは別に取り付けられた**強力な補助ブレーキ**装置を解除をせずに走行し続けたことで，ブレーキ引きずりの摩擦熱により異常過熱し，周囲のホースやタイヤなどの可燃物に延焼，車両全体に炎が燃え広がりました。

当時は，乗用車と同様のワイヤー式のパーキングブレーキ方式からスプリングブレーキ方式への移行期間中でした。事故を起こした観光バスに設置されていた装置は日野自動車固有の特殊補助ブレーキだったため，他メーカ製バスを運転するドライバにとっては不慣れで，ブレーキ解除操作を忘れたのでしょう。なお，現行車では，パーキングブ

※30　ブレーキが作動したまま走行すること。
※31　ブレーキチャンバー内の強力なばね力を使い補助ブレーキを作動させるブレーキで，チャンバー内にエア圧を加えるとブレーキが解除される。

レーキはスプリングブレーキのみに統一されています。

3 関連情報

火災事故に発展させないために，燃料をはじめとする可燃物の多いエンジンの設計時の注意事項を列記します。

- 可燃物の特性を理解しておくこと
- 車両衝突時に，オイルホース破損で熱源にオイルが飛散しないことを確認する
- 高温環境下の樹脂やゴムの寿命を予測し，余裕のある定期交換を徹底すること。また，その設計記録を残すこと

以下に，可燃物の特性や発火温度などをまとめておきます。

油脂類の発火温度

- **引火点**：可燃性蒸気が爆発濃度に達する液温（引火点＝爆発下限温度）。炎（点火源）を近づけて着火し燃焼する最低液温のこと。ガソリン：－43℃以下，軽油：60℃前後
- **発火（着火）点**：点火源なしで発火する最低温度。点火源なしの温度上昇では，ガソリンより軽油の方が着火しやすい。ガソリン：約400℃，軽油：約300℃

発火温度例

図 2-02-01 は，油脂を加熱器に入れて加熱し（横軸が加熱温度），その油脂の上部に気化した油脂が触れるような熱源（縦軸が温度）を設置した試験です。その両者の温度によって，発火に至る境界を示したものです。

- **クーラント**：クーラントは水冷式エンジンを冷やすための液体で，エンジン冷却液またはLLC（Long Life Coolant）とも呼ばれます。「冷却するための液体なので

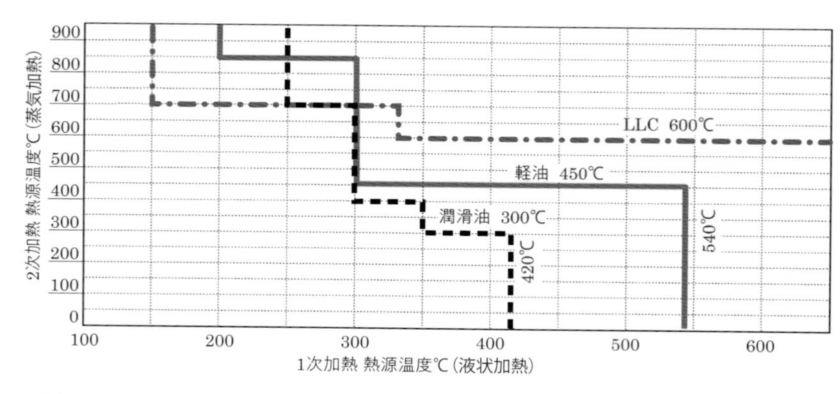

図 2-02-01　油脂類の発火限界温度測定結果の例（可燃物の銘柄によって異なる）

燃えない」と誤解されがちですが，加熱により蒸発したガスは，600℃以上の熱源と燃焼濃度で発火します。
- **軽　油**：540℃以上の熱源で発火し，300℃以上の加熱ガスは450℃で発火します。
- **潤滑油**：420℃以上の熱源で発火し，350℃以上に熱せられたガスは300℃で発火します。

ガソリンは，漏れた時点で引火の危険があるため図からも除外しています※32。

軽油の防爆性

2009年から米国大統領専用車（GMビースト）に，いすゞ自動車開発のGM V8-6Lディーゼルエンジンが採用された理由は，戦車同様にロケット弾などで攻撃を受けても引火による爆発をしないからと思われます（**図2-02-2**）※33。

図2-02-02　防爆性の高さから採用された米大統領専用車とディーゼルエンジン[27]

4　まとめ

本件は，ブレーキを作動させたままの走行により，事故を起こした事例です。事故時，バスの警告灯と警報音が作動したはずですが，運転者がそれに気づかず，結果的にこれらの警報を無視して走行を続けたのです。乗用車の場合にも，パーキングブレーキを解除しないと警告灯が点灯しますが，警告灯など見ずに運転操作をする人が多く，かく言う筆者もパーキングブレーキを解除しないでしばらく走行した経験があります。安全設計とは，どこまでを想定して考えるべきか，難しいものです。

警報は，運転者が認識しなければ効果はありませんが，気づかない例は少なからずあります。そのため，「単なる警告音ではなく“パーキングブレーキを解除して下さい”などの音声警告にする」「誤操作できない設計にする」「二重化システム，フェイルセー

※32　なお，この特定試験の結果は筆者自身で作成・整理したものなので，正式には自身で調査してください。

※33　2018年以降の次世代エンジンについては不明。

フを取り入れる」などのワンランク上の安全設計が求められるのです。理想は，パーキングブレーキや補助ブレーキ作動中は，車両を発進できないシステムにすべきだと思います。

失敗から学び，実施すべきこと

- **使用者が警告灯や警告音に気づかないことがあるので，そもそも誤操作できないシステムを検討すること**
- **「人は思いもよらぬ行動をとる」ことを念頭に高いレベルで安全な設計を考えること**

NG 06

新幹線の車台亀裂

関連 NG ▶ 20, 23

この事故は，「設計の常識」が「製造現場の常識」ではないことから発生しました。「溶接応力除去の焼鈍後に溶接してはならない」ことは設計技術者の常識ですが，この禁止事項が製造現場に正しく伝達できていないコミュニケーションの悪さが際立った事故例です（運輸安全委員会報告書RI2019-1（2019年）より[29]）。

1 事故の概要[29]

a）事故の内容・調査報告

2017 年 12 月「のぞみ 34 号」が博多駅出発直後から異音を認めたが運行中止判断に時間がかかり，継続運行後の名古屋駅でやっと台車の亀裂（分離破断寸前）が発見されました。車軸がずれて（軸間距離 +16 mm），脱線の可能性もあった大事故でした。

運行中止の判断遅れが非難された話題の事故ですが，ここでは技術面に絞って解説します（**図 2-02-03**）。

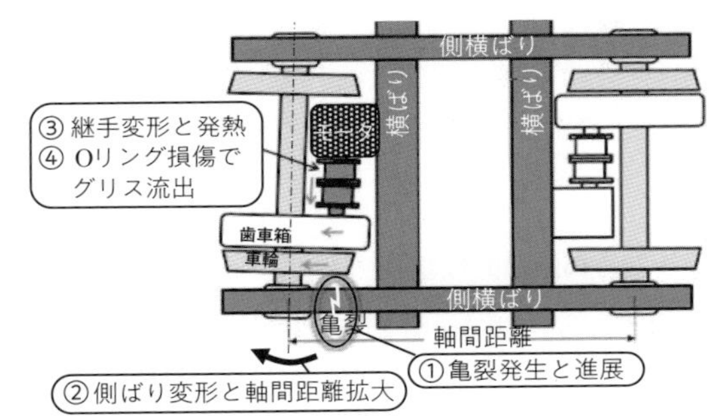

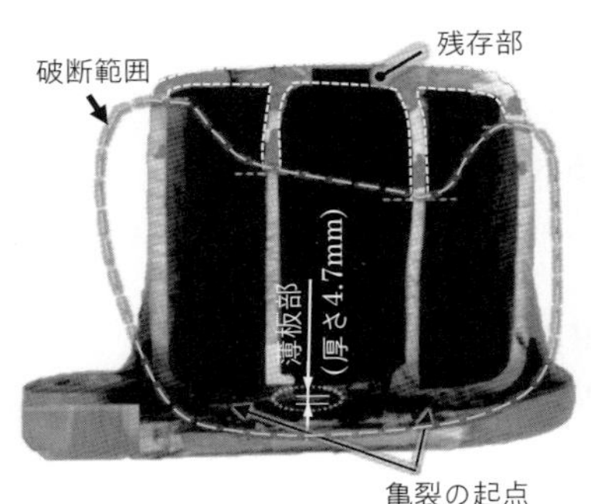

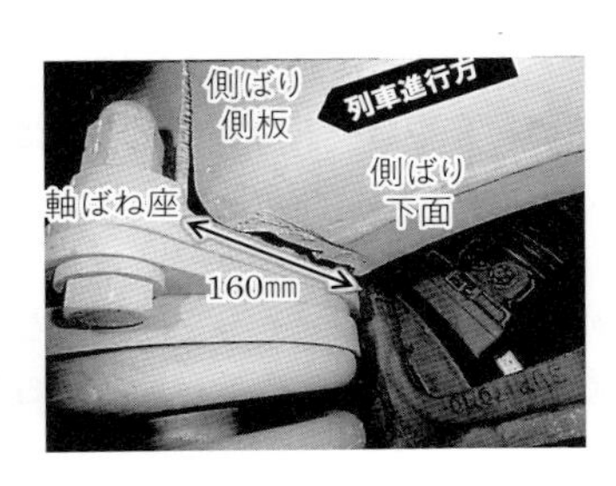

図 2-02-03　台車亀裂部

b）運輸安全委員会公表の事故原因

▶座面研削量過大で強度不足

作業員への指示が徹底されていなかったため，禁止とされていた台車枠の側バリの過度な研削が行われ，板厚不足（設計 7 mm が 4.7 mm）となり，台車の側ばり強度が低下しました。

▶残留応力※34 過大で亀裂発生

禁止されていた焼鈍後の肉盛溶接によって，過大な残留応力で製造中に溶接割れが生じました。

▶亀裂の進展

溶接割れを起点に，走行中の荷重変動により疲労亀裂が進展し，車軸がずれて異常音が発生したと推測されました。

c）運輸安全委員会公表の対策

【製 造】 部材強度の低下防止を作業者に周知し製造管理を徹底すること

【設 計】 強度計算では，拘束条件などを忠実に再現した構造解析モデルで高応力部を把握して，評価や点検の参考にすること

【検 査】
・ 定期検査では高応力発生箇所を把握したうえでの探傷検査箇所の追加検討が望ましい
・ 目視で亀裂有無を確認できない高応力箇所は，定期的に超音波探傷などで点検すること

【運行管理】

（1）適切な判断を行うための組織的取組み

- 通常と異なる事態は重大な事故につながる可能性があるとして，行動する意識を醸成するための組織的取組みを進める必要がある
- 指令員は運行継続が前提であるかのような誘導発言を避け，相互依存せず冷静な判断をすること
- 状況不明や判断に迷う場合，列車を停止し安全の確認を優先すること

（2）情報の共有やハードウェアの活用による対応

- 過去の不具合の情報を収集・蓄積し，関係者間で共有し，判断能力の向上に活用すること
- 車両異常時の異音・異臭を体感する研修の実施
- 乗務員や指令に異常やその程度を知らせるシステムの導入（導入済み）

※34　外力がない状態で生じている応力。

2 事故調査結果への解説と考察

N700系新幹線は川崎重工のほかに日立製作所や日本車輌製造も製造していますが，当該不具合車両は川崎重工製で，2007～2010年にJR西日本へ納入されているものです。

側ばりのプレス工程は，700系では熱間プレスでしたが，当時の協力企業が本事業から撤退したため，N700系では品質管理の難しい**熱間プレス**※35**をやめて，新しい協力企業が冷間プレス**※36**に変更**しました。現場管理者は，その変更によって**プレスや溶接後の歪が大きくなった**認識がなく，700系では削り過ぎが発生したことがなかったので，作業者へ「削り過ぎ注意」の指示をしませんでした。そのため，**研削深さ0.5 mm以下の基準に対して，2.3 mmも研削**していたのです。

しかも，その作業方法が事故が起きるまで続いたため，事故後に検査した台車の303台のうち**101台もの台車が過大研削となって**いたのです。

技術面をさらに掘り下げると，各ステージで多くの問題が重なった事故と言えます。

① 強度部材を研削補修（肉厚減）で強度低下（禁止事項）
② 溶接後の残留応力除去後に溶接補強（禁止事項）
③ 台車完成時点の過大残留応力亀裂を未検出で見逃した
④ 車両完成後10年間で少なくとも7回の台車検査で亀裂を発見できず
⑤ 大きな工程変化点（熱間プレスを冷間プレスに変更など）が生じたときの後工程の品質管理の見直しが行われていない

亀裂が生じたメカニズムを，**図2-02-4**および**図2-02-5**に示します。

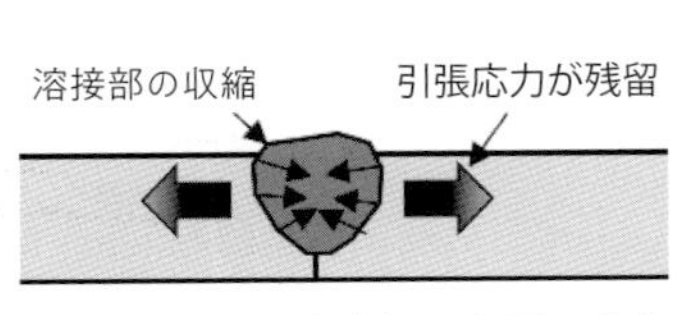

図2-02-04　溶接部の変形と応力

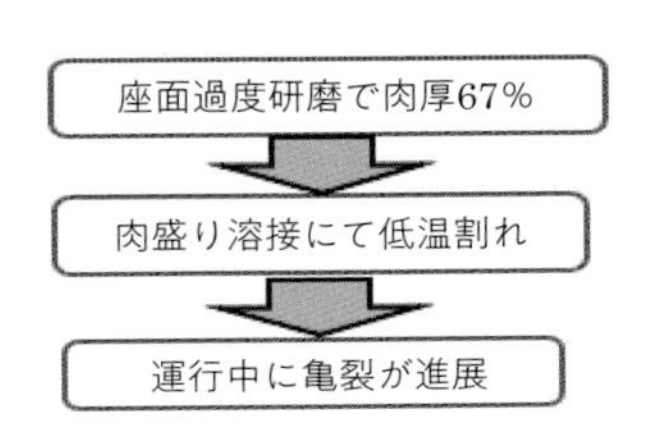

図2-02-05　亀裂のメカニズム

調査報告書では大きく取り上げられていませんが，JR西日本が実施した緊急点検の結果，101台の台車の当該部板厚が基準以下だったことは，日常的に禁止事項の研削修正が行われていたことを示しています。結果的に超音波探傷で22台に傷が発見されて

※35　約900℃の軟質化した鋼板をプレスする工法で，プレス中に金型との接触による焼入れ効果による高強度化が可能なため，厚板のプレスに適している。残留応力が小さい。

※36　常温でプレスする一般的なプレス成型方法。残留応力が大きい。

交換を実施しており，**傷や亀裂の検査が十分ではなかった**ことが明らかで，完成検査や定期検査方法の見直しが必要です。

3 まとめ

上記の①，②は，**設計技術者の「常識」が製造現場では通用しない**（技術的根拠が理解できていない）ことを意味しています。読者の皆様にとって常識でも，作業手順書などに「溶接後熱処理（PWHT）※37 後の溶接禁止」と記載するだけでなく，「熱処理後に溶接すると，亀裂が発生しやすいから」など，**禁止する理由をていねいに伝える**ことが大切です。

構造解析による最大応力部や，溶接による熱応力（図 2-02-04），溶接順序など，重要箇所は設計者にしかわからないことが多いので，作業手順書も設計者の関与が重要です。効率優先と自動化が進んでおり，設計図面に不備があっても熟練工が「持てる技術と知識」によって補ってくれる時代ではなくなっています。

海外現地生産も多く，必要なことは図面に記載して，設計の意図が製品製造に反映されるように意思疎通を図るべきです。また，通常作業以外の補修作業などにおいても，設計思想・意図の共有化が必要です。

失敗から学び，実施すべきこと

- **アルバイトなどの作業者にもわかる細かい指示を図面や作業基準書に記載すること**
- **完成検査は不具合流出防止のための最後の関所であることを肝に銘じること**
- **作業基準書は，設計・生産技術・製造部門の相互承認で発行すること**
- **工程変更を行ったときには，技術的影響を考慮しながら後工程の品質監査を行うこと（設計者が立ち会うこともある）**

※37　約 900℃の軟質化した鋼板をプレスする工法で，プレス中に金型との接触による焼入れ効果による高強度化が可能なため，厚板のプレスに適している。残留力が少ない。

バス運転者の技能不足による下り坂事故

関連 NG ▸ 02〜04

下り坂などにおいてフットブレーキを多用していると，フェード（Brake fade，ブレーキ制動力低下）現象によりブレーキが効かなくなる危険性があることは，教習で教わる一般常識なので，本件を知ったときは「プロなのに！」と衝撃でした。しかし本件は，基本技術を理解せずに運転する危険なプロドライバが数多く存在し，それを前提に運輸製品の設計が求められることを示しています。そして，プロのドライバであっても基礎的な教育が求められているのです。

NG07-01 富士山観光バスのブレーキが効かずに横転した死亡事故

1　事件・事故の概要 [93]

a）事故の内容・調査報告

2022 年 10 月 13 日，富士山 5 合目（**図 2-02-06** 左端の A 地点）からふじあざみラインを降坂中に，図中右端の L 点にて観光バスの横転事故（1 名死亡，26 人重軽傷）が発生しました。警察の事故調査報告によると，バスが横転時に制限速度の約 3 倍（93.4km/h）に達していたとされています。また，横転直前に運転手が「ブレーキが効かない」と叫んでいたとのガイド証言もありました。

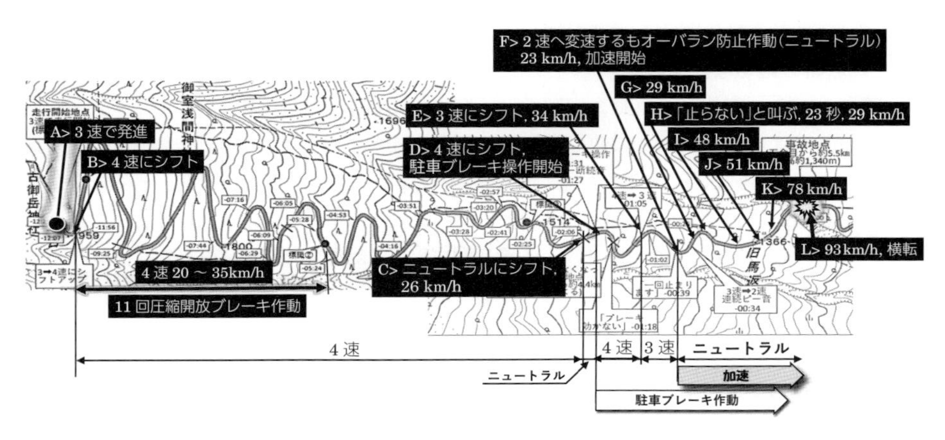

図 2-02-06　富士山観光バスの事故現場と運転状況

b）事業用事故調査委員会（2024 年 11 月）調査による事故原因

・運転者が乗客の乗り心地を優先したため，フットブレーキによるスムーズな減速を選択して降坂した

・運転者がフェード現象への認識を誤っていた

・事業者，運行管理者が運転者に係る危険な運転特性を把握していなかった

・初めての運行経路に不安を感じていた運転者に，危険性を理解させる適切な指示をしていなかった

c）初公判（2023 年 6 月）の証言と判決

検察の主張は，「被告は教習などを通じてフェード現象を認識していたが，めったに起きない非常時の出来事と思い込み，身近なものとは感じていなかった。富士山の須走口五合目を出発後，エンジンブレーキを積極的に使わず，フットブレーキを多用し約 4.6 km 走行した地点でフェード現象を生じさせた」というものでした。

これに対し，運転者の起訴内容へのコメントは「間違いありません」と検察の主張を全面的に認め，同 9 月，運転手は禁錮 2 年 6 月の実刑判決となりました。

2　事故への考察

事故現場は，富士山の須走口五合目からふじあざみラインで 4.6 km 下った地点（出発点と高低差 524 m，勾配約 13%）です。急勾配の箱根新道（最大勾配 8%）と比べても，かなりの急勾配であったことがわかります。なお，事故車搭載の排気ブレーキや圧縮開放ブレーキの作動に関する詳細記載がないので，本書ではこれらには触れていません。

a）降坂時の適切な変速段数

図 2-02-07 の事故車の駆動力線図では，縦軸は走行抵抗と駆動力，水平より少し右上がりの曲線は走行抵抗，太い曲線はバスの駆動力を示しています。また，縦軸の走行抵抗 20,000 N の少し上に 13% 勾配（事故現場の勾配）の走行抵抗曲線を一点鎖線で追記しました。この走行抵抗の一点鎖線が 4 速の駆動力線の最大値より上にあり，このバスは 3 速以下で登坂可能ですが，**4 速では 13% 勾配を登坂できない**ことを示しています。

一般的に，教習所などではフェード現象を避けるためにエンジンブレーキ優先の運転を指導していますが，「降坂時の変速機の段数は登坂時の段数と同じにすること」が基本で，事故現場では **3 速にすべきだった**のです。しかし，運転者は出発直後 B ～ E 地点の 11 分間フットブレーキを多用し，4 速で走行し続けたのです。一方，3 速にシフトダウンした E ～ F 地点の 30 秒間は 34 から 23 km/h に減速したので，最初から適切な 3 速段を選択していれば，フットブレーキを多用せずに 20~30 km/h で降坂を続

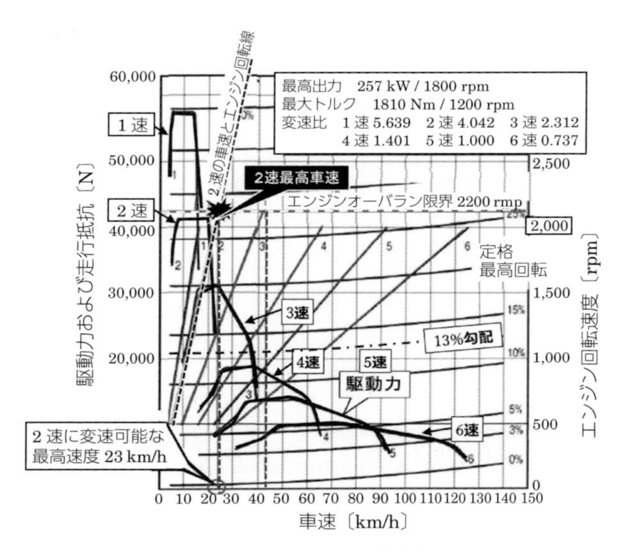

図 2-02-07 事故車の駆動力線図

けられたと推測されます。

b）オーバラン防止制御による影響

このバスには，エンジンの破損を避けるために，定格最高回転の 110% を超える減速時のミスシフト対策（例：3速から2速にするとオーバラン限界を超える場合には，自動的にニュートラルになる）のオーバラン防止制御装置が装備されていました。横転の34秒前（F地点，車速 23 km/h）に3速から2速にシフトダウン操作をしていますが，オーバラン限界を超えていたため，シフトチェンジできずにニュートラルになったのです（連続的な警告音が記録されています）。この11秒後（H地点）には加速（36 km/h）を感じて運転者は「止まらない」と叫び，I地点では 48 km /h となりガイドが「シートベルト締めてください」と乗客に指示，L地点では車速が 93.4 km/h に達してカーブを曲がり切れずに横転したのです。

つまり，3速のまま走行していたら 34 km/h から 23 km/h に減速していたのに，さらに2速に減速しようとしたためにオーバラン防止制御装置が作動し，ギアがニュートラルとなり，エンジンが駆動系から切り離されてエンジンブレーキが効かなくなり 93 km/h まで加速したのです。運転者にはニュートラルになった認識がなく，3速に入れ直す操作をしなかったのです。

オーバラン防止装置の制御は，通常運転時のシフトミスによるエンジン破損を避けるためのものなので，ニュートラル制御にしたと考えられます。しかし，今回の事故事例から，オーバラン域へのミスシフト時は，元のギア段位置の状態を維持できる制御に改良すべきではと思います。

c）駐車ブレーキの使用

この運転者は走行中に3速を使う習慣がなかった（あるいは嫌っていた）ようで，まだブレーキが効いていたD地点でも4速に固執し，駐車ブレーキを操作したのです。プロの運転者ならば，通常はギア操作で減速することを優先し，駐車ブレーキを操作することは考えられません。免許取得時の教育を見直し，今回のような操作ミスによる事故事例を用いた教育などを行うとともに，設計者も最悪の事態を考慮した制御装置の設計を心掛けていく必要があるでしょう。

NG07-02 碓氷峠深夜バスの転落事故[94]

運転者の自己流操作による **NG07-01** の事故には驚かされましたが，この事故はさらに危険な運転者の経験不足によるものです。

この事故の運転者は山岳路走行経験がほとんどなく，そもそもバス運転の経験も浅く，フットブレーキさえまともに使用できずに，下り坂で加速していった結果，崖下に転落したのです。事故の根本原因は運転操作ミス，ひいてはバス運転者への教育不足であり，設計・製造の失敗ではありません。しかし，運転技術が未熟な運転者に対して設計者の立場からできることがあるはずだと考えて，ここに掲載することにしました。設計者の皆様にも考えてもらいたい問題です。

1 事件・事故の概要[94]

a）事故の内容・調査報告

2016年1月，乗客39名のスキー客用大型貸切バスが，国道18号の下り坂で横転しながら4m下に転落（15名死亡，22名重傷，4名軽傷）し，屋根が崖下の立ち木に衝突しながら右側面を下にして前面が土手に衝突して停止しました（**図 2-02-08**）。

【事故経過】

① **碓氷バイパスの入山峠**：4速段を用いて40～50 km/h で通過

② **事故地点 850 m 手前**（5～8% 下り）：減速せずに通過

③ **事故地点 300 m 手前**：80 km/h 以上（5速以上かニュートラルと推測）で加速

④ **C41 カーブ**（6% 勾配）：ブレーキを踏まず大きく膨らみ（道路管理カメラによる），ガードレールに接触し約95 km/h に加速

⑤ **事故直前**（C43 地点）：右側ガードレールを20 m なぎ倒しながら転落

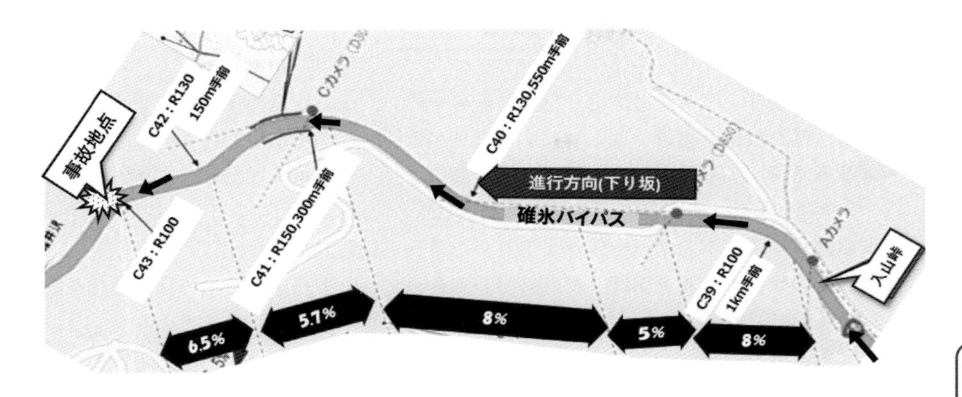

図 2-02-08　碓氷峠深夜バス転落事故現場付近

【バスの仕様】

6速マニュアルミッション，アンチロックブレーキ※38付，補助ブレーキ（排気ブレーキ※39と圧縮開放式ブレーキ※40）およびオーバラン防止装置（95 km/h で 4 速へ，57 km/h では 3 速へのシフトダウンができない）を装備していた。ただし，90 km/h 以下では 6 速⇒ 5 速や 5 速⇒ 4 速へシフトダウンは可能（試験で確認済み）。

b）国交省の事故調査委員会の公表による事故原因

- **制動操作不足**：本来下り坂ではエンジンブレーキを活用して安全速度で運転すべきところを，制動不足でハンドル操作中心の走行を続けて速度が上昇し，急な下り勾配のカーブを約 95 km/h で車両コントロールを失い，曲がりきれずに転落した（ブレーキドラムにフェード現象による変色なし，ブレーキシステムに異状なし）。
- **ドライバの経験不足**：運転手は事故の 16 日前に採用されたばかりで，大型バスの運転に 5 年間のブランクがあり，山岳路走行などの運転経験と技能が十分ではなかった。
- **事業者の教育不足**：インバウンド観光の増加によりツアーバスの需要が急増し，運転者の確保・育成が追いつかず，運転技能を未確認のまま運行を任せた。

※ 38　急ブレーキをかけたときにタイヤの回転が止まることによる制動力低下を防止する装置。

※ 39　エンジンの排気管に設けられた弁を閉じることでエンジンの摩擦抵抗を増加させる制動装置。

※ 40　4 サイクルエンジンの圧縮工程が終了した瞬間に排気バルブを開くことで，エンジンを圧縮機として作動させ制動力を高める装置。

c）国交省事故調査委員会の公表による対策

事業者対策

- **運転者の選任**：運行形態に応じ指導/監督を行い，十分な能力保持を確認する
- **健康・適性診断と指導**：運転者に応じた労務管理と適切な指導監督を行うこと
- **運転者教育**：高度な運転技能の必要性を認識させ，登降坂・雪道などの運行に応じた安全運転方法，非常時の対処法を教育のこと
- **安全運行管理**：安全運行を確保するための業務実施状況を確認すること
- **乗客へのシートベルト徹底**：夜間就寝時も含めてシートベルト着用の注意喚起を運転者に徹底させること

安全対策装置の開発

- **速度超過警報装置**：制限速度超え走行時の警報装置や，ドライバ異常時の対応システムなどの開発が望まれる
- **運行管理用の車載機器**：連続運転上限値超過，休息時間の下限値不足などのときに警報を発し，運行管理者にも通報する機能を開発し，事業者の適切な運行管理を支援することが望まれる

制度面の対策提案

- **運転経験の申告と実技訓練**：事業者は全運転者の車種毎運転経験を申告させ，経験不足時は実技訓練を義務付ける
- **事業許可の更新制を導入**：安全管理体制が確保されているかを定期的に確認する
- **監査制度などの厳格化**：監査で法令違反を指摘された事業者は，是正を速やかに実施し，その後に是正状況が適切か確実に監査を行う
- **調査員の無通告実態調査**：無通告乗車による実運行状況を確認し，法令違反を早期に発見し是正させる取組みを実施する
- **事業者の指導・監督**：的確な運行管理のための運行管理者数の基準等運行管理制度の見直し
- **ツアー会社と受託バス事業者の関係見直し**：運行契約を結ぶ場合，バス事業者の安全対策への適切な投資・運行管理体制が確保されるように制度の検討をする

バス事業者の法令遵守の取組み

- 毎年の法令遵守と安全管理状況のチェック：国交省は，民間機関を活用し，監査を補完する巡回指導などの仕組みを構築し，貸切バス事業者に年1回程度の頻度で法令遵守状況や安全管理状況をチェックする必要がある
- 運輸安全マネージメント制度：運輸安全マネージメント制度の普及促進，社会安全教育の実施に係る支援などにより，貸切バス事業者における安全意識の醸成と自発的な安全管理体制の構築・改善を一層促進する必要がある

e）長野地裁の判決から判明した内容

地裁[※41] 判決結果

裁判長は，事業者は輸送の安全確保のため，運転者に必要な技量が備わっていることを確認し運行させる義務を負っているのに対し，社長らが過去に監査で不備を指摘され，虚偽の弁明書を提出したことや，運転者の技量を確認しないまま，適切な指導もせずスキーツアーの運行をさせたとし，社長らが「刑法上の注意義務を怠っていたのは明らかだ」と結論付けました。

そして，裁判長は「社長に禁錮３年（求刑禁錮５年），元運行管理者に禁錮４年（同）」の判決を言い渡しました。

運転者の経験と会社側の対応

- 運転者が以前勤務していた会社の社長は，運転者が「大型車両は運転したくない」と申し出て，小型バスの運転をしていたと証言。
- 運行管理者は運転者に「大型バスの経験がないこと」を知っていた。
- 大型バスの運転の教育として，慣れさせるために「３回のベテラン運転手とスキーツアーの業務」を実施したが，ギアチェンジを何度も失敗するなど技量不十分と判断していた。しかし，運行管理者は技量の報告を求めることなく，大型車の運行勤務をさせた。
- 社長の意見「大型バス未経験とは知らなかった。フットブレーキを使用せずに走行するような運転者とは聞いていないし，予想もしていない」。
- 社長の弁護士「大型バスの運転を禁止するほど未熟ではない。ブレーキ操作をしない運転をすることを予期することは不可能で，道義的責任はあっても予見可能性は認められない」。
- 運行管理者の弁護士「運転者が適切なギア操作ができなかったことを予見することは不可能だった」と証言。

2 事故への考察

NG07-01 は下り坂でフットブレーキを使いすぎたためフェード現象が発生しブレーキが効かなかった事故，**NG07-02** は下り坂でエンジンブレーキを用いずに少ないフットブレーキとハンドル操作中心の運転により制御不能となった事故です。操作ミスとしては逆のパターンですが，どちらも教習所レベルで『長い坂道ではフットブレーキを多用するとブレーキが効かなくなるので，エンジンブレーキを用いること』と指導してい

※41　バス会社イーエスピーの社長と運行管理者の業務上過失致死傷に対する裁判（2023 年６月９日）。

る基礎的技能が反映されていないのです。

プロでも基礎的な操作ができない人はいる

プロドライバなのに「まさか！」と思いましたが，人は異常行動をすることがあるのです。プロだからこそ自己流操作が定着し，基本的操作が間違ったままになっているのかもしれません。一方事業者側は，プロであるが故に基礎的な教育を省略しているのではないでしょうか。安全教育は基礎的なことも，何度でも指導することが大切です。事故事例を紹介するなどして，降坂時のエンジンブレーキ活用などの基礎的テクニックの重要性を再認識させることが大切だろうと思います。

対策として警報では不十分

調査委員会から速度超過時の「警報追加」を提案されていますが，警報が何の警告なのかとっさに認識しづらいし，パニック状態では警報後にやるべき操作が何であるかを考える余裕はないと思われます。**NG05** の事例でも提案しましたが，音声で『シフトダウン，シフトダウン』など，やるべき操作を連呼する警報とする他，自動排気ブレーキ作動装置や自動シフトダウン装置など，**人為的操作不要の自動安全作動装置**の開発が求められていると考えます。

排気ブレーキスイッチ OFF 状態でも，エンジンがオーバラン（定格回転以上）に達すると自動的に ON にするなどの対策は，技術的には容易でしょう。電子制御付トランスミッションならば，危険速度領域では自動的に適切なシフトダウン制御ができるようにすべきでしょう。

車速変化模式図説明

図 2-02-09 は，筆者の所属していた会社で数十年前に，6 速変速機付バスが 50 km/h 以下で箱根を降坂（5 ～ 10% 勾配）する試験を行った際の速度変化模式図です。

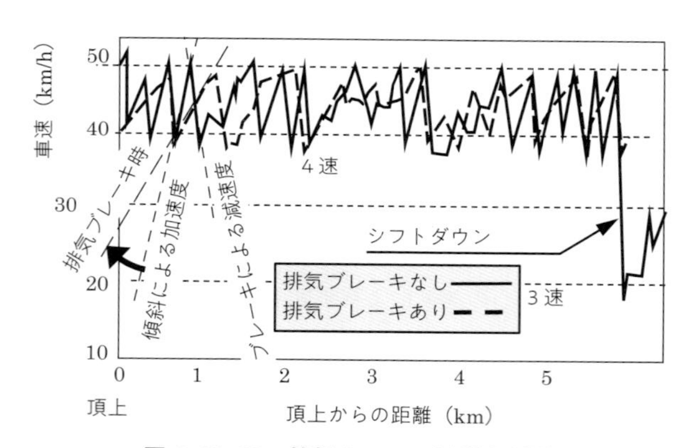

図 2-02-09　箱根ターンパイク降坂試験

図の細い実線は，4 速段によるエンジンブレーキだけの操作例，太い点線はトラックやバスに標準装備の排気ブレーキ※42 を使用している例です。

- ノコギリ刃形状の速度変化は,「フットブレーキを用いない加速」と「フットブレーキで減速」を繰り返す様子を示しています。エンジンブレーキ＋排気ブレーキの使用でも加速して，フットブレーキを多用していることがわかります。
- 排気ブレーキの作動効果で，フットブレーキ使用回数がおよそ半減することがわかります（太い点線の速度変化）。
- 排気ブレーキの効果はあってもフットブレーキを頻繁に使っているので，長い坂道では危険です。
- 図の右端の速度変化を見ると，4 速から 3 速にシフトダウンすれば，ブレーキを用いなくても 20 km/h 以上も減速できることがわかります。40 〜 50 km/h で走行しようとするならば，「4 速で走行して 50 km/h まで加速したら 3 速にシフトダウンで減速し，40 km/h まで減速したら，4 速にシフトアップする」，これを繰り返すことで，長い坂道でもフットブレーキを用いないで下降できるのです。
- 大型車では，長い坂は排気ブレーキのスイッチを入れたままにすることが一般的な運転です。加速時には自動解除されます。

NG07-01, 02 のまとめ

事故を未然に防ぐために，ユーザや整備士に安全教育を徹底することは非常に重要です。しかし，エンジンブレーキ，排気ブレーキ，シフトダウン，フェード現象など技術的に説明が難しい事項も多いため，設計者らが積極的に，安全教育に関与していくべきだと思います。

失敗から学び，実施すべきこと

- **異常操作に対応する安全設計制御を設計に盛り込むこと**
- **重要な安全教育には設計者も教育用の資料やビデオ作成などにかかわり，しつこく実施すること（バス会社への販売促進の教育資料など）**

※ 42　通称エキブレ。排気管を閉じて，エンジン損失仕事を増加させる。

2-03 設計者の認識不足による失敗

設計者は，まずトルク・せん断力・曲げモーメントなどの最大荷重とモーメントの方向を想定して，その条件に最適で機能的な構造を考えます。したがって，前提条件に検討漏れがあれば強度不足となり不具合が発生します。設計者のちょっとした思い込みにより，ミスは起きるものなのです。**NG08** の力の向きに対する剛性補強リブは応力集中部を設けてしまった失敗事例です。**NG09** は伝達トルクばかりを気にして，推進反力による影響を考慮しなかった失敗事例です。

NG 08 南海電鉄の台車溶接部亀裂

NG

関連 NG ▸ 20, 23

この事故事例について，運輸安全委員会の報告書（2020 年 11 月）では，主に当該構造の亀裂発生のメカニズムを精査した結果，設計時の構造の問題には触れていません。そのため，筆者が「事故検査結果への考察」において，リブ構造の問題点を取り上げていることは唐突に感じるかもしれません。

しかし，基本構造の設計センスは非常に重要なので，**技術者の皆様に基礎的な材料力学を理解してほしいのです。**「事故検査結果への考察」の記述には，報告書に記載された情報からの筆者推察が含まれており，独断と偏見ではありますが，あえて「補強リブの取付方の間違い」としました。

「基本構造の設計が悪いと，不具合が度々発生し，その後に対策しても不具合が解消しなかった」という，設計者がよく失敗する事例とも言えるのです。

1 事件・事故の概要 [31]

a）事故の内容・調査報告

2019 年 8 月 24 日，難波駅発関西空港駅行きラピート β41 号（6 両編成）が堺駅～岸和田駅間を走行中，車掌が 2 ～ 3 号車の連結部に金属音を確認し，運行後に検車係員が 2 号車第 2 台車第 1 軸の主電動機受座背面の補強リブ溶接部に約 140 mm の亀裂を発見しました（**図 2-03-01**）※43。発見後の安全点検として，全 6 両編成の 36 台車 72

※ 43　事故台車の製造メーカは旧・住友金属工業（現・日本製鉄）。車両完成は 1995 年，累積走行距離 415.6 万 km。2003 年に付近に亀裂が発生したことで，2005 年にリブを溶接して追加していました。

か所を検査したところ，同部位に，新たに３編成の４台車（４か所）に亀裂が見つかりました。

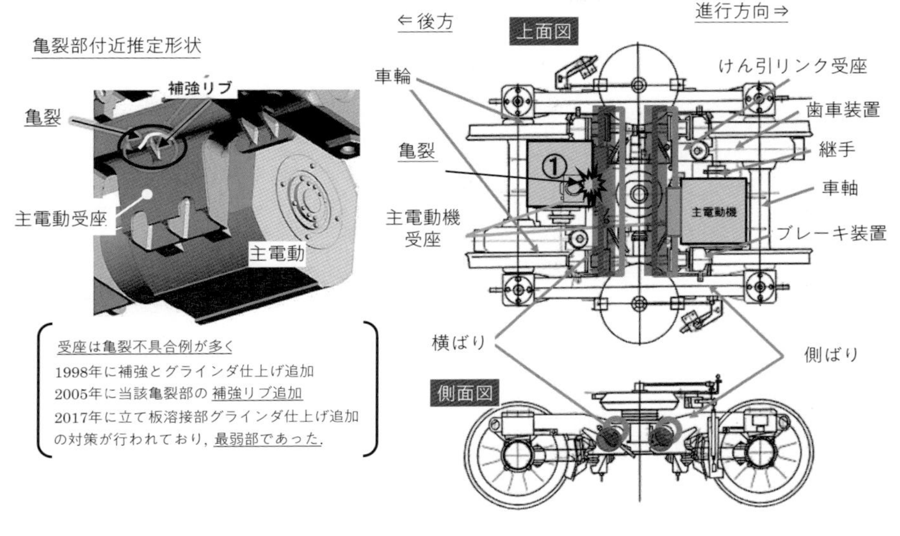

図 2-03-01　亀裂部詳細

b）運輸安全委員会公表の推定原因

- 横ばりと主電動機受座背面**補強リブの溶接部の疲労亀裂**が原因
- 通常の開先加工は鋼材切断工程で実施するが，当該箇所の補強リブは小さく，鋼材切断工程では加工ができないので，溶接工程のエアーガウジング※44による加工を採用した。しかし，溶接作業現場に渡す作業方案や図面には開先加工に関する指示はなく，作業責任部署の台車作業管理室からも説明がなかったため，**開先加工がされず，溶接欠陥が発生した**
- 亀裂箇所は受座の最弱部であるにもかかわらず重点検査箇所に指定されておらず，また磁粉探傷検査を実施していないなどの問題があり，**定期検査時においても亀裂を発見できなかった**

c）運輸安全委員会公表の対策

- 通常と異なる作業（アークエアーガウジングによる開先加工）実施には，特に**具体的な作業指示**を行う必要がある。関係職場間で作業内容を事前に検証・確認し，指示漏れないようにする

※44　アーク部に高圧空気を吹き付けることで余分な金属を除去する方法。

- 強度に余裕がない箇所は重点検査箇所に指定し，磁粉探傷検査などを実施
- ラピート全６両編成の磁粉探傷検査は全般だけでなく他の重要部にも検査を実施

2 事故検査結果への考察

開先について

筆者はエンジン屋なので，厚板の溶接製品を扱いませんでしたが，建築業界では日本鋼構造協会による「開先形状※45規定（JSS I 03-2005）」※46があるので，溶接に関してはそれらを参考にするとよいでしょう。

厚板の溶接では，溶接部の溶込み状況を確認したうえで，開先加工化を検討すべきだったと思います。厚い（19 mm）鉄板に開先加工がなかったため，**溶込み不良による強度が低下**して亀裂が発生したと思われます（**図 2-03-02** 上の図は溶込み不足）。

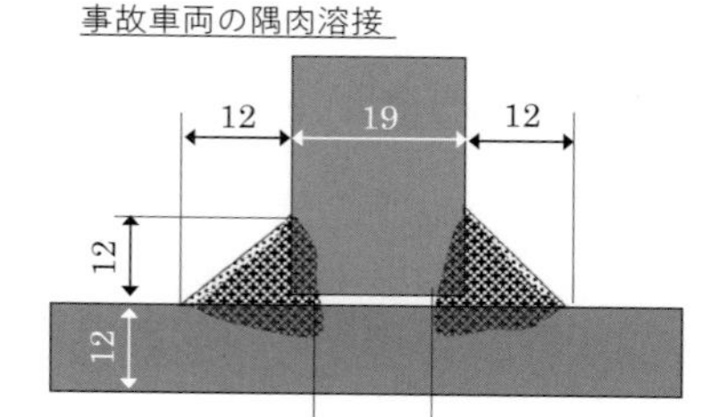

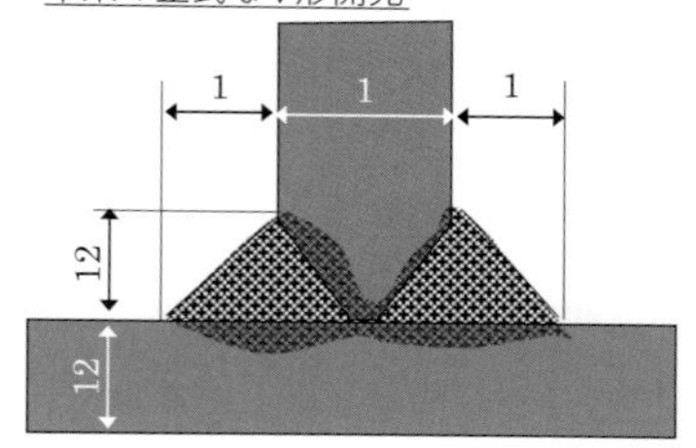

図 2-03-02　開先の有無

熱影響部の処理

厚板溶接は熱影響（焼鈍効果）による強度低下や，熱歪みも大きいので，**溶接後熱処理（PWHT）**※47の実施が規定されていました。しかし，溶接後に禁止の溶接補修を行ったので，PWHTの効果がなくなり高残留応力が発生していたと推測されます。

リブ追加による応力集中

曲げの中立軸から離れた位置（高応力部）にリブを追加すると，剛性は少し高くなりますが，この程度のリブでは効果は小さく，表面の最大応力が増大したものと容易に考えられます。また，リブは鉄則通りに圧縮側に追加しても，「表

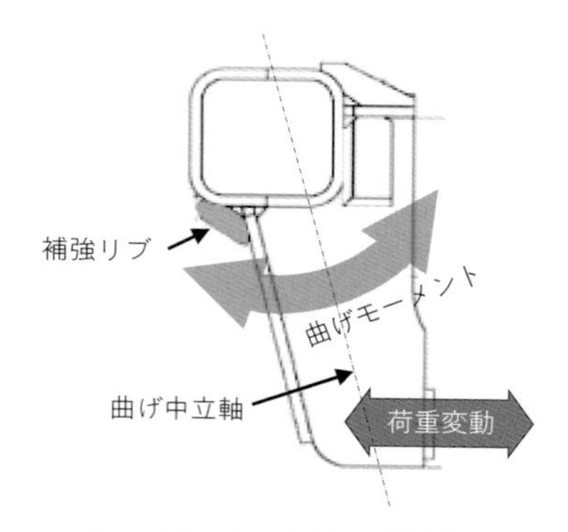

図 2-03-03　亀裂リブ溶接部

※45　溶接前の接合箇所に設ける溝形状のこと。

※46　規定は有償で公開。

※47　溶接部は，「内部応力の発生と組織の粗大化」となる弱点部が発生します。この問題を解決するために溶接後熱処理（Post Weld Heat Treatment）が不可欠です。

面応力はリブの峰の部分が最大応力位置」になるので，「リブの追加によってむしろ疲労強度は低下した」と思われます（**図 2-03-03**）。

3 関連情報

片持ち梁のリブ部に働く最大応力の計算式

曲げモーメントをM，断面2次モーメントをI，中立軸からの距離yの曲げ応力をσ_b，中立軸からの距離をe_1，最大応力点aの曲げ応力$\sigma_{\max}$をとすると，**図 2-03-04**の記号にて以下のように表します。

$$\sigma_b = \frac{M}{I} y$$

$$\sigma_{\max} = \frac{M}{I} e_1$$

したがって，中立軸から遠い部分（e_1）へのリブ追加は，**リブ先端（峰部）に発生する応力が高く，しかも応力が集中するため**，補強したにもかかわらず疲労強度が低下するので，**引張高応力部へのリブ追加は禁止事項と認識すべきです**。ただし，応力が低く剛性を上げたい場合は，その限りではありません。

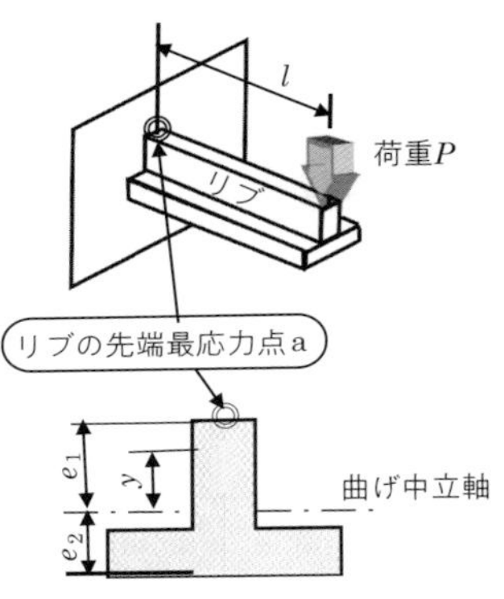

図 2-03-04
リブ付梁の中立軸とリブ先端の関係

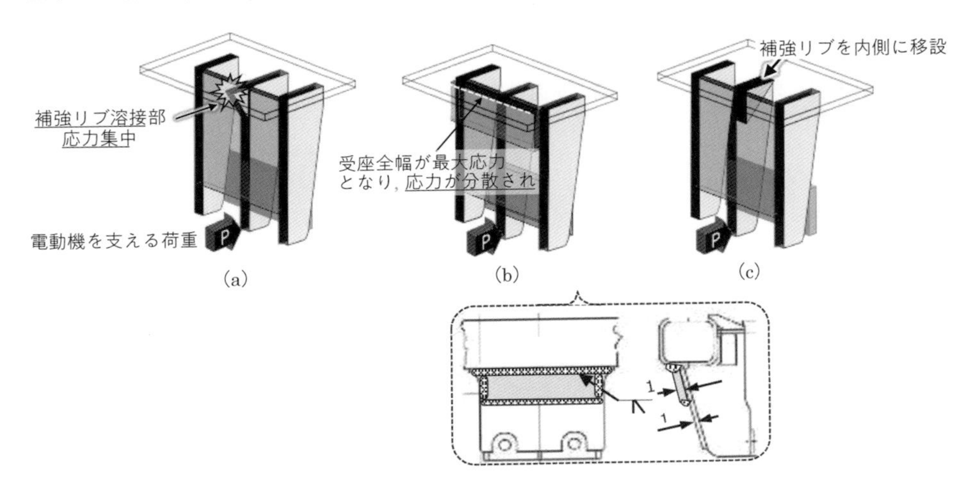

図 2-03-05　補強方法の変更案

当該事故の単純モデルを図 2-03-05 の（a）に示します。（a）は手前の面の中央上部に小さなリブを溶接した部分で亀裂が起きました。対策案としては，リブを内側へ移設補強（c）か，平面溶接補強（b）を推奨（荷重方向を意識すること）します。

4 まとめ

設計者は，完成製品の品質を保証するためにも，開先などの溶接についての知識を備えておくべきでしょう。また，溶接作業者にもその必要性を理解させることが重要です。図 2-03-02 の上図では溶込み不足となっていますが，隅肉溶接でも，完全溶込みに十分な板厚があれば開先は不要です。

また，設計者の常識として，引張側や高応力部へのリブ建てを避けることを肝に銘じましょう。応力低減や剛性アップの基本は次式

$$\sigma_{\max} = \frac{M}{Z} = \frac{M}{I} y$$

より断面二次モーメント（I）を大きくすることですが，I を大きくするために容易にリブを設けてはいけません。また，疲労強度は最大引張応力部が起点となるので，リブは圧縮側に設けることが基本です。

失敗から学び，実施すべきこと

- **厚板（8mm 超）溶接に開先溶接を徹底すること**
- **溶接性の悪い高炭素鋼を溶接する場合は，予熱や溶接後熱処理（PWHT）の実施を考えること**
- **引張側や高応力部へのリブ建てを避けること**

NG 09 液化ガス船プロペラ軸折損

本件は船舶における事故例です。プロペラ軸継手部は「ねじりトルク」と「推力」を受けるので，軸断面に発生の軸方向荷重の全てを軸継手の平面で受けるのです。しかし，ねじり荷重（トルク）だけに注視して設計してしまい，軸方向荷重への設計検討を怠ったために，プロペラシャフトが破損しました。フランジ部強度の根本的な設計ミスです[33]。

1 事件・事故の概要[32]

a）事故の内容・調査報告

2017年，液化ガスばら積船 瑞陽丸（8人乗，998トン，1,765 kW，船齢21年，**図2-03-06**）が，山口県沖家室島東方沖航行中，異常警報により点検したところ，可変ピッチプロペラ（以下，CPP）の給油箱が大きく振れ回り油漏れをしていました。船舶往来が多い場所なので，約1時間かけて山口県屋代島の安下庄湾内までゆっくり航行後，エンジンを停止し停船後の検査で，中間軸に亀裂を発見しました。

図2-03-06　事故船外観

b）運輸安全委員会公表による事故原因

ねじり振動と推進力の反力が軸接合フランジの凹部に加わり，経年変化で目視確認困難な場所に亀裂が進展して折損に至りました。中間軸の外径ϕ220に対し，インロー径（ϕ200）の内側には受け面がないので（スラスト荷重の受圧面はϕ200～ϕ220の間のみ，**図2-03-07**），その結果，折損した中間軸が振れ回りによる振動で，給油箱の振動が大きくなったものです。据付部のボルトおよびナットの強度も足りなかった可能性があると判断しています。

c）再発防止策

運輸安全委員会が必要と考えた処置

- フランジ端面中央凹部を小さくし，表面の面粗さを細かくすることが望ましい
- CPP 給油箱などの据付部は，定期的にゆるみなどの有無を確認する
- 据付部のボルトおよびナットの強度を上げることが望ましい

運行会社の処置

- 同種仕様船舶の CPP 給油箱，スラスト軸受，主機据付部のボルトゆるみ有無を確認
- 主機の運転 3,000 時間毎に主機据付部に用いられるナットゆるみ有無を確認
- 主機は回転数の連続使用禁止範囲の速やかな通過と，巡航域ではトルクを抑えた運転を徹底させること。

製造と修理をした会社の処置

- 修理時に給油箱据付部の M22 の SS400 材六角ボルトを，M24 の S35C 材の植込みボルトへ変更して強度を上げた。

2 事故検査結果への考察

亀裂の起点

設計責任会社であり修理も行っている製造会社の再発防止項目には，最も重要指摘で

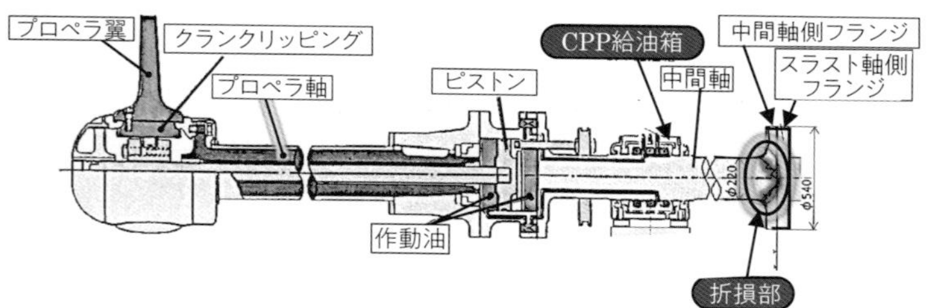

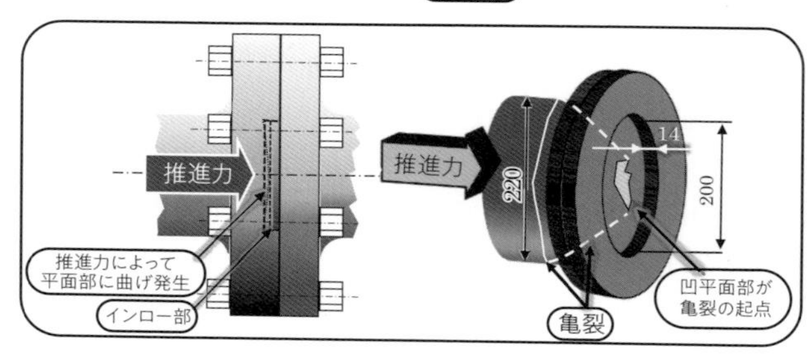

図 2-03-07　CPP 装置概略図と亀裂部詳細

ある運輸安全委員会の「フランジ中央部の凹み縮小案」に言及していませんが，これを対策すべきです。プロペラ推力の反力によって中央平面部（φ200）が疲労亀裂の起点になったので，中間軸継手のインロー径※48を小さく（図 2-03-07 右下），凹部を浅く（例：φ200×14⇒φ20×5）すべきでしょう。

給油箱据え付ボルトの折損

中間軸折損とボルト折損の関係は，推測ですが軸の折損が先で，その後に軸の振れ回りによって CPP 給油箱のボルトが折損したものと思われます（**図 2-03-08**）。

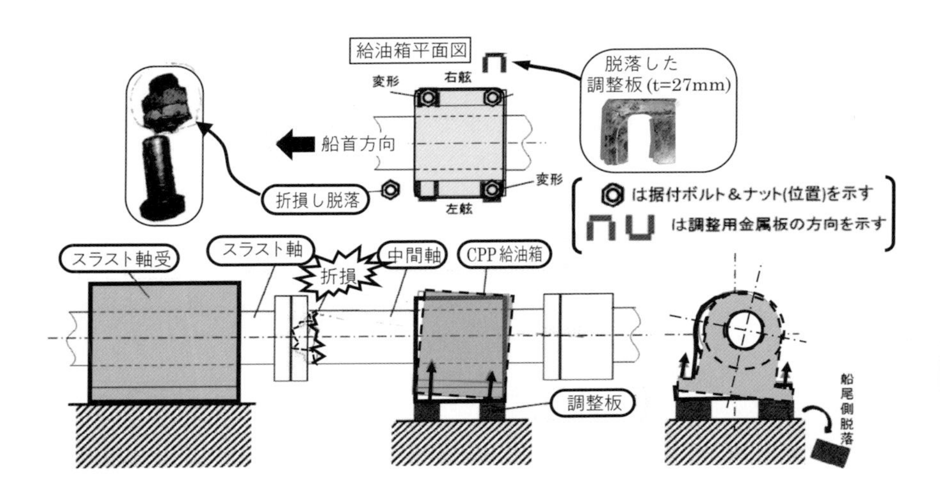

図 2-03-08　給油箱据付

製造会社の対策は，ボルト材質を M22 の SS400 材（推定強度区分 4.6）から，M24 の S35C 材（推定強度区分 6.8）に変更し，総合的に 2.32 倍の改善効果が期待できます（降伏点 2 倍，有効断面積 352.5/303.4＝1.16 倍）。

しかし，ボルトの知識のある設計者ならば，一般的にこのような SS400 材の低強度ボルトは用いません。重要部位であれば強度区分 10.9 の SCM435 程度を採用すべきと考えます。そうすれば，ボルトサイズを変更しなくても材質変更だけで 3.75 倍の強度アップが可能なのです。締結技術は，機械設計者の誰もが身につけるべき重要な要素技術だと認識したうえで修得してもらいたいものです。

銅製調整板のへたり

事故後の写真から締付位置調整板締結部の陥没が大きく，写真の色から調整板は

※48　インローとは，凹凸形状を組み合わせることで位置合わせをする構造のこと。本件の場合は，二つの軸をつなぐ部分の位置合わせに用いられている。

銅製と思われます。銅は軟質で陥没しやすいので，硬度が3倍程度（約60HB⇒約200HB）の調整用シム材として一般的なSUS材に変更すべきと考えます。運転中のガタつきを低減（なじみ性）させるために銅を採用したと推測しますが,「なじみ＝へたり」ですから芯ずれや締結力低下につながります。締結部の部材に銅を採用するのは避けるべきでしょう。

特別な事情により銅を採用の際は，ボルトの最大軸力時に許容面圧を満足していることを，確認しましょう。

3 まとめ

製品にどのような荷重（力の大きさと方向や拘束条件）が働くかは，設計の前提条件なので，ていねいな確認が必要です。この間違った条件で，高精度のCAE解析をしても，意味がないのです。

また，商品によっては，最悪な環境条件や使われ方を想定することも重要になります。設計を開始する際には，それらの設計前提条件を設計検討書などに明記したうえで，上司などの複数人と条件の妥当性を共有化（≒チェック）をすることも大切です。周りとの情報共有なしに一人で設計すると，独りよがりな設計となり，後々問題が生じる場合も少なくありません。良い設計のためには，複数人が設計内容をチェックできるように，設計検討書として記録を残すことが欠かせません。

失敗から学び，実施すべきこと

- **設計に着手する前に，製品にかかるあらゆる荷重（曲げ・ねじり・せん断・残留応力・振動）を確認すること**
- **設計の前提条件を設計検討書などに記録し，第三者と設計検討条件の妥当性を共有すること**
- **締結技術や金属材料知識などをしっかり身につけること**

2-04 組織的な不正による失敗

「組織的」というと，「管理者の問題であり，末端の技術者には関係ない」と捉えがちですし，「意図的な不正」を失敗扱いすることに違和感があると思います。しかし，これらの不正を指示した上司や関係部署の者に対して，「不正を止められなかった」及び「不正を告発できなかった」という意味で，「技術者の失敗」と位置付けました。

若手技術者のうちから**設計者と製造者のコミュニケーションの必要性**や**倫理的（法令遵守，コンプライアンス）な問題**を認識し，開発・設計に取り組むことこそが「組織的な不正や判断ミス」を防ぐために重要だと考えます。

NG 10 東洋ゴムのビル用免振ゴムのデータ偽装

1 ビル用免振ゴムの基礎知識

最初に取り上げるのは，東洋ゴム工業グループが起こしたビル用免振ゴムのデータ偽装事件です。事件の詳細を解説する前に，本件をより深く理解するための事前知識としてビル用免振ゴムについて解説しておきます。

ビル用免振ゴムが生まれた背景

1978 年の宮城沖地震（仙台における震度 5，死者 29 人，被災者 約2.6 万人）の影響もあり，1981 年 6 月以降，建築物や土木構造物は新耐震基準を満足しなければならなくなりました。新旧耐震基準や耐震建築構造の概要を以下にまとめてみます。

- **旧耐震基準**：震度 5 強以上は想定なし
- **新耐震基準**：震度 6 までは『ほとんど損傷があってはならない』
  震度 7 程度までは『倒壊や崩壊しない』

地震に対応できる建築構造

各構造は以下のような性能差があります。

- **耐震構造**：強度や剛性を上げるのみ（破壊限界エネルギー吸収に限度あり）
- **制振構造**：振動を減衰させる構造なので，耐震構造よりも低剛性の軽量設計ができる
- **免振構造**：建物と地盤の間に設けられたゴム構造で横揺れを減衰するので，横揺れの大地震に強い（ただし，直下型の縦揺れには効果がない）

免振ゴム構造

薄い鋼板と薄い高減衰ゴムを交互に数十枚重ねた構造で，これをビルの下部に設置して支えます（**図 2-04-01**）。**図 2-04-02** は，筆者が講師をしていた某大学の地上 18 階

建てビルの免振ゴム取付状態を示します。建物を免振装置で地盤から切り離しビルの荷重を支える耐荷重性，横揺れ振幅吸収性，耐久性などの条件を満足し震災時に免振機能を発揮できるようにするには，製品の品質管理が非常に重要なのです。

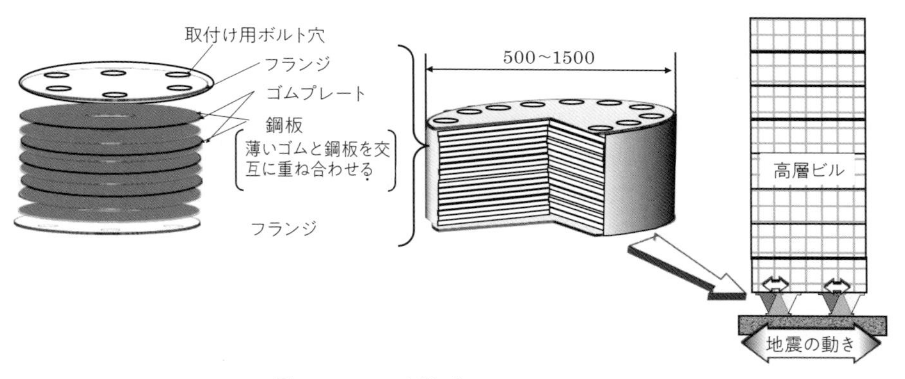

図 2-04-01　東洋ゴムのビル用免振ゴム

図 2-04-02　設置状態の免振ゴム

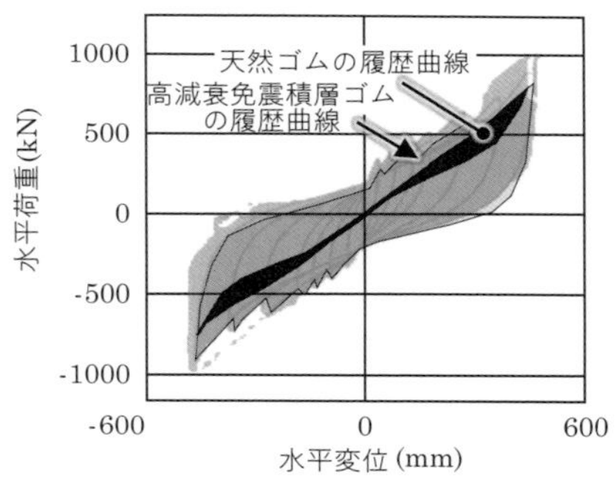

図 2-04-03　免震ゴムせん断特性の例（JIS K 6410-1 より）

免振ゴムの試験

図 2-04-03 はゴムの履歴曲線です。履歴（ヒステリシス）曲線で囲まれた面積が粘性抵抗（エネルギーロス）で，振動を減衰させる機能を示します。これに適するようにするには，ガラス転位点（非晶質状態のガラス状の固体から流動性のあるゴム状態に変化する温度のこと）が高いこと，および軟化点の高い樹脂やカーボンの充填剤を加える手法があります。この配合方法や，内部まで均一に加硫するのが難しい大型製品の加硫条件，および高粘度を均一に練り込む技術により安定的に生産することが製品開発の技術者に求められています。そのためには，これらの生産管理をするための技術的根拠となるデータ収集をするために，膨大な試験数が求められます。

そして，高減衰免振積層ゴムの動特性や耐久性評価を大型製品そのもので行うことは，試験機の能力，開発促進や試験費用などにより現実的でないため，近似させた縮小試験体での試験が不可欠です。そのため，「縮小試験体（ミニチュア）と実際の大きさの製品との相関性」を求める補正係数を導き出して，実際の製品の高荷重における地震想定周波数の 0.5 Hzの特性値を求めています（**表 2-04-01** 参照）。

表 2-04-01　縮小試験体による補正事例

試験対象	高減衰免震積層ゴムの大きさ	荷重	振動数〔Hz〕	特性値	補正係数
縮小試験体	285	2MN	0.015	計測①	①と②の特性変化から補正係数③
			0.5（地震想定）	計測②	
製品	1500	26MN	0.015	計測④	鉛直荷重26MN せん断周波数0.015Hz
			0.5（地震想定）	補正係数③による換算値	③と④にて補正

2　事件・事故の概要[34]

a）事件の内容・調査報告（国交省設置の第三者委員会の調査報告より）

［**開発の経緯**］東洋ゴム工業グループは，1981 年のブリヂストン社の実用化に遅れて 1996 年から免振ゴムの開発を始めましたが，大臣認定（JIS がなく型式ごとの認定が必要）申請のための製造技術（高減衰ゴムの均一攪拌や接着作業技術の確立）や，性能試験データに必要な振動数補正技術（表 2-04-01 に示す補正係数③などを求める技術）も確立できず苦戦していました。

それでも 2000 年 6 月に最初の大臣認定を取得し，生産および販売を続けてきましたが，2013 年 1 月に業務を引き継いだ担当者が「技術的根拠が不明瞭な補正が行われている（**図 2-04-04**）」と上司に報告したことで不正が発覚し，東洋ゴム工業は 2015 年 3 月国交省に報告し大臣認定が取り消されました。

［**無理な開発日程**］2002 ～ 2004 年東洋ゴム工業開発部門の性能検査担当職員は，上司より，入札のタイミングに合わせるために大臣認定申請予定日までに申請書類を作成する

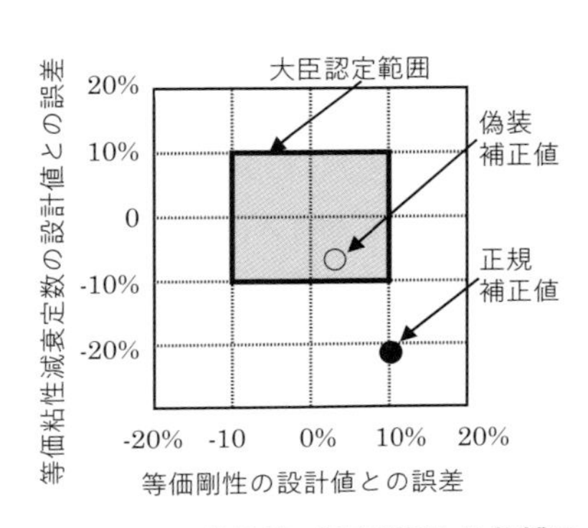

図 2-04-04　特性値の認定範囲と偽装補正

ように厳しく指示されていました。あくまで推測ですが，検査職員の上司が「仮に予定日までに試験結果が間に合わないようであれば，試験結果が得られたものとして，申請資料を作成するように」などと指示し，偽装に関与していた可能性は高いでしょう。また，偽装方法については，表 2-04-01 における補正係数③を調整したのではないかと推測します。

［**認定基準を未達**］事件後の「当該品採用の 55 棟の構造安定性検証における等価粘性減衰定数および等価剛性の調査結果」では，大臣認定の基準範囲から大きくずれていることが証明されました（図 2-04-04 に示す●印）。

b）国交省公表の不正発生要因（第三者委員会の調査報告より）

新開発の免振材料を製造可能にする技術力不足

- **人員不足・人材育成不足**：1996 ～ 2007 年の免振材料の開発者は 4～5 名でしたが，利益が伸びず 2008 年からは 1 ～ 2 名に縮小されていました。
- **開発部門の品質確保意識の低さ**：不正が行われていた免振ゴム開発担当者は，自分が担当する以前から大臣認定の基準範囲に入るような補正を行っていたと述べています。
- **生産性への配慮が不足した開発体制**：ゴム配合とゴム性能の因果関係から得られる許容配合範囲を設定できず，また，性能に影響する要因分析技術が足りないことから不適合製品の改善も不可能でした。

組織としてのコンプライアンス問題

- **品質管理の責任**：検査結果の合否判定は温度・速度・摩擦などの補正が必要でしたが，補正方法が文書化されておらず，品質管理部は，開発部門の補正試験結果に合うように入力データを入れ直して(改ざん方法は配属時に上長から引き継いでいた)グラフを作成していました。
- **企業風土**：大臣認定時には量産品質（量産工法で作られた製品の品質）で申請が必要にも関わらず，開発途上品（試作品のベストデータで申請）で大臣認定取得や受注まで行い，データ改ざんしなければ品質が合格しないために，不正出荷をし続けました。また，作業者の後任者や品質管理部門担当者に至るまでこれに関与し，「不正の方法を上司から引き継いだ」と発言しています。経営陣を含む役職者が不正発覚後も営業を優先し出荷停止をしないなど，規範遵守意識が著しく希薄であったことが判明しています。

c）メーカ発表の対策（トーヨータイヤホームページより）

- コンプライアンス教育の充実：コンプライアンス事案に迅速に対応しフォローアップ体制の充実化を図る

- ガバナンス※49の強化：事業評価によるリスク把握，子会社のコンプライアンス強化
- 不正行為の早期探知と危機管理：人材の育成と長期滞留の防止，人事評価システム見直し
- 危機管理対応マニュアルの運用と浸透
- 社員教育プログラムの再構築，共通理念の浸透，社内報によるコミュニケーション活用

3 事故調査結果への考察

本件には，以下の大きな背景があったために発生したものと推察します。

法令遵守の意識が全社的に希薄であった

法令遵守は企業活動の前提条件で，当たり前のことで難しいことではないと考えがちですが，努力しないと維持できない課題です。厳しい競争経済活動においては，法の隙間を狙ってでも全社的に他社に勝とうとする力が常に働き，不正への誘惑がつきまといます。絶大権限の監査部署による監視や，継続的な定期コンプライアンス研修および安心して告発できるシステムなど，全社的な本気の対応が欠かせません。

- **断熱パネル不正時の反省が生かされていない**：東洋ゴムは2007年硬質ウレタン製断熱パネルの防火認定の受審時に「生産品とは異なる高性能サンプル」にて性能評価を受けて防火認定を不正取得していたことが内部告発されました。再発防止策として『社長直轄の品質監査室を設置し監査機能を強化，コンプライアンス意識徹底のために社内研修を繰り返し実施し，行動指針の「東洋ゴムグループ行動憲章」「私たちの５つの約束」の周知徹底を図ります』としていたにもかかわらず，その当時から不正は継続しており，2007年の再発防止はうわべだけの対策となってしまったのです。
- **困難な体質改善**：三菱自動車でも，2000年と2004年とリコール隠し再発や，24年以上の燃費不正（2016年指摘）と何度も不正を繰り返しています。企業体質を変えることは簡単ではないのです。経営側は美辞麗句を用いて，早期に社会的な注目を鎮静化させるために表面な対策を推進するので，一段落して改革の手綱をゆるめると，元の体質に戻りやすいのです。

したがって，不正を再発させてしまった企業が，いくら再発防止努力を訴えても信頼は失墜し，その後の営業活動への影響は多大で経営再建は厳しくなります。特に認可事業では，第三者委員会が「過去に不正を行った企業に対しては，審査時にデータの信頼

※49　企業経営においては，公正な判断や運営が行われるための監視・統制の仕組みを言う。

性に留意することや，生産現場に立ち入り検査，再発防止策が継続的に実施されていることの確認」などが提言されているゆえんです。通常より容易には認可されなくなる可能性があるのです。

4　事件の顛末と関連事項

後日調査により追加で発覚した偽装

- 1995 年より，一般産業用（船舶・鉄道他）防振ゴムの材料検査と性能検査成績書を改ざんしていたことが 2015 年 10 月の調査結果として報告されています。
- 2009 〜 2017 年生産の配管用バルブの弁座用バルブシートリングの抜取り検査をしていなかった事案も本件発生 1 年後（2017 年 2 月）に発覚しました。

当該事件の影響

一連の特別損失累計は **1,134 億円**となりました。これは通常利益の約 3 年分に相当します。悪い印象を払拭のため，2019 年に東洋ゴム工業よりトーヨータイヤに商号変更しています。

経営陣 4 名の裁判

大阪地裁にて「出荷停止すべき注意義務を怠り，速やかに国に報告せず会社の信用を大きく失墜させた」として，元経営陣 4 名に約 1.6 億円の支払いが命じられ，控訴しなかったため 2024 年 2 月に判決が確定しました。

トーヨータイヤ社のその後

2024 年末時点でも免震ゴム交換作業を継続中です。

5　参考情報

工程能力の確認システム

自動車業界は IATF16949 品質規格で生産部品承認プロセス（PPAP：Production Part Approval Process）として，量産時と同じ工法と生産速度で，例えば 300 個以上を生産（Run at Rate）し，品質が管理範囲内に維持できる工程能力を求めています。

本件は自動車部品ではありませんが，認証申請の位置づけとして同様の品質保証の考え方が必要です。第三者委員会でも提言しているように，当該免振ゴムでは量産工法レベルの工程能力を調査した上で，確実に生産可能な性能基準にて認証手続きの書類を提出するべきなのです。

品質管理図を用いた品質保証

製造現場では，品質データの日常変化を**品質管理図**を用いて，規格限界より内側に設定された規格上限（UCL；Upper Control Limits）と規格下限（LCL；Lower Control

Limits）を超えないように，製造要素の調整によってその範囲内で製造できるようにすることが一般的です。そのためには，「どの要素をどの程度調整すれば管理値がどの程度変化する」というノウハウ，すなわち技術力を持たなければいけないのです。その技術がなければ量産できないと言えます。

品質管理図の例を**図 2-04-05** に示します。横軸は時間経過で，●は管理内測定値で，○は製造条件の調整が必要な管理範囲外の点です。

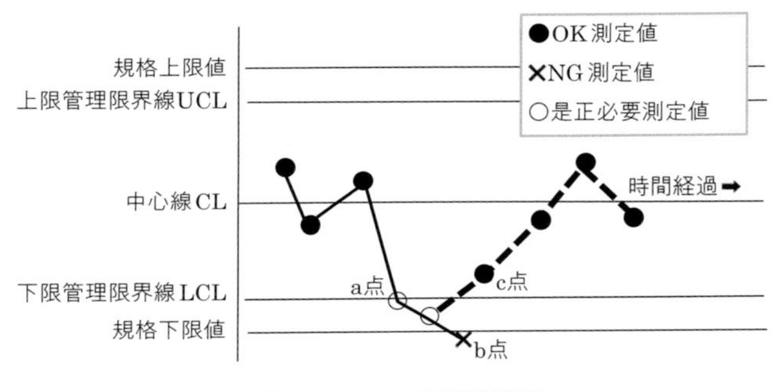

図 2-04-05　品質管理図

本来は，規格下限内の LCL を超えた時点（a 点）で配合などの製造調整をすることで，規格外製品（b 点）が発生しないようにｃ点など上下の管理限界線範囲内に収める努力が必要なのです。しかし，東洋ゴム工業にはそれを改善する手立（技術）がなく，また×印に達する製品が多すぎたため，製造部からの圧力によりこれらを廃棄することもできず，あたかも合格品であるような値にデータを改ざんしたのです。

たとえ改善する技術がなくても，規格を外れる原因を究明して，対策することで新たな技術（ノウハウ）を得ることができるのに，それを放棄した末路がこの事件です。

7　まとめ

この失敗事例は，「試験研究者が設計者」のような立場で関係した事件でした。世の中の製品には，新材料の開発が主軸の場合もあるので自分事に置き換えて，「自分だったら何をすべきか」と考えてみて下さい。

本書の読者には，まだ就職してから間もない技術者がいるかと思います。経験が浅いと業務全体が見渡せず，どうしても上司の言いなりに仕事を進めることが多くなります。そのようなときに，不正問題に巻き込まれる危険性があるのです。不正問題に巻き込まれないためには，自分や所属部署の役割や業務目的などの本来あるべき姿を理解して行動を起こすことが大切です。

社内には，長年続いていることで，気づかれない悪習慣があるかもしれません。悪習慣をそのままにしていると，皆様自身が法令違反を犯すことになりかねません。法令を知らなかったとしても「何かおかしいと思ったら，指摘して是正すること」が求められているのです。

また，「不正の再発」が多いのは，その改善がいかに難しいかを物語っています。コンプライアンス問題はトップダウンの最優先課題として，「継続的な全社的教育の徹底」と「常に正しい行動をする覚悟」を持つことが重要です。全社的というのは，「会社が何かしてくれる」の受け身ではなく，「読者の皆様自身を含む全社員の能動的な行動」なのです。

本事例は生産能力が限界の状況下で不良品が出たとき，改善するための技術力がなく，社内からの精神的圧力によって不良品の測定データを改ざんしたわけです。この状況を改善するには，不良品を是正させる技術を持つことも必要ですが，「計測データを改ざんできないシステムとしての計測データの自動記録化」を推進すべきなのです。

失敗から学び，実施すべきこと

- **業務を俯瞰的に見る目を持つこと**
- **社会的倫理から社内の習慣を疑うこと**
- **コンプライアンス教育は全社的最優先課題として継続のこと：「不正の再発防止」**
- **「何か変だ」と思ったら，コンプライアンス部署か外部の相談窓口へ相談すること**
- **計測値の自動記録化を促進すること**

NG

NG 11 自動車業界の認証試験における不正

戦後の復興から現在まで，自動車業界が世界経済をけん引してきたといっても過言ではありません。そのため，各社の競争は激しく，カタログ値や税制優遇対象の値となっている**認証燃費値**をめぐって，技術競争の挙句に，技術の限界を超えるプレッシャに潰されて不正に手を染めたと思われる事件が長年にわたり多く見られました。

NG11 では，国内外で起きた自動車会社の認証に関わる不祥事について，4 例記載します。このうち **11-2 ～ 4** の事例は，2020 年代に集中したトヨタ系列の子会社の不正事件です。これは，超大企業の傘下で安定的な経営環境に甘えた結果，自律的な経営努力に欠け，コンプライアンス重視などの健全な企業経営を行う管理体制（ガバナンス）の整備が遅れていたのではないでしょうか。

読者の皆様は，「このようなガバナンスについては経営者の問題であり，自分には関係ない」と思われるかもしれません。しかし，身の回りに法規や倫理に反する行為などに疑問を感じたときに告発しなければ，会社は長期にわたり生産ラインが止まり，経営危機に追い込まれて職場が失われる可能性があるのです。本項の最後の『失敗から学び，実施すべきこと』を，自分のこととして考えてみてください。

NG11-01 フォルクスワーゲンの燃費優先による排気ガス不正制御

本件は，発覚当時，大騒ぎとなった世界的不正です。おそらく，組織の上層部だけでなく，現場の役職者レベル以上が提案した不正と推測されます。当時，開発に携わっていた若手の技術者も，自らが不正に関与していることを理解していたでしょう。冷静に考えればこんな不正車両が売られることなど考えられないのですが，それほど社内風土は善悪の判断さえ狂わすのです。

読者の方々が，この事件と同様の社内不正に直面したときに，どう対応すべきかという視点で読んでください。

1 事件・事故の概要 [35]

a）不正内容（国交省の調査報告書より）

2015 年 9 月米国環境保護庁（EPA）とカリフォルニア州大気資源局（CARB）は，フォルクスワーゲン（以下 VW）社に対し，ディーゼル乗用車の大気浄化法違反通知書を発出しました。VW 社は認証試験では排出ガス低減装置を作動させるが，実際の走行では作動させずに出力アップや燃費を良くする制御（ハンドル操作の有無などを感知し，認証用台上試験か実路走行かを判定）に切り替えるプログラムを搭載した車両を全世界に販売したことが判明したのです（対象台数は世界で約 1,100 万台）。

VW 社は，型式認定試験モード（**図 2-04-06** は世界統一 WLTC モードの例）で台上試験（**図 2-04-07**，大型ローラ上で車両の車速と負荷を変化させ排出ガス排出量測定）において型式認定の台上試験か実路走行状態なのかを検出し，実路走行時には排出ガス低減装置の EGR システムを停止する不正プログラムを用いたのです。これにより，認証試験時にのみ排出ガス規制基準を満たし，販売後の実走行時には排出ガス低減装置を作動させずに燃費や性能を向上させたのです。

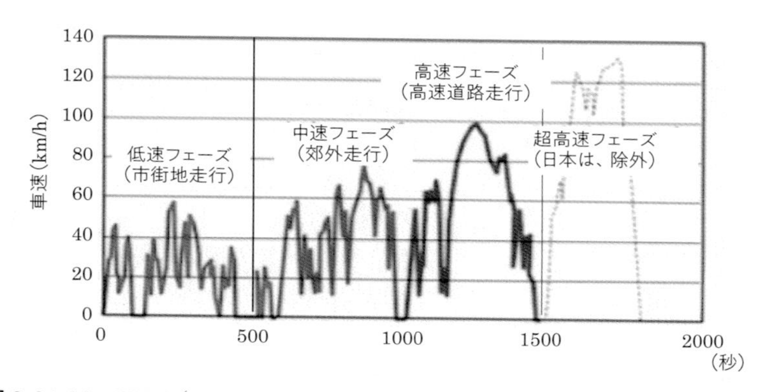

図 2-04-06　WLTC（Worldwide-harmonized Light vehicles Test Cycle）モード

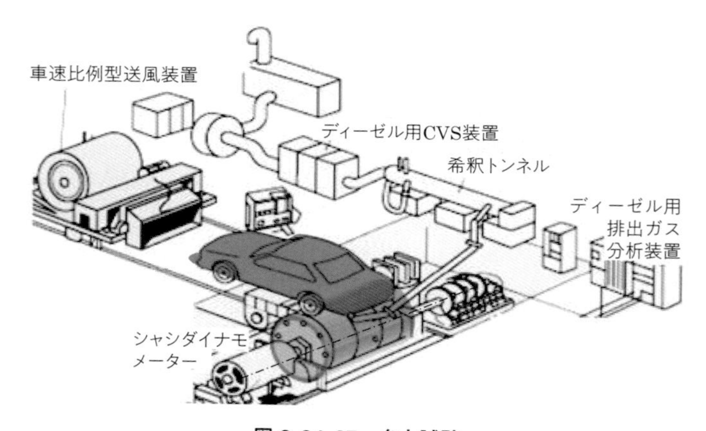

図 2-04-07　台上試験

b）米国における不正発覚と日本での状況

米国における発覚

使用過程車の実路における排出ガス規制達成度合いの調査を，環境問題 NPO 国際クリーン交通委員会が米国ウェストバージニア大学に依頼し，排気量２リッター車２台（図 2-04-08 の車両 A および B）と３リッター車１台（同じく車両 C）に車載型の排出ガス測定装置で路上走行中の排出ガスの調査を行いました。調査結果は，使用過程車とはいえ２リッターの A と B 車２台が基準比で 15 ～ 35 倍と 5 ～ 20 倍と基準を超過するものでした（**図 2-04-08** の車両 A と B）。この結果を受け，EPA が VW 社にヒアリングをして不正が発覚しました。

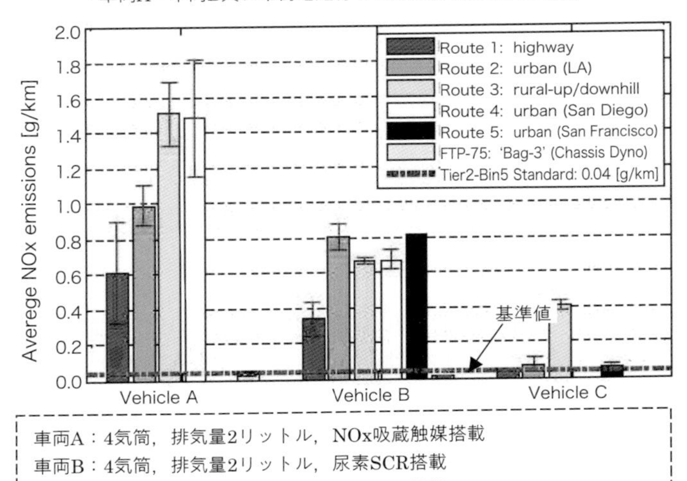

図 2-04-08　米国ウェストバージニア大学の実走行排出ガス調査結果[9]

日本での状況

日本では，VW 社・Audi 社製ディーゼル車の正規輸入がないので，マツダ，日産，三菱，トヨタを各２車種，BMW，ベンツ各１台に対して規制値達成度合いの調査を行い不正は確認されませんでしたが，どの車も実路の方が数倍悪化する傾向となりました。これは海外の調査においても同様の傾向にあり，試験の条件のバラツキの範囲と言えます。

そして，排気ガス低減装置の安全保護制御[※50]が働いていることを確認しました。これも実路走行における排気ガス悪化の要因となることがわかっています。

c）不正の原因[※50]

不正が発生した背景や原因の報道を確認することはできませんでしたが，筆者が考えるに,「排出ガス規制法」は「規制逃れと規制強化のいたちごっこ」の歴史でもありました。「排気ガスの有害成分の低減，燃費低減，騒音低減」などがセットになって2～5年ごとに徐々に厳しく規制され，半世紀前は定常走行モードの試験だった規制が，今では常に車速と負荷が変化するトランジェントモード試験となり，法規を守りながら燃費を改善する工夫を多くの企業で行ってきました。しかし，トランジェントモード以降は法を守りながら法の隙間を狙って燃費を改善することがほぼ不可能となったのです。そんな中で，VW社は法規逃れの長い経験から法令遵守精神が麻痺したのか，やってはいけない「違法な制御」に手を染めてしまったのでしょう。

エンジンの試験時と実路時の制御（排気ガス低減装置のONとOFF）は単純な切替だけで成り立つわけではなく，運転状況の膨大な条件制御をそれぞれ作成する必要があり，多くの開発者が関わらなければできません。したがって，組織的犯罪であったと推測します。世界的大企業の犯罪なので，その要因と組織改革の詳細を今後の不正防止活動のためにドイツ国内に限らずに世界に公開して欲しいものです。

d）不正が発覚した後の対策

当該不正に対し，VW社は実路走行時に排出ガス低減装置の無効化制御を削除しました。また，認証機関においても今回の米国のように，抜き取り検査のルールを確立することが必要だろうと考えます。

また，日本ではこのVW社による不正事件を受けて，国交省と環境省は「排出ガス不正事案を受けたディーゼル乗用車等検査方法見直し検討会」を設置し，対策の一つとして路上走行時の排出ガス試験の導入を決定し，2018年3月30日「道路運送車両の保安基準の細目を定める告示」などの一部改正を行い，型式指定時における路上走行時の排出ガス試験導入やデフィートデバイスの禁止を明示しました[※51]。

これにより，自動車メーカによる排出ガス不正が防止され，実走行環境下の排出ガスの抑制が期待できます。

※50　保護制御には，例えば以下のようなものがあります。
- EGRバルブへのデポジット堆積防止の目的で，吸気温度10℃以下でEGRを停止
- DOC（酸化触媒）の堆積量が多くなるとEGRの作動停止
- 尿素SCR触媒（窒素酸化物を浄化する装置）入口温度が低いときには尿素を停止

※51　新型車適用2022年10月1日から。デフィートデバイスは「**4 関係情報**」の **a**）にて解説。

2　事件・事故調査結果への考察

組織的な不正関与

裁判資料によると VW 社へエンジン制御装置を供給している BOSCH は「VW が不正なソフトウェアを利用していることを認識しており，BOSCH は『ソフト使用による法的問題発生時には BOSCH を免責する』ように VW 社に要求していたのです。会社対会社の契約なので，お互いの会社幹部が関わって組織的に不正に関与していたことは間違いないでしょう。

幹部が関わる事件だが，提案した社員だけでなく多くの開発関連社員も不正に気づくはずなので，VW 社としても **NG10** の事件同様に，全社的に法令遵守意識が希薄だったと言えます。このような会社が対策すべきこととして，トップにものを言える独立権限を持つ品質監査部署の設置や，根強い持続的コンプライアンス教育が欠かせないのです。

事後処理と組織改革

日本経済新聞 2021 年 3 月 27 日報道によると，法律事務所が 5 年半の調査により『当時 VW 社長のヴィンターコーン氏が Audi 社長とともに 2009 ～ 15 年に北米販売のディーゼル車に違法ソフトウエアを搭載した背景の究明を怠り，米当局の質問に遅滞なく真摯に回答をしなかった』として VW 社が 2021 年 3 月，両社長に損害賠償請求を行いおよそ 15 億円を支払うことで合意しました。また，2023 年 6 月ミュンヘン地方裁判所は，VW社排気ガス不正問題で初めての判決として，VW 傘下の Audi のルパート・シュタートラー元 CEO に執行猶予付禁錮 1 年 9 か月と 110 万ユーロの罰金，そしてエンジン開発責任者二人にも執行猶予付の有罪判決を下しました。

また，2023 年 6 月にはドイツ最高裁が，VW やメルセデスベンツのオーナに購入価格の 5 ～ 15% を保障する義務があるとの判決を下しました。

このように，不正発覚後の対応によって被害を大きくするので迅速な行動が非常に重要です。そして何よりも再発防止活動は，悪い習慣を一掃できる大きなチャンスでもあるため，会社は組織改革を最優先課題として取り組まなければいけないのです。

3　事件の顛末

不正の代償は大きすぎる

日本経済新聞の 2021 年 3 月 27 日の報道によると，VW はディーゼル車の排ガス不正事件に関連してこれまで 300 億ユーロ（約 3 兆 9 千億円）を超える罰金や賠償金を支払いました。そして，VW のブランドへの信頼を裏切った代償はそれ以上なのです。

日本においても，多くの企業が不正を起こし，その代償は企業存続さえ危ぶまれる状況になりました。

企業トップも不正を知らなかったでは済まされない

前述にもあるように，当然ではありますが会社のトップにも注意義務違反が問われ，発覚後の対応処理の悪さでも追及されます。しかも，本件は組織的偽装であり法令遵守が希薄な組織風土だったことが想像できます。ともかくコンプライアンス問題は，下層からトップまで全社員の法令遵守とトップダウンの管理義務が重要なのです。今回の事例では，トップの指示で定期的な品質システムの内部監査を実施するとか，告発しやすい環境づくりをするなどにより，不正を発見できるシステムを構築する必要があるでしょう。

4 関連情報

a）日本におけるデフィートデバイスの使用禁止および保護制御範囲の自主規制

排気ガス検査のときだけ有害な排出物質を減らす装置のことを，**デフィートデバイス**と呼びます。排出ガス浄化関連装置は，過熱や凍結などにより，排気ガス浄化装置が危険な状態となる非常時に，排出ガス浄化制御の作動を停止させることは許されています。

VW 社は，この保護制御を悪用し，排出ガス検査のときだけ作動させないシステム（デフィートデバイス）を採用したのです。

非常事態における排出ガス浄化制御停止範囲を必要以上に拡大すれば，排出ガス浄化範囲が狭くなるので，排出ガス規制が骨抜き状態になってしまいます。このような緊急避難的制御は，法規逃れのグレーゾーン制御に悪用されやすいのです。そのため，次に示す実態調査結果をきっかけに，このグレーゾーンを各社の身勝手な判断で運用されないよう自動車工業会が自主規制基準を設けて運用することになりました。

運用のきっかけ

2011 年，東京都の「トラックの排出ガス実態調査」において，いすゞ自動車のポスト新長期対応車が「規制の JE05 モードと異なる運転状態」で，NOx 排出量が認証値の 4 倍程度に急増する現象を確認しました。

調査の結果，EGR バルブを保護するために，吸気温度や運転状態により EGR バルブの作動を停止させるプログラムが作動したことが原因でした。東京都は「規制逃れの意図はない」と主張するいすゞ自動車に改善のためのリコールを求め，いすゞが同意し 886 台の改修を実施したのです。この制御が直ちに法規違反とはなりませんでしたが，保護制御範囲が広すぎるので改善することになったのです。

デフィートデバイス禁止の設計ガイドライン

以上の件を受けて，自動車工業会が車両総重量 3.5 t 以上のディーゼル車の自主取組として，デフィートデバイス禁止の設計ガイドライン（**表 2-04-02**）を 2011 年 9 月に策定，2013 年に道路運送車両の保安基準細目を改正告示し，大型自動車のデフィートデバイスの使用禁止が明示されました。乗用車は，この経験とVW社の事件を受けて，路上試験導入に合わせてデフィートデバイスの禁止を明示したのです。日本自動車工業会のこの迅速な対応は，各社が大きな不正に走ることを抑え込む良い対応だったと言えます。

表 2-04-02　日本車の保護制御[36]

3. 重量車において認めている保護制御の範囲

①最高出力時の回転数×0.3以下またはアイドル20分以上
②最高速度×0.8以上の速度
③SLD作動（90km/h）以上の速度
④大気圧力が90kPa以下（標高約1,000m以上）
⑤最高出力時の回転数以上
⑥冷却水温度が100℃以上
⑦大気温度が−10℃以下（EGRは0℃以下）
⑧原動機及び後処理装置の異常時
⑨始動後冷却水温が70℃以下の場合

4. 重量車以外で行われている保護制御（主なもの）

・吸入空気温度が高い場合（オーバーヒート防止）
・全負荷時手前以上の回転数（オーバーヒート防止）
・軽負荷連続走行時（凝縮水，未燃成分対策）
・排出ガス又は触媒温度が高い（有効反応範囲外）または低い場合（触媒保護）

コンプライアンスの重要性

しかし，このような規制の意図に沿った自主規制の動きをしたにもかかわらず，その後も **NG11-2〜4** に示すような法規逃れの不正事件が後を絶たないことは残念でなりません。このことはコンプライアンスの徹底がいかに困難であるかを示しているのです。

b）EU と VW の復活戦略

ディーゼルに強かった EU

VWグループはディーゼルに力を入れており，名門のAudi社も抱えているため技術力は世界トップクラスで，**図 2-04-09** に示すように，2011年にEU全体では54.5%（フランス78%，スペイン70%）のディーゼルブームを起こしました。これは，燃費の良い日本製ハイブリッド車への対抗戦略でもあったのです。

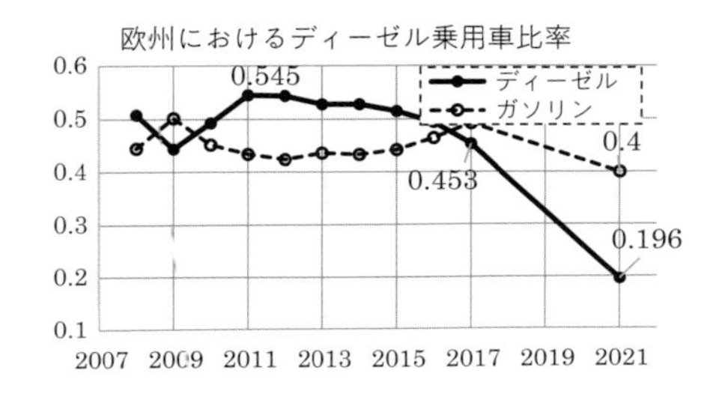

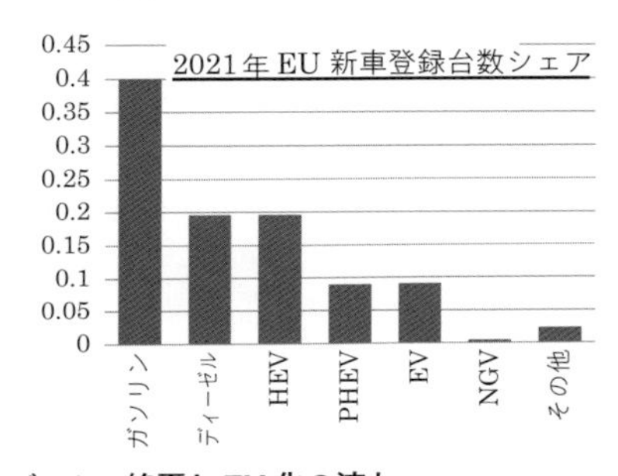

図 2-04-09　EU におけるディーゼルブームの終焉と EV 化の流れ

不正によるディーゼル離れ

しかし，本不正の悪いイメージの影響で，急激にディーゼル車離れが始まりました。「ディーゼル車が二酸化炭素をおさえる優等性」から「ディーゼル車は悪」と風向きが急速に逆転し，得意分野を失った欧州の政府と自動車業界は，経済と雇用を生み出す最大産業を守るために，**脅威となる日本製ハイブリッド車や FCV 技術を潰す戦略を必死に考えていたそうです**[※52]。

EV 戦略

そして，EU と自動車業界は，ハイブリッド車潰しのために「脱炭素化戦略」と称し，乗用車は EV 以外の生産を認めない方針を打ち出したのです。この戦略は，自然エネルギー率の高い EU にとっては非常に有効なものでした。本件の失敗により，欧州経済の牽引役として重要な自動車産業が衰退する瀬戸際に追い込まれながらも，「転んでもただでは起きない」EU のしたたかな戦略を目の当たりにすることになりました。

失敗を生かす戦略

翻って日本は，お世辞にもグローバルな視点での戦略展開が得意とは言えません。VW 社が行ってきた不正は決して許されるものではありませんが，大失敗を犯した後に彼らが取った起死回生の戦略は，感嘆するものがあります。読者の方々には，ぜひともこの不屈の精神を見習ってほしいところです（その後，EV の利便性の悪さから売れ行きにかげりが見えてきていますが……）。

NG11-02 日野自動車の排出ガス・燃費性能試験における不正

国内のトラック製造は，おおよそ半世紀を超える長い時代，大型 4 社（日野・いすゞ・三菱ふそう・UD）による独占が続きました。しかし，開発費が莫大となり，2005 年に三菱ふそうトラック・バスがダイムラートラック傘下に，UD トラックスが 2010 年 VOLVO 傘下となり弱体化することで，日野といすゞの 2 強体制[※53]となりました。日野自動車は，大型トラックの連続シェア No.1 を続ける優良企業だったのです。

そのような優良企業の日野自動車が，「ほぼすべての車両が関わる法令違反を 20 年間続けていた」との 2022 年 3 月のニュースは，日野と切磋琢磨をしてきた元いすゞ社員の筆者にとっても，大きなショックでした。

※52　深見三四郎著「モビリティ・ゼロ ―脱炭素時代の自動車ビジネス―」（日経 BP，2021）より。

※53　2019 年の大・中型車国内販売シェア：日野 40%，いすゞ 32%，ふそう 17%，UD 11%

1　事件・事故の概要[37]〜[42]

2022年3月4日，日野自動車より内部告発による認証試験の不正が国交省に報告され，特別調査委員会による調査結果が8月2日公表されました。

トラック用のエンジン開発には**図 2-04-10** に示すような大規模試験装置が必須で，また7か月以上かかる2,000時間超えの劣化耐久試験にはドラム缶数百本の燃料代がかかり，大きな負担となります。一方で，燃費測定法の結果は，税制優遇や運送会社の燃料費削減に直結するため，燃費技術の競争が激化し，身の丈以上の厳しい開発目標をまともに達成できず，もがき苦しむ中で，不正に手を染めてしまったのです。

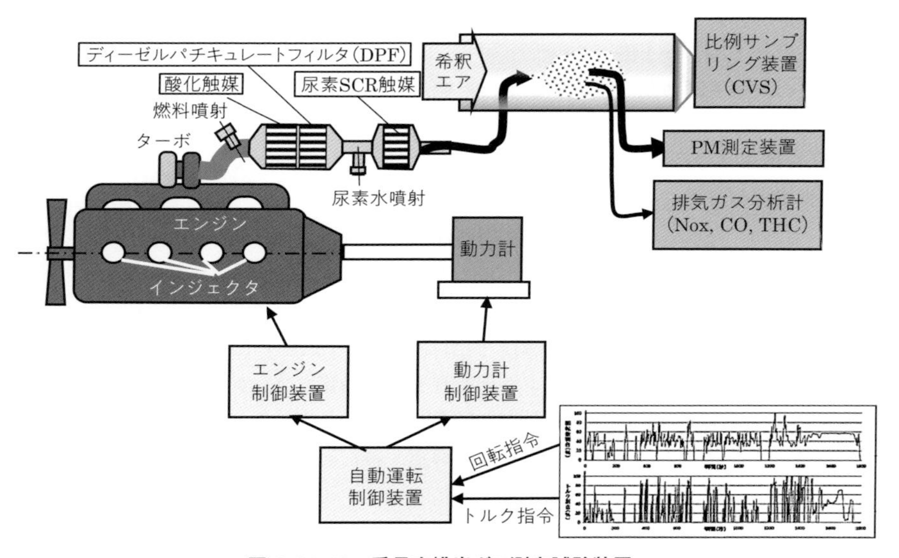

図 2-04-10　重量車排出ガス測定試験装置

a）事件の内容・調査報告（特別調査委員会より）

日野自動車のほぼ全機種（19機種中18機種）に，以下の不正が行われていました。

- **排出ガス劣化耐久試験**※54 **の不正**（2,023時間耐久の排出ガス劣化計算用試験）
  車両用新短期規制（H15年規制以降）および産業用（H23年規制以降）のエンジンで，

※54　法規が決める走行距離（またはエンジン運転時間）で劣化したとき，排出ガス規制値を満たすか否かを検証する試験。例えば，車両総重量12tを超える大型車の場合，法定走行距離65万kmにて評価する。定められた外挿法を用いれば，約1/3の21.7万km（エンジン運転時間約2,023時間）に短縮することができる。

「試験未実施や中断」「異なるガス測定点」「数値改ざん」「途中の部品交換」が行われていた。

- **重量車燃費の燃費測定における不正**（平成 17 年以降税制優遇制度）
  不適切改造された燃費測定器にて故意に認証データを改ざんしていた。
- **国交省の不正調査（2016 年実施）において「不正なし」と虚偽報告**

b）国交省是正命令概要書による不正原因

- **型式指定申請体制**：監視・牽制機能の不足，法令への理解不足，作業要領などの社内規程不備と不適切な運用
- **開発部門の業務実施体制**：コンプライアンス欠如とセクショナリズム，投入リソース不足と工程管理不備
- **全社の技術管理体制**：風通し不足の組織，人事固定化，ガバナンス欠如

c）国交省是正命令概要書による改善命令内容（対策）

国交省是正命令書

- 不正行為を起こし得ない型式指定申請体制構築（社内チェック体制の強化）
- 開発部門の業務実施体制の改善（コンプライアンス強化・開発体制の見直し）
- 社内の技術管理体制の再構築（組織風土の抜本的改革・ガバナンス強化）

再発防止策（2023 年 1 月に国交省に提出した再発防止進捗報告内容）

- 型式指定申請の監査体制強化：外部監査を伴う品質マネージメントシステム導入
- コンプライアンス強化：法規教育や開発プロセス見直しなど
- 組織風土改革とガバナンス強化：人材尊重，経営層と社員の対話促進など

2 事件に対する考察

管理職の指導なきパワハラ

日野自動車の開発部長は，問題発生時に課題解決のアドバイスやリソースを与えず，問題発生や目標未達時に行われた会議では，パワハラ的な吊し上げ行為が多かったそうです。開発の促進には，パワハラ行為が必要と考えていたのでしょう。目標が高すぎたこともあり，担当者は不正行為に逃げるしかなかったのかもしれません。

このような上位下達による上下間の壁（本音を言えない環境）は，下の者が問題を上司に報告しても，解決策を一緒に考えることもなく，ただ叱責されるだけなので躊躇してしまい，事件につながったと思われます。やる気の源泉は，課題解決策を一緒に検討し実行する**チームワーク**です。一緒に課題を解決しようと努力することのできない技術者は，管理職や責任を負う立場に立つべきではありません。外面が良く内部に無理強い

することで出世する文化に根の深い会社体質の問題があると思います。

▶業界の厳しさ

物流の 2024 年問題（トラックドライバの時間外労働時間の上限規制によるドライバ不足），事故防止対策，燃費低減，脱化石燃料対策（EV，燃料電池，代替燃料化）などの課題に対応するため，開発業務に携わる職員に大きな負担がかかり，「真面目にやったら業務をこなせない」との不安感が今回の不正の背景にあったかもしれません。

企業トップのやるべきことは，社内外リソース活用の働きかけであり，パワハラまがいの吊し上げや叱咤激励ではなく，「アドバイスやリソース供給」だと思います。

▶業界にはびこる悪質性

2016 年に発覚した三菱自動車とスズキ自動車の燃費試験不正の際に，国交省は自動車業界全社に不正再確認のヒアリングを行いました。そのとき，日野自動車は「不正問題はない」（実際は 2003 ～ 2022 年にわたり不正）と**虚偽報告**をすることで発見が遅れて傷口を大きくしたのです。しかも，データ改ざんや試験装置不正改造など，**意図的といえる試験**を行っていたのです。

▶大型車 No.1 の地位と親会社からのプレッシャー

トヨタの子会社で，社長もトヨタからの出向であった背景もあり，「普通トラックの連続シェア No.1 や，燃費競争 No.1 の地位を他社に譲るわけにはいかない」という企業全体に漂う無意識のプレッシャーは，相当厳しかったのだと思います。

3 事件の顛末

▶販売車種の減少

事件後，日野自動車の販売できる車はトヨタ製エンジン搭載のデュトロ（1.5t 積系）と，いすゞ製エンジン搭載のバス（ブルーリボン，レインボー）の 3 車種のみとなりました（56 万台 / 年が生産中止）。また，産業用建設機械にエンジンを供給していたので，コベルコ建機，加藤製作所，タダノ，日立建機も生産できない状況となりました。

▶型式認定の取消し

A05C・A09C・E13C・N04C（尿素 SCR）のエンジンが型式認定取消しとなり，再度認証手続き試験が必要となったのです。主力の E13C エンジンは，発覚後 3 年近く経過した 2025 年 2 月現在も生産再開ができていません。

▶純損失

2022 年度の純損失は 1,177 億円（2023.4.26 決算説明書）となりました。

▶会社存続に向けた統合

2023 年 5 月，三菱ふそうトラック・バス社との統合方針を発表（2024 年度中にダイムラートラックとトヨタ自動車による共同出資の持株会社による統合）で会社存続の道を模索中の状況まで企業価値が落ち込んだのです※55。

豊田自動織機による認証申請に関する不正

自動車業界以外の読者の方は，「豊田自動織機」と言ってもピンとこないかもしれませんが，トヨタグループの源流であり，トヨタ自動車の子会社とはいえ売上は3兆円超えの大企業です。織物機械のほか，同社売上の約68％を占めるフォークリフトなどの産業車両や，約28％を占める自動車関連製品（トヨタ車向けのディーゼルエンジンを全て製造）などを製造しています。

1　事件・事故の概要[95]

不正公表の経緯

2020年：豊田自動織機に米国環境保護庁（EPA）より「北米向けフォークリフトの排出ガス性能劣化耐久試験データ」に関する問合せあり

2021年5月：社内初期調査でデータに疑義を持ち詳細調査を開始

2022年1月：国内エンジン，4月にはディーゼルエンジンまで調査を拡大

2023年3月：問題が判明した対象フォークリフトの出荷を停止し，同時に外部による特別調査委員会を設置（米国および欧州向けは海外当局の調査が実施されているため調査対象を国内向けに限定）

2024年1月29日：特別調査委員会による調査報告書を公表

自動車用エンジンの不正内容

自動車用エンジンの排出ガス性能試験・耐久劣化試験はトヨタ自動車にて行っており不正はありませんでしたが，豊田自動織機内で試験・届出を行う最高出力性能について，量産製品のばらつきで出荷基準±5％を外れることをおそれ，ECUの燃料噴射量制御を変更して出力が少し大きめに出るように不正制御をしていました。

2　事件調査報告

a）フォークリフトおよび建機用エンジンに関する不正内容

［対象機種］2007年式ディーゼル1DZ，ガソリン4Yおよび1FZを搭載のフォークリフト
2014年式ディーゼル1KD，1ZS，ガソリン1FSを搭載のフォークリフト

※55　米国における不正問題が課題となり延期されていましたが，2025年2月に和解，統合協議が再始動しています。

2016年式および2020年式建機用ディーゼル1KD
［**不正内容**］実測値と異なる数値に書換え／ECU燃料噴射量制御ソフトの変更／試験中の部品交換／試験に別のエンジンを使用

b）特別調査委員会調査による不正原因

コンプライアンス意識の欠如

室長・グループマネージャーおよび開発担当者は劣化耐久試験の法規の詳細を理解しておらず，知識不足のため不正行為に至った。管理職・担当者とも不正と気付かなかったケースも見られる。

受託体質による経営陣の産業用エンジン軽視による法規認識不足

自動車用エンジンを製造していたものの，車両の認証を含む開発責任はトヨタ自動車にあるため，豊田自動織機では依頼項目に対応するだけでよかったが，産業用エンジンには全ての開発責任があるにもかかわらず「法規に対応するための開発日程への影響を考慮した形跡なし」「自動車用の技術を流用のため容易と認識」など，自社の開発責任を軽視する姿勢が見られた。それにより，

- 副社長の一言で米国向け1KDの量産時期を1年前倒し
- 排気ガス対策の大変更（DPF廃止）にも開発日程を変更せずに計画強行
- 産業用1FZ量産化のための排出ガス劣化耐久試験を，当該機の試作開始前に自動車用エンジンで実施

など，認証に必要な期間を無視し，十分な開発期間と人員・設備のリソースを充てることなく開発が行われた。

開発体制不備と無理な開発日程

現場に責任を押し付けるだけの，管理職による不合理で強引な計画が常態化していた。

- 各開発進捗（**図2-04-11**）ステージごとのデザインレビューや，量産仕様決定後に半年以上の期間が必要な劣化耐久試験の実施開始タイミング・期間設定などの開発計画を定めたルールがない。
- 劣化耐久試験や開発段階における排出ガス測定試験方法を定めた規定がない。
- データの書換えや社内出力試験用の燃料噴射量を変更するなど，データの公平性・正確性を軽視する姿勢が見られた。

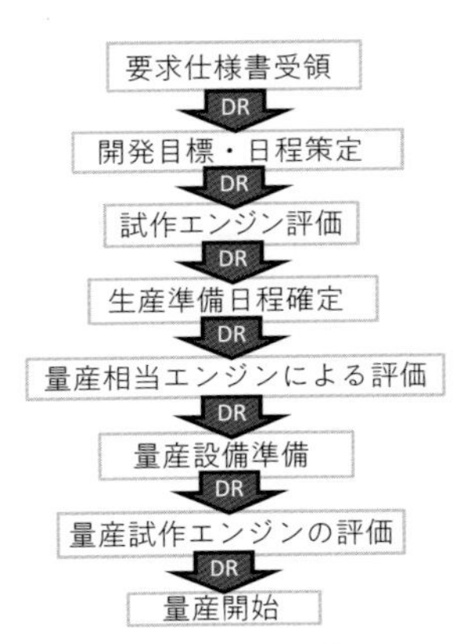

図2-04-11　開発プロセス

監査体制の不備

EPA（アメリカ合衆国環境保護庁）より規定頻度での抜取検査データ提出が義務付けられていたにもかかわらず遵守せず，法規軽視の姿勢が見られた。品質保証部は，開発部がルールに従って製品開発をしているかを監査する義務と権限があり，顧客に品質を保証する組織であることの意識が希薄であった。

c）第三者委員会公表の対策

- 経営陣の率先垂範による意識改革（法令軽視・産業用軽視・日程優先・改善の部下まかせなどからの脱却）：問題発生時に何よりも法令遵守を前提として，自らが適切に判断して課題解決のための判断行動をすること
- 上下間・組織間・事業部間のコミュニケーション（相談・指摘・提案）改善による課題解決
- 経営陣から現場作業員に至るまでの全従業員に法規遵守を徹底し，そのための教育を継続的に行うこと
- 技術者にとって試験データの尊重は技術と信用の源泉であり，データの重要性を徹底させること
- 法規の必要事項を劣化耐久試験開始時期・必要期間・禁止事項などの規定類に落とし込み，実務者に徹底させること
- 品質保証部の人的強化により，開発プロセスの次段階への移行判断権限を与え，開発部署の暴走を牽制させるとともに，サンプルチェックなど内部監査機能を強化すること
- 法規認証部署を設置し，第三者目線で適切な開発計画と認証申請の問題指摘を行い改善を求めること

3　事件調査結果への考察

本件は排出ガス規定を完全に無視した稚拙なもので，この不正が他の部署や認証部署に気づかれずに量産化されたことが驚きです。自動車の認証は親会社であるトヨタが行っていたので，認証業務の重要性を理解せず，自社で行うフォークリフト用の認証を軽視し，認証業務に人・物・金の資源投入がされてこなかった結果だろうと思います。

実務状況を無視した成果優先主義が最大の欠陥

経営陣や管理職は実務の課題やリスクに無関心で，法令遵守（法令違反のリスク把握を含む）より成果を優先させました。「無謀な目標設定」による有無を言わせない上意気達がまかり通る風土が最大の問題です。そのため技術者は解決手段がなく，安易なデータ改ざんに逃げたのです。

筆者の経験では，プロジェクト達成のために計画段階で，マネージャが全課題を羅列して，それらを解決するための日程表（ガントチャート）を作成し，効率的に人や組織を編成する緻密な計画をチームで作成する責任があります。

「根拠のないトップの鶴の一声で開発期間を１年早める」などは，数十年前の経営者でもいなかったのではないでしょうか。技術者が課題解決策を検討するのは当たり前ですが，管理職が率先して解決策を検討し最終責任を負うべきなのです。改革すべき最優先課題は，経営陣や管理職の人材選出と組織改革であり，本件に関係する旧経営陣や管理職の退陣を前提とした上で，彼らへのコンプライアンス教育が最優先と考えます。

コンプライアンス教育の徹底と継続

豊田自動織機では，20 年以上もコンプライアンス教育が実施されてきたようです。しかし，法令遵守は理解されていても，「開発目標の達成」と「法令遵守」の二者択一を迫られたときに，開発目標の達成を優先してしまっては意味がなく，どのような場合でも法令遵守は前提条件であることの教育が必要なのです。

告発は密告ではなく「告発によって会社を救う。正義が何よりも大切であり，法令遵守は前提条件」という認識を周知させることが大切です。法律の範囲は認証に留まらず，下請法や輸出管理，安全保障，派遣法，承認図と契約など日常業務にも多く関わり，それらの改定にも目を光らせながら教育を継続することが重要なのです。本書のような，他社を含む不正事例の紹介による教育も非常に重要だと思います。

NG11-04 ダイハツによる認証申請に関する不正

1 事件・事故の概要 [96]

2023 年 4 月 28 日，外部への内部告発によるトヨタ向けを含む 4 車種（対象 88,230 台）のドア部品に不正加工実施違反が公表されました。

2 事件調査報告

a）第三者委員会による社内調査結果（2023 年 12 月 20 日公表）

主な事案（1989 年より 174 件，2014 年以降に集中）

- **ポール側面衝突試験の不正**：ダイハツ「ロッキー」とトヨタ「ライズ」の HEV ※56

※ 56　Hybrid Electric Vehicle，エンジンとモータを動力源とした自動車のこと。減速時のエネルギーを電気に変換して電池に蓄積することで，低燃費で二酸化炭素の排出をおさえることができる。

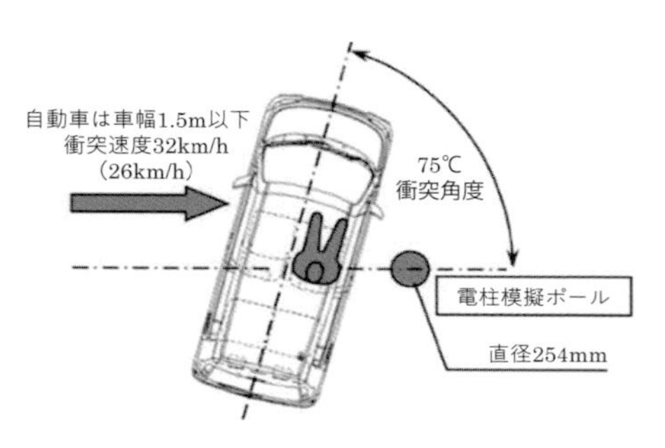

図 2-04-12　ポール側面衝突試験上方図

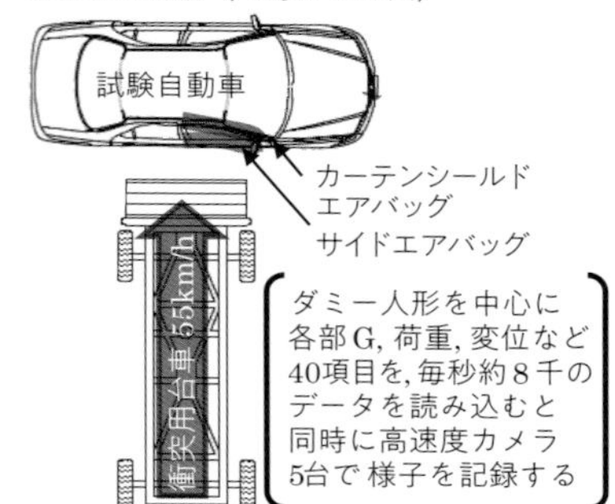

図 2-04-13　側面衝突試験上方図

車（対象 78,440 台）について，左右席にポール側面衝突試験（**図 2-04-12**）を実施すべきなのに運転席側は助手席側のデータを不正流用した（即日出荷・販売停止）。

- **側面衝突試験のエアバッグ作動の不正**：ダイハツ「ムーブ」他，トヨタとスバル向けを含む 5 車種について，側面衝突試験（**図 2-04-13**）のエアバッグ作動に，通常の ECU 制御を用いずに，タイマ着火で作動させる不正を行っていた。
- **ヘッドレスト後方衝撃試験の不正**：ダイハツ「キャスト」およびトヨタ「ピクシスジョイ」の運転席側に助手席試験結果を流用し，虚偽記載した。
- **衝突時の歩行者頭部および脚部保護試験の不正**：ダイハツ「コペン」の試験成績書に，衝突試験速度が基準超えにもかかわず基準内に数値を虚偽記載した。
- **速度計試験の不正**：ダイハツ「ハイゼットトラック」他，トヨタ，スバル向けを含む 7 車種の試験成績書に，試験基準より 20 kPa 低いタイヤ諸元表圧力で試験し，試験成績書には試験基準圧力を虚偽記載し，認証申請を行った。
- **フルラップ全面衝突試験の不正**：ダイハツ「ハイゼットトラック」（生産終了済）の立会試験において，助手席の頭部加速度が不合格になるのをおそれ，試験実施直後にリハーサル試験のデータと差し替えて審査官に提出した。

b）第三者委員会調査による不正原因

本件について，第三者委員会では安全性能担当係長までの不正関与を確認した（それ以上の管理職の関与については確認できず）。

認証試験一発合格へのプレッシャー

開発遅れのしわ寄せを受け，最終工程の認証試験で不合格になると決定されている発売日に対して予定期間内では再試験の日程の確保ができず，一発勝負となっていた。強烈なプレッシャーが安全性能担当部署にかかっていたと推測される。

▶ブラックボックス化した孤立部署と監査体制不備

衝突安全試験は，その専門性から閉鎖的環境で行われるため部署がブラックボックス化し，管理職との意思疎通がままならず，社内監査体制もなかったため，不正を見抜けなかった。

▶法令への理解不足と希薄な遵守意識

関係法令への知見不足で，「安全性に影響なければOK」と自己を正当化し，データの改ざんが行われた。

▶組織風土※57

- 経営層は短期開発の弊害を理解せず，余裕のない現場はどの部署も自己中心的で他部署と調整することもできない組織風土があった。
- 現場と管理職や部署間の横断的な連携が不足していた。
- 「できて当たり前」で，失敗すると叱責や非難を浴びせられていた。
- 慢性的人員不足で，各従業員は目の前の仕事をこなすのが精いっぱいであった。

c）第三者委員会公表の対策

- 経営陣による開発工数に見合った体制とスケジュールの計画と柔軟な管理
- 性能開発部と評価・認証部の分離（相互牽制）（2023年6月に組織改正済み）
- 認証申請提出の試験成績書および実験報告書への監査手続体制の構築
- コンプライアンス研修および安全法規教育の強化
- 職場内コミュニケーション促進と人材開発（部門をまたぐ人事ローテーション）

3　事故調査結果への考察

事故調査委員会は「組織的な関与なし」「課長が衝突安全技術に疎く，不正に気付かず」としていますが，安全を管理すべき部署が長期間の不正を発見できなかったり，「実務に疎い」課長が存在するなど，企業としてのガバナンスが異常です。

そもそも，親会社のトヨタ自動車は，昔から三現主義（現場・現物・現実）を提唱し，経営幹部・技術者が一体となり現場で現実を直視して課題解決に取り組んできた会社です。そのおひざ元の子会社が，課題解決を部下と一緒に考えずに「失敗を叱責するパワハラ風土」とは呆れます。

※57　**事件発覚当時のダイハツ社員へのアンケート抜粋**

- 失敗やミスを叱責する風土と，叱責側が出世するのでパワハラ文化がなくならない
- 「身の丈に合わない開発ボリューム」と「超短期開発」，そしてそれを「できない」と言えない風土
- 失敗を叱責するが，解決に協力する姿勢が管理職にない

競争社会においては，どうしても管理職がパワハラを行いやすい傾向にはありますが，だからこそ三現主義で実務者とともに解決する姿勢を忘れてはならないのです。問題が発生したときこそ管理職が先頭に立ち，リソース（金，物，人，技術）を確保して，状況をリカバリーする指導力や提案力が求められているはずです。それをせず，実務者に「何とかしろ！」と叱責するだけでは上に立つ資格がないと言わざるを得ません。

4 関連情報；トヨタ自動車の豊田会長のコメント

トヨタグループによる **NG11-02～04** の連続不正事件に対し，豊田会長は 2024 年 1 月 30 日の会見で以下のように述べました。

『3 社は認証で不正をし，本来販売してはいけない商品をお客様に届けていたことは，絶対にあってはならないことです。認証制度によって安心してクルマに乗ることができる制度に違反して不正を働いてしまいました。お客様の信頼を裏切り，認証制度の根底を揺るがす，極めて重い事件です。要因として「もっといいクルマを造るという創業の原点」を忘れ「台数や収益を優先」して規模の拡大に邁進したことが考えらます。さらには，トヨタが発注者である商品があることによって，トヨタにものが言いづらい点もあったと思いますが，上下なく言いたいことを言い合い，現場が自ら考え動くことができる企業風土の構築へ一歩進みたい』

NG11-01 ～ 04 のまとめ

読者の皆様は，**NG11** で取り上げた不正事件を「マネジメントの問題で技術者には関係ない」と考えてはいないでしょうか。会社組織は「法規より成果」「会社より自組織」が優先となりがちです。**NG11-01**，**11-02** の事件は，会社の利益のために，故意に組織レベルの法規違反を犯し，燃費を良く見せていました。技術者のあなたが不正の発見者となったとき，果たして会社の利益優先の方針に抗う勇気があるでしょうか。自分に関係ないと不正を放置していると，それに毒され，道徳性が麻痺し，**誰もがデータの改ざんに手を染めたりしてしまう可能性があるのです。**

NG11-03 のように，副社長から突然強引に「量産時期の 1 年の前倒し指示」をされたとき，「試作する前に，劣化耐久試験開始が必要なので規定違反となるので無理です !!」としっかり反論しなければいけません。また，**NG11-04** のように，「ほんの少し基準範囲を超えていたが，NG 判定をすると量産が半年遅れて社内が大混乱する」という逃げ場のない厳しい開発日程において，上司から「何とかしろ」とおどされるかもしれません。そのとき，あなたは正しい判断ができますか？

技術者は，法令遵守や倫理的判断を基に正当な判断を下し，経営陣や上司に反論をする勇気が求められるのです。そして管理者は技術者とともに，課題解決のために何をすべきかを考えなければならないのです。

失敗から学び，実施すべきこと

- **不正は会社存続の危機であることを認識すること**

  社内の不正に気付いたら，勇気を振り絞りコンプライアンス相談室などに躊躇なく相談をすること。

- **会社の悪習慣に注意を払い，疑問を感じたらコンプライアンス相談室に相談すること**

  伝統的悪習慣を違法と気付かずに業務ルール化しているかもしれません。善悪の判断が難しいものもあるでしょう。疑問を感じたらコンプライアンス相談室に相談してください。

- **経営陣や管理職の三現主義の徹底とコンプライアンス教育を優先すること**

  法令遵守は前提であり成果主義に優先します。技術者は，問題が起きたときに，積極的に上司を現場に引っ張り出して，現場でデータや現物を見せながら状況を説明し，一緒に課題解決するように働きかけてください。

- **継続的で全社的なコンプライアンス教育に積極的に参加すること**

  ダイハツ工業は，20 年前からコンプライアンス教育を実施していながら再発させたわけで，表面的な「コンプライアンス強化」や，一時的に一部社員が活動してもだめなのです。技術者を含む社員全員が積極的に粘り強くコンプライアンス教育を続けることが重要です。

- **パワハラを受けたときには，すぐにコンプライアンス相談室に相談する**

  パワハラもコンプライアンスの問題です。直属の上司のパワハラの解決は難しく，告発しかありません。業務の推進力はパワハラではなくチームワークや他部署との連携で向上させるべきです。

NG 12 三菱ふそうの大型車タイヤ脱落死亡事故

関連 NG ►02, 15, 68

池井戸潤がこの事件をモデルにした小説「空飛ぶタイヤ」を文芸誌に連載し，2018年に映画化されたことでも話題となった事件です。本件は3章の3-01-01で，事故の直接原因となったストレスとストレングスの最悪条件などの技術的な解説をしていますが，ここでは開発責任者の指示による組織的・意図的なリコール逃れについて記載します。

もちろん，普段からリコールを起こさないような適正な統計的設計と評価を行っていれば，このような事件とは無縁です。しかし，もし設計ミスによって事故を起こしたときや，組織としてリコール逃れの動きに直面したときに，読者の皆様が何をしなければならないかについて考えてもらいたく，ここで取り上げました。

1 事件・事故の概要 [17][18][43]

当時の三菱ふそう※58は，この死亡事故原因を「整備不良」とし，最初の同種事故発生から12年間もの間製造者責任を逃れてリコールせずに不具合発生が続いた結果，2002年1月に死亡事故が発生してしまったのです。それでも整備不良と言い続けましたが，2004年3月に製造責任を認めリコール届けが提出されました。同年5月，横浜区検察庁は，宇佐美元会長と河添元社長および元常務の7名を業務上過失致死傷で，法人の三菱ふそうを道路運送車両法違反（虚偽報告）で起訴しました※59。

当時は大型トラック4社による軽量化競争も激しく，業界でも三菱ふそうの製品は軽いのが特徴で，筆者も当時，重役から「なぜ我が社にできないのだ，オーバクオリティになっていないのか」と言われたものでした。そこまで軽くすることは無理だと議論していた時代でもあり，行き過ぎた軽量化があったのかもしれません。

a）事故の内容・調査報告（最高裁判決資料など）

最初のハブ破損事故は1992年に起きました。

当時，三菱ふそうは事故情報を秘匿扱いとし，『事故の原因はハブ摩耗（整備不良）にあるとする開発部門の仮説』に従って社内処置がされました。運輸省（現 国土交通省）

※58　2000年より三菱自動車の社内カンパニー「三菱ふそうトラック・バスCo.」となり，2003年から独立して資本金の89%を持つダイムラートラックの子会社「三菱トラック・バス」となりました。以降，時期に限らず「三菱ふそう」と呼びます。

※59　2010年2月最高裁の控訴棄却で結審し，トップの責任を認定。

には「同種の不具合がないので，多発性はなく処置不要と判断」と報告し，リコール改善処置が実施されませんでした。1999 年の JR 中国バス事故時点で同類事故が 24 件に達しても，製品不良を認めなかったのです[※60]。

そして対策が放置されたまま，ついに 2002 年 1 月 10 日，横浜市内走行中の大型トレーラのタイヤ（約 140 kg）のハブが破損しブレーキドラムごと脱落し，坂を 50 m 転がり，歩行中の主婦を直撃し死亡（息子 2 人も負傷）する事故が発生したのです。同類ハブ破損事故の 40 件目でした。それでも事故から 2 年以上品質不良を認めず，やっと認めた 2004 年 3 月のリコール時のクレームは 57 件，事故は 52 件にも膨れ上がってしまったのです。

その後，当時の品質保証部門の部長と補佐していた社員グループ長 2 名が「業務上過失致死傷」で起訴され，2012 年 2 月最高裁の控訴棄却により罪が確定しました[※61]。

b）リコール届出資料と裁判資料による事故原因

三菱ふそうの当初主張

事故原因はハブ摩耗による強度低下と過締付によるものであり，使用者側の整備不良としていました。

フロントハブ強度不足

2003 年 3 月に若手技術者が社内研修にて，摩耗が少ないハブにも亀裂発生が確認されていることから重要部品の強度不足を指摘し，耐久強度評価の実施を訴えていました。

想定すべき使用実態

過度な厳しい使われ方について，最高裁では「設計製造をするにあたり通常想定すべき市場実態を超えた異常や悪質整備や使用状況があったとは言えない」とし，破損が想定できないハブのような重要保安部品（運輸業界では「整備不要の一生もの」と言われていた）において，「**使用実態で考えられる程度の不適切な使用方法程度では事故を起こすような製造物は欠陥としてリコールすべきである**」としています。

一般的に強度耐久性評価は応力測定の実施が常識ですが，三菱ふそうでは一部のハブでのみ試験評価を実施して，応力測定を省略していたので強度保証の裏付がない（強度評価をしていない）製品であったので，強度不十分であっても開発段階で亀裂発生の可能性を検出できなかったのです。

※ 60　筆者の在籍中の経験からすれば，5 件以内の故障でも原因究明活動を開始します。今回のような重大故障であればすぐに緊急処置の行動を始めたでしょう。

※ 61　事件 No. 平成 21（あ）359

c）リコール届出による対策

三菱ふそうはリコールを受け，6種類のハブについて，対象車両（フロントハブ277,201台，リアハブ21,769台）のハブの安全性を確認し必要に応じて対策品に交換するとしました。また，供給に時間を要するので暫定処置として，比較的強い最新型ハブに交換し，最新型が使えない車型については亀裂の有無を確認の上，亀裂があるものは新品ハブと交換する対応を発表しました。

【対策内容】（図 2-04-14 参照）

1）応力集中係数の低減：フランジ厚を 20 ⇒ 24 mm へ，隅部半径を R2 ⇒ R7 に増大

2）高強度材料化：FCD500 を FCD600 に変更

3）対策効果確認：対策品の疲労強度を検証し，問題ないことを確認

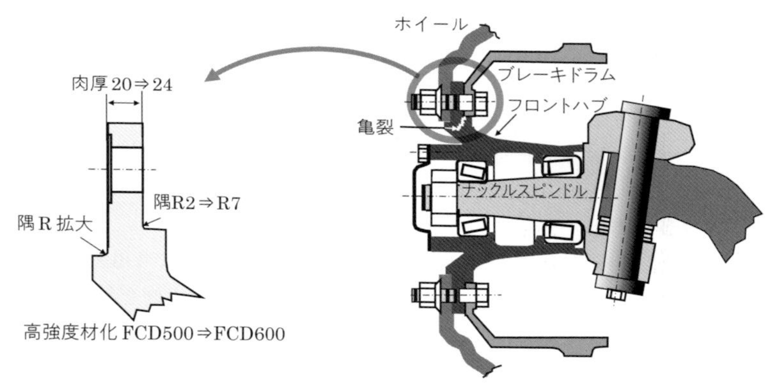

図 2-04-14　破損箇所と対策形状

2　事故調査結果への筆者の考察

開発時の設計と評価の考え方

基本的な設計理念として，市場での使われ方の上限を考慮して設計し，評価においても通常より厳しい過荷重・過速度・悪路走行などの評価基準で壊れないことと，最弱部の応力測定を実施して量産可否判断を行うべきです。前述の裁判資料においても「**不適切で過度な使われ方であっても，通常の想定すべき範囲の中であれば重要保安部品が事故を起こしてはならない**」としています。

リコールの要否判断は破損状況を技術的な裏付（根拠）で説明できなければいけませんが，三菱ふそうは製造責任にしたくないために，**根拠のない整備不良に逃げた**のです。どのような整備がどのような悪化データを示すのか定量的な技術説明ができず，仮説だけでリコール逃れをしていたことが問題です。

量産化の合否判定と品質保証部門の役割

そもそも，6 種類のハブの強度評価のうち，応力評価は一部しか実施しておらず，かなりの評価が省略されていたようです。筆者が在籍していた会社では，監査部署から「全部品の設計メモ・評価データのエビデンス・FMEA（故障モード影響解析）実施資料とエビデンス記録・過去の失敗データに対する再発防止チェック」など，多くの資料を量産移行の合否判定として求められました。このような作業は大変なので，強い権限を持った第三者的な監査部署（品質保証部など）が存在しなければできないのかもしれません。しかし，品質を保証するためには安全であることの証明記録を設計書として残すことが大切であることも肝に銘じておいてください。

また，通常，品質保証部門が不具合の分析を行い，数件の同類事故が起きた場合，早期の原因究明をすることが当該部署の役割です。しかし，三菱ふそうでは，事故までの 12 年間で 40 件もの破損不具合が発生しながら，不具合が製造者である三菱ふそうの責任とならないように関係者以外に情報を非公開（事故の初期の頃から秘密部屋のロッカーの中に資料を保管）として隠蔽し，対策行動を起こしませんでした。

不具合を隠しても，何も得るものはありません。**リコールは恥ずべきものではなく，使用者の安全を守り，早期対策をするためのツールとして有効に使うべきです**。傷は小さいうちに迅速に対策すべきなのです。

失敗から学び，実施すべきこと

- **設計者や評価者は，不具合発生時に常に真の原因を追究する姿勢を貫くこと**
- **市場で起きた不具合の原因究明は，会社の意向に関係なく，データ解析を用いて理論的に追究すること**
- **組織の不正･違法な行為を見つけたときは，以下に告発（公益通報）すること。告発先は，**
  ①会社のコンプライアンス委員会の相談窓口弁護士
  ②監督官庁　など
- **安全に不安があれば速やかに対策，行動を起こすこと。自分の設計したものが凶器になる前に，自ら是正行動を起こして下さい。**

NG 13 スペースシャトルの空中分解事故

関連 NG ▶ 80

ここでは，設計者の皆様が「事故につながる重要な設計課題」を発見したときに，自分なら責任ある関係者にどのように伝えたら「確実な対応策を実行できるか」を考えながら読んで下さい。

1　事件・事故の概要 [44][45]

スペースシャトルは国際宇宙ステーション（ISS）との連絡用で再利用可能な有人宇宙船として 1981 ～ 2011 年の間，コロンビア，チャレンジャー，ディスカバリー，アトランティス，エンデバーの 5 機で 135 回打ち上げられました。このうち本項で解説するチャレンジャーは 1986 年に，コロンビアは 2003 年に空中分解事故を起こしたことで，再利用時のメンテナンス費用が事故対策でかさみすぎて，スペースシャトル計画そのものが 2011 年に廃止となりました※62。

スペースシャトルは

- 乗員や物資を乗せる軌道船オービタ（メインエンジン 3 基）
- 最も大きい構造物である外部燃料タンク
- 2 つの固体燃料補助ロケット（ブースタ：推力の約 80% を担う）

から構成されています（**図 2-04-15**）。

スペースシャトルのオービタとブースタは再利用され，チャレンジャー号の最後の飛行は 10 回目の再利用でした。ブースタは工場から列車で運ぶために 7 つに分離され，宇宙センターで結合されて完成します。各ブースタの溶接部 3 箇所を除く円筒接合部 3 箇所に，この事故の要因となった O リングが用いられています※63。

事故があった回のチャレンジャー打上げは，初めて民間の女性高校教師が宇宙飛行士として参加するため世界中から注目され，ケネディ宇宙センタからその様子が全世界に中継されました。

1986 年 1 月 28 日，強い寒波で底冷えがする午前中に打ち上げられたスペースシャトルは，73 秒後に右側のブースタロケット円筒接合部から 2800℃の高温高圧燃焼ガスが噴き出し，燃料タンクとブースタロケットを接続する構造部が燃焼ガスで溶損破壊さ

※ 62　開発時に想定していた 1 回当たりの費用は 0.12 億ドルでしたが，実際には 2002 年に 4.5 億ドル，2007 年には 10 億ドルに膨らんでいました。

※ 63　本件解説は 1986 年 6 月レーガン大統領に提出された「ロジャース委員会報告」の内容を参考にしました。

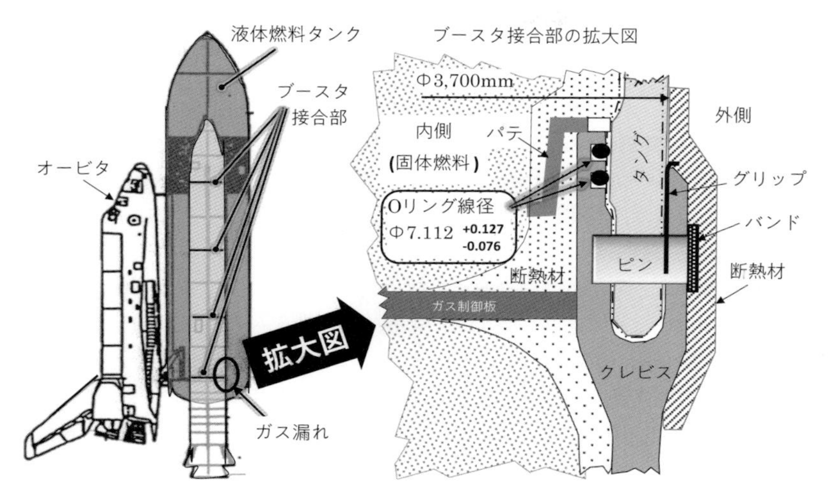

図 2-04-15　NASA 公開図面のスケッチ

れ，お互いが傾斜して空力バランスが乱れることで，燃料タンクと軌道船が 20G の負荷を受けて空中分解（設計限界は 5 G）しました。

空中分解後，オービタの塊は 2 分 4 秒後に海上に落下して搭乗員 7 名が犠牲となったのです。打上げの様子はリアルタイムで世界各国に TV 中継され，華々しい打上げの祭典が一転惨劇現場と化し，世界中に大きな衝撃を与えました。

a）事故の内容・調査報告

打上許容温度以下だった大気温度

当初，1986 年 1 月 22 日にフロリダのケネディ宇宙センターから発射予定でしたが，各種トラブルや悪天候によって何度も延期を繰り返していました。事故があった 28 日の早朝は寒波が押し寄せ，フロリダなのに打ち上げ限界の－1℃以下となり，風が収まるのを待っていました。

技術者から「中止すべき」の訴え

ロックウェルインターナショナル社※64の技術者は，「氷がシャトル耐熱タイルを直撃する危険があり，打上げを中止すべき」と上長に提言しましたが，その提言は飛行管理責任者には伝えられず，最終的にヒューストンの飛行計画責任者は凍結状態を検査後，打上げを許可したのです。

当時の大統領ロナルド・レーガンは，事故直後に原因究明組織として当時の国務長官

※ 64　スペースシャトルの主要製造メーカー

を委員長に任命し，通称「ロジャース委員会」が調査にあたり 1986 年 6 月 9 日に調査報告書が提出されました。

b）ロジャース委員会調査による事故原因

O リングの低温シール性不足

ロジャース委員会は，固体燃料ロケット（ブースタ）の組立接合部に使われている O リングが，外気温の低下でシール機能が低下し，高温・高圧ガスの噴出により燃料タンク接合部を破壊したと分析。ブースタと液体燃料タンク結合構造がガス漏れで溶損破壊され，互いが衝突によって超音速下で急激に軌道が変化し，空力抵抗が急増することで空中分解に至りました（**図 2-04-15**）[※65]。

慢性的不具合のガス漏れが抜本的に改善されないまま運用

当該事故までに打上直後のガス漏れは 6 件発見されていましたが，（幸か不幸か）大きな事故にはつながっていませんでした。ブースタロケットの開発には多くの企業がかかわっており，抜本的対策のためには他企業製品の構造変更や評価が必要になるため，ロックウェルインターナショナル社単独で行動を起こせる状況にはありませんでした。

覆された打上中止要求

ロックウェルインターナショナル社の中止要請の他にも，打上延期を進言した企業がありました。O リング製造を担当していたモートン・サイオコール（MTI）社[※66]のボイジョリィ主任技師は，以前から何度もブースタからのガス漏れが確認され，しかも低温時にガス漏れしやすい傾向があることをつかんでおり，打上前夜の遠隔会議で NASA にチャレンジャーの打上中止勧告を出していました。

しかし，根拠となる O リングの低温限界の技術的根拠がなかったために，NASA から疑問を投げかけられ MTI 内で再協議をしましたが，最終的に MTI のメイソン上級副社長はランド技術副社長に「技術者の帽子を脱いで経営者の帽子をかぶりたまえ」と，打上中止勧告を取り下げたのです。リスク情報は，組織の上階層に情報が伝わっていく中で押しつぶされて，飛行管理者まで届かなかったのです（**図 2-04-16**）。

しかも，事故後にボスジョリィ主任技師は，「事故調査委員会にデータを提出した」と告発され，会社を追い出されています。

楽観的な打上げスケジュール

打上日の設定は，発射地点だけでなく，オービタ帰還予定地やブースタ回収地点の気候条件などさまざまな要因が関係するので，飛行計画管理者としてはできる限り予定を変更したくない気持ちが働きがちです。そのため，中止理由となる明確な根拠がない限

※ 65　O リングの設計ミスについては，**NG80** にて解説します。
※ 66　当時，固体燃料ロケット開発製造を担当していた MTI 社の子会社。

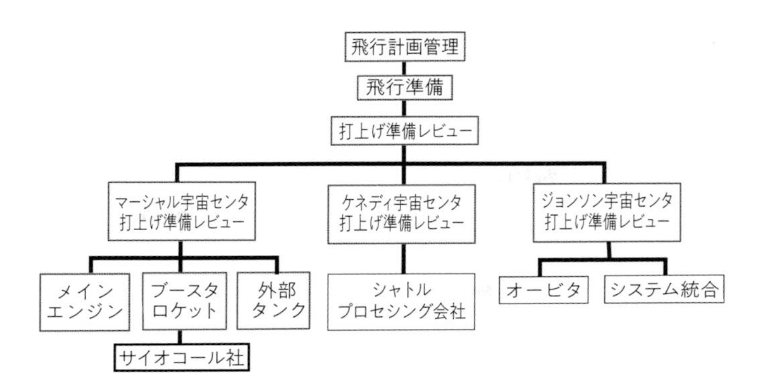

図 2-04-16　NASA 安全管理組織

り予定変更をしない判断行動となったのです。

c）ロジャース委員会が公表した対策

委員会は調査結果より，以下の9項目について改善の勧告をしました。

Oリング部の漏れ問題（ハード面）について，設計変更チームで対策するよう勧告していますが，それ以上に組織改革と組織マネジメントを多岐にわたり対策すべしと問題視しました。

【ハード面】 ①固体燃料ロケットの再設計（改良設計と新開発）

【ソフト面】 ②管理組織改革

③危険分析と重要危険項目リスト作成

④安全組織，品質保証，監督・分析・文書化・適正リソース確保

⑤コミュニケーション確保：打上中止条件の標準化，関係各部署との連携強化，経営再建計画協議

⑥着陸の安全性確保（タイヤ，ステアリング，カーボンブレーキ化）

⑦打上中止と乗員の脱出：発射〜着陸までの出口および脱出機能確保

⑧飛行運搬効率ワーキンググループによる効率アップと制約を研究

⑨整備安全保障チームを設置し，計画的な整備計画・実施・報告

2　事故調査結果への筆者の考察

ハード面については3章3-07-**1**で記載するので，ここでは組織的な失敗に絞って考察します。上記に示す委員会勧告は少し漠然としているので，日常業務に置き換えた筆者なりの解釈を以下に示します。

▶緊急時の連絡やコミュニケーション方法を決めておくこと

この事故では，O リングの主任技師によって打上中止勧告が出されましたが，NASA は技術的根拠が薄いとの反論に屈服しました。副社長によって「リスク情報が握りつぶされて中止勧告を取り下げた」ことで NASA に伝わらなかったのです。それによって事故につながったわけです。

組織には階層があり，緊急連絡時に階層順に報告を繰り返すと，途中で連絡の中断や情報の歪曲などが発生しやすいのです。筆者は過去に，日本デンソーの室長より，「緊急情報は，担当重役に＊＊分以内に上げろ」という決まりがあると聞いたことがあります。緊急行動の決定責任者への連絡方法を事前にしっかり決めておくことが重要ですが，設計者には，社内に緊急行動の決まりがなくても，緊急情報を伝える義務があるのです。

▶慢性的不具合は大きな事故の兆候なので，放置せずに対策すること

チャレンジャーの漏れ不具合は，運行開始から 5 年間，抜本的対策が施されませんでした。慢性的な不具合は，「いつものことだから大事に至らない」「このくらいは大丈夫なのだ」と錯覚してしまう危険性をはらんでいます。「ガス漏れ」は大事故につながる兆しだったのです。

設計者が慢性的不具合の対応を任せられた場合には，最悪の故障モードを想像した上で，優先度を決めてから対策を検討することを推奨します。

▶問題点の致命度を具体的に示す

設計者が製品の問題点を発見しても，「不安です」だけでは解決のための行動はできません。NASA が「技術的根拠がなければ中止できない」と言ったのは当然でしょう。設計者には「技術的根拠と最悪の故障モード」を示すことが求められます。

3　対策後の事故再発

チャレンジャー号の悲劇から 17 年後の 2003 年 2 月 1 日，コロンビア号が ISS での作業を終え，帰還態勢を取って大気圏に突入直後に空中分解し，乗務員全員が命を失う事故が再発しました。

事故原因となるきっかけは，1 月 16 日の打上直後に燃料タンク（内部は－253℃の液体水素や－183℃の液体酸素）外面の発泡断熱材が剥離し，オービタ左翼前縁部を覆う炭素繊維製耐熱保護パネルを直撃して，パネルに穴が開いたことでした。この状態をジョンソン宇宙センターの飛行管制チームは把握していたにもかかわらず，補修処置や救出計画の検討などの対応をしなかったために，大気圏突入時にオービタ左翼前縁部の内部構造の断熱材が剥離し，当該箇所が 1,600℃以上の高温にさらされ溶解し，空中分解したのです。

チャレンジャー号の事故によるロジャース委員会の勧告にもかかわらず，NASA の

「世界一の有能組織」という自信過剰の優越感が障壁となり，組織文化を改革できませんでした。コロンビア号の以前から，「打上げごとに断熱材がはがれ落ちてオービタ本体を直撃していた」という事実（慢性的不具合）がありました。それでも毎回無事帰還していたことから，飛行管理者たちは「大したことではない」と慢心していたのです。

一方，オービタを製造したボーイング社の技術者は打上直後から休日返上で 画像解析を行い，3日目に主翼の前縁部に断熱材の衝突を確認し，ジョンソン宇宙センターの技術部長にコロンビア号の乗務員に主翼部を観察するよう要求しました。しかし，返事がありませんでした。

5日目の断熱材衝突評価チームの会議記録には「過去に起きた衝突と同様に大した問題にならないだろう」との責任者の発言が残されています。その後もチームが空軍へ依頼して状況撮影準備が進められたていたにもかかわらず，管理者側は宇宙実験スケジュールに影響することから状況調査の中止命令を出していたのです。多くの関係マネージャ達は断熱材衝突によるリスクより，飛行スケジュールの厳守を最優先していたのです。リスクマネジメントという点において，チャレンジャー号の事故から組織文化や体質を変えることはできなかったのです。

組織改革を断行するときには，組織文化や体質を変えることがいかに難しいかを認識し，組織のトップによる万全の体制を整えて，精神面を含めた教育などを，粘り強く継続的に実施することが求められます。

技術者の方々はマネジメントに興味がない，関係ないと思ってはいけません。技術者でも，古いマネジメント体質を変えられるのです。

失敗から学び，実施すべきこと

- **緊急事態の発見者には，組織を動かす起点となる義務と責任があるので，年齢・上下関係を超え行動すること**
- **緊急事態の発見者は，緊急性を優先して組織の責任者に状況を報告すること**
- **組織を動かすために，緊急性を示す具体的なデータと，対応しないと発生しうる危険性を整理して具体的に伝えること**
- **慢性的不具合は大事故の兆しであり，小さな不具合でも早めに対策行動を起こすこと**

3章

起こしやすい失敗

と

克服技術

3-01 強度設計の失敗

3-01-1 ばらつきの最悪条件による亀裂

2章で不正問題に特化して扱った事故を，**3-01-1** では「技術的な失敗」という視点で再度取り上げています。

NG 14 大型車のタイヤ脱落による死亡事故❶　関連 NG ▸ 02, 12, 15, 19, 21, 22, 29, 30

［失敗内容］ NG12の事例で亀裂が生じたハブ（**図 3-01-01**）は，開発時には「問題ない」と強度評価部署からお墨付きが出たうえで量産したにもかかわらず，**破断したハブ（ブレーキドラムの部分）とタイヤの付いたホイール**が一緒になって脱落し，歩行者を直撃して死亡事故に至りました[17][18][43]。

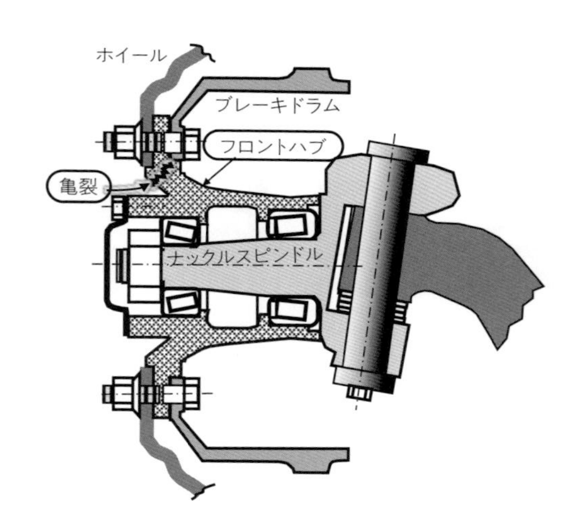

図 3-01-01　ハブの断面形状

［原　因］ 2002年には「整備不良と摩耗が原因」としてリコールを回避しましたが，2003年に社内技術者より「本事故は摩耗とは無関係で強度評価に問題があった」との告発と強度評価の見直しを社内で訴えたことにより2004年リコールされ，2006年にはリコール対象外の車でも亀裂が発生しました。さらに2007年には，約5万6,000台が追加リコールとなったのです。

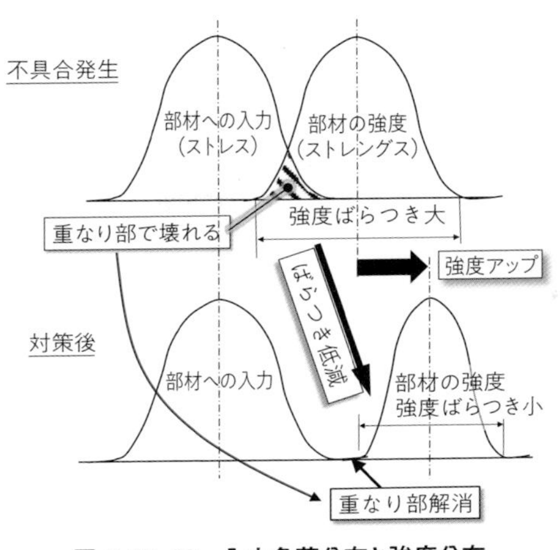

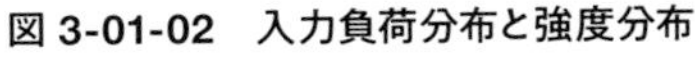
図 3-01-02　入力負荷分布と強度分布

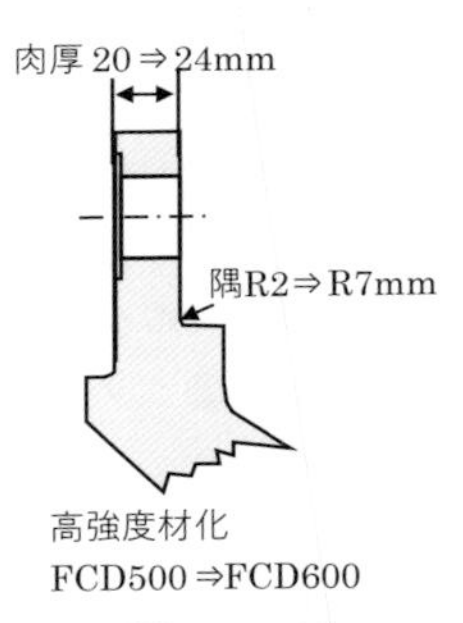

図 3-01-03
ハブ形状の対策内容

当時，当該製品は現物での評価を行わず，同種の型式評価だけで OK 判断を出していました。また，製品には出来具合・締付条件や使われ方にばらつきがあるため，それぞれの最悪条件が重なることを想定して評価確認を行う必要があるのですが，それを怠っていたため亀裂に至ったのです。特に，過大締付トルクの影響が大きかったようです。

［対　策］ **図 3-01-02** に示す入力負荷と強度分布を把握し，想定される最悪条件でも壊れないために，以下に示すように改良を繰り返してきました（**図 3-01-03**）。**表 3-01-01** にその経過を示し，表の最下行に各仕様の亀裂発生率を示します。

- **フランジの肉厚アップ**：20 ➡ 22 ➡ 24 mm
- **材質の変更**：FCD500 ➡ FCD600（強度 20% アップ）

表 3-01-01　ハブ形状の対策と変遷

搭載時期	'83~'86	'88~'90	'89~'95	'93~'95	'95~'97	'94~'95	'95~'96	'96~2004	2004~
ハブの型式	A	B	C	D	E	F1	F2	F0/F2	F3
改良進度	オリジナル				改良	1次対策			2次対策
車型	ザ・グレート							スパーグレート	
取付け互換性	A/B		C~F						
GVW	~20t					~25t			
材質	FCD500				FCD600	FCD500	FCD600		
フランジ厚さ	20mm					22m			24mm
隅R	2mm					5mm			7mm
亀裂件数 / 生産台数	1/46,759	8/54,024	2/55,574	38/33,319	8/11,657	0/2,612	1/94,000		―
発生率（%）	0.002%	0.015%	0.004%	0.114%	0.069%	0.000%	0.001%		

・**隅 R の変更**：R2 ➡ R5 ➡ R7 mm

・**ホイールナットの規定トルク締付けを徹底**

最初の亀裂不具合は 1992 年に起きており，リコール前の 1995 年の E 型から明らかに強度向上対策によって改善が進められており，このときから強度に問題ありと認識していたようです。

［ 評価方法の対策 ］

強度評価の基準を見直して以下のように決めました。

・**締付トルク**：約 2 倍の 1,000 Nm で評価

・**積載量**：ダンプ 150%，カーゴ 120%，トラクタ 120% で評価

・**寿　命**：カーゴ系・軽トラクタ 150 万 km，ダンプ・重トラクタ 75 万 km

［ 解　説 ］

● 評価基準

評価部署として最も大切なことは，市場を把握した上で守るべきベースとなる基準を設定することです。上記の三菱ふそうが見直した上記の評価基準は，ロバスト性評価としては特に厳しいわけではなく一般的レベルなもので，著者にしてみると逆に今まではどのような評価基準を設定していたのか，非常に興味がわきます。

● 物が壊れるとは

物が壊れるのは，①設計ミス，②材料選択ミス，③材料欠陥，④製造誤差，⑤整備誤差，⑥取扱いミスなどにより，図 3-01-02 の重なり部分が発生し，部材強度が荷重に耐えられなくなった状態のことです。本件の場合，入力負荷の最悪条件を把握していなかったと言えるでしょう。

2006 年に出された国交省の調査指示により，三菱ふそうはこの最悪条件を決めることの重要性を再認識したようです。

● 定量的評価

安全信頼度検証には数値評価が必須（今回の場合，応力値）であり，対策によって疲労破壊が発生しなくなることの数値証明が必要となります。これを行わないで，例えば「最大応力を半分にすれば，まず問題ないだろう」などとすると，対策品でも不具合が発生してしまうのです。本件では 2006 年に対策品でも不具合が再発し，2007 年にリコール対象機種が 5 万 6,000 台にまで増え，第 2 次対策のリコールが必要になり，さらに傷を広げる結果となりました。

● 荷重の把握

荷重がわからなければ，強度の妥当性も判断できません。設計段階では，評価対象部品の最大応力部位と応力方向を CAE（コンピュータ解析）を用いて予測します。

本件の事故事例の場合，実車試験で使用される車に歪ゲージを貼り，想定最悪条件と思われる，路面，過積載，車速，急加減速，振動，共振点試験などの複合試験にて最大

応力測定を実施します（応力集中部にゲージは貼れないので，CAEを用いて近傍と集中部の相関性をつかみ最大応力値を推測）。

● **疲労強度の把握**

引張強度は，ばらつき下限値（保証値）を用います。疲労限界応力σ_wは，材料疲労試験の中央値からばらつきの下限値で評価基準（例えば，「3σ下限値，安全率1.5など」）を決めます。ゲージを貼れない最大応力場所の応力値を実測場所の応力でCAEで換算をして，このグラフ上で平均応力と応力振幅をプロットし，OK/NG判断をします（図3-01-04）。

評価部署は，これらの評価結果を記録として残すことも重要な役割です。この内容を理解できない読者も多いと思いますが，ぜひとも専門書で調べるなどで理解できるようにしてください。

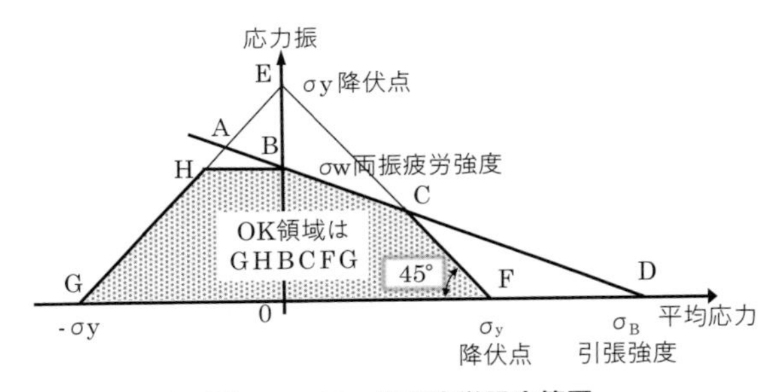

図3-01-04　許容疲労限度範囲

失敗から学び，実施すべきこと

実機による耐久試験では，過負荷運転などの工夫を行ったとしても，強度のOK/NG判定の評価はできません。個々の製品への入力荷重や強度には，ばらつきがあるためです。耐久試験はあくまでも総合評価なので，試験で問題が出なくても「たまたま問題がなかった」という可能性が残ってしまうのです。そのため，応力測定試験を実施して許容疲労強度基準を満足できるかどうかの定量的な判定が必要となります。

● **強度評価は歪測定によって，数値評価（定量評価）を行うこと**

● **ばらつき－3σの最悪品による評価を推奨**

例えば，完成製品の不良率が3/1,000（－3σ）の2つ部品の組合せなら，各－3σの積なので不良率9/1,000,000となります。肉厚最下限品形状で応力評価（実機またはCAE解析）を行うことが一般的。

● **ひずみゲージを貼れない応力集中箇所は，近傍のゲージによる応力実測とCAEによるゲージ位置と最大応力値の値から実際の最大応力値を換算すること**

CAE計算の3Dモデルのゲージ部のメッシュサイズは歪ゲージのサイズ（小さいもので0.3 × 0.9mm）に合わせて作成し，メッシュを細かくすると計算容量も大きくなるので，最大応力部は最適自動メッシュ作成機能の使用を推奨します。

3-01-2 応力集中による亀裂

疲労破壊は応力集中によって起こると言ってもよいでしょう。

したがって，応力をできる限り分散させる（大きな隅Rと，緩やかな形状変化）設計などが求められます。

NG 15 大型車のタイヤ脱落による死亡事故❷

関連 NG ► 02, 12, 14, 21

【失敗内容】 **NG14** を参照。

【原　因】 ハブが亀裂に至った原因のもう一つは，図 3-01-03 の隅 R が R2 と小さく，**図 3-01-05** に示すように応力が集中したためです※1。

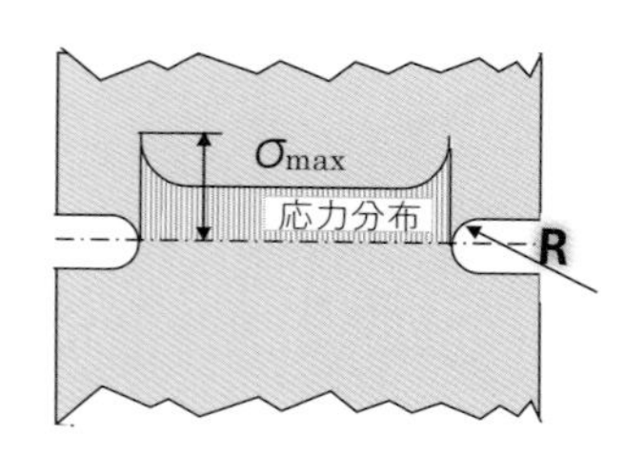

図 3-01-05　応力集中

【対　策】 隅R拡大：R2 から R7 mm へ
材質変更：FCD500 から FCD600 へ
フランジ肉厚アップ：20 から 24 mm へ

【考　察】 隅R拡大は，**図 3-01-06** および解説の計算例で示すように 18%改善し，材質変更は強度 1.2 倍，厚さ変更は厚さの二乗に比例と仮定すれば 1.44 倍となり，これらの積で 1.87 倍の強度アップが必要だったということになります。ただ，これらの中で，効果は少ないものの隅R拡大は重量も価格もほとんど影響しません。隅Rについては無意識に設計する方が多いと思いますが，応力集中しやすい部位においては，大き目の隅Rを確保するように努力してください。

【解　説】 穴，切欠き，段などの形状変化部は，応力が周囲に比べて大きくなり，これを応力集中と呼びます。

● **応力集中係数**

切欠き底が最大応力 α_{max} となり，一般的に公称応力 α_n より高くなります（図 3-01-06）。α_{max} と α_n の比を応力集中係数 α と呼びます。

$$\alpha = \frac{\alpha_{max}}{\alpha_n}$$

構造解析（FEM）をすることで，応力集中を容易に計算できるので，形状要素寸法の寄与度を理解する上で，応力集中係数の概要を，参考文献［35］［36］などの専門書で理解しておくと良いでしょう。 FEM による応力値は，メッシュサイズの平均値とな

※1　応力集中とは，断面形状の変化の大きい隅 R 部の応力が高くなることを言います（図 3-01-05）。

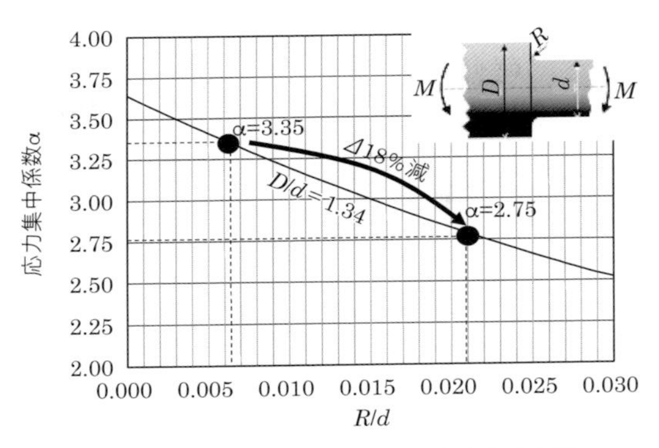

図 3-01-06　ハブの対策前後の応力集中係数

るので，応力の集中を評価するためには局部的にメッシュを細かくする配慮が必要です（自動的に細分化するものもあります）。

● 段付き軸の曲げに対する応力集中係数

段付き軸は，段差隅 R 部に応力が集中し，軸径比（D/d）と隅 R の比（R/d）にて，**図 3-01-06** のように応力集中係数が変化します。したがって，段差を少なくし，隅 R を大きくすることで応力集中を小さくすることができます。

当該事故例において，図 3-01-01 の亀裂起点部の寸法を図 3-01-06 のグラフに置き換えると $D=320$，$d=239$ なので $D/d=1.34$ ですが，隅 R を 2 mm から 7 mm に拡大対策をとった場合には，R/D は 0.0063 から 0.0219 になり，**応力集中係数は 18% 改善**します。

NG14 の事例では，R 変更だけでは対策効果が少なく，他の対策との組合せが必要だったのです。

NG 16 高強度ボルト用めねじの先端部における亀裂発生

関連 NG ► 21

［失敗内容］ エンジンのヘッドボルトが挿入されるねじ下穴角部に，シリンダ内の爆発による繰返し荷重で亀裂が発生しました。

［原　因］ めねじの下穴加工が普通のドリル（円筒面と先端の 120° 円錐部の角がシャープエッジ）になっており，ここに応力が集中して亀裂が発生したのです。

［対　策］ 当該部の応力集中係数を下げるために，**図 3-01-07** に示すように，下穴の加工ドリル※2 の角部をエッジから R2 に

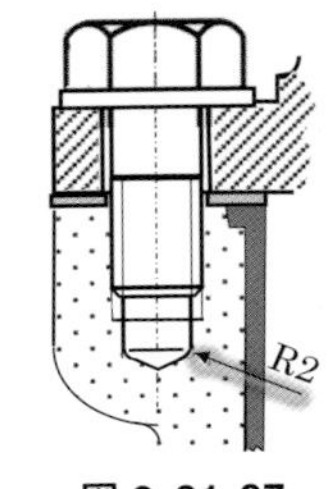

図 3-01-07
下穴先端を R 指示

※2　これは，筆者が 40 年ほど前に経験した開発中の不具合ですが，今では重要ボルトのめねじ部下穴加工のドリル先端外周コーナに R をつける（図 3-01-07）のが標準設計となっています。

変更しました。高強度ボルト部の下穴形状にはRメントリ付の下穴を用いることを推奨します。

NG 17 コモンレール交差穴部の破損 関連 NG ▸ 21

ディーゼルエンジンの燃料噴射系に設けられている高圧蓄圧室をコモンレールと呼び，最近では 200 MPa 以上の内圧力が加わることもあります。ここではこのコモンレールが内圧によって破損した事例です。

【失敗内容】 運転中にコモンレールが破損し，燃料が漏れるとともに，エンジンの正常な運転ができなくなりました。高圧の燃料が吹き出すので，火災が心配される不具合です。

【原　因】 コモンレール内の穴の交差部がシャープエッジなので，ここに応力が集中して最弱部となり，亀裂が発生したのです。

【対　策】 亀裂部の応力集中係数を低減するために電解バリ取りをして，穴の交差部の角部を除去してR形状としました（**図 3-01-08**）。

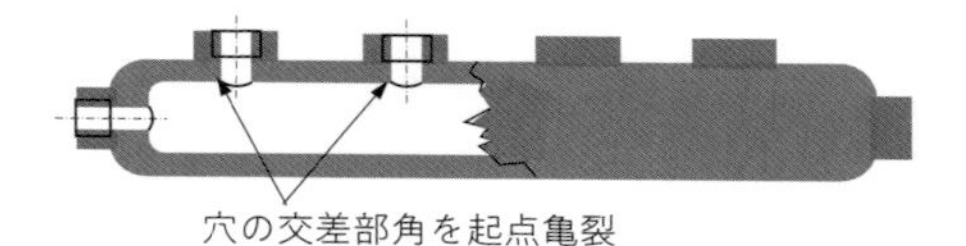

図 3-01-08　コモンレール交差穴面取り

NG 18 クランクシャフト油穴部の口元破損 関連 NG ▸ 21

【失敗内容】 これは筆者の身近で 40 年以上前に起きた事故です。給油穴のR面取り加工が不十分であったために，油穴口元部を起点にクランクシャフトが破損しました（**図 3-01-09**）。

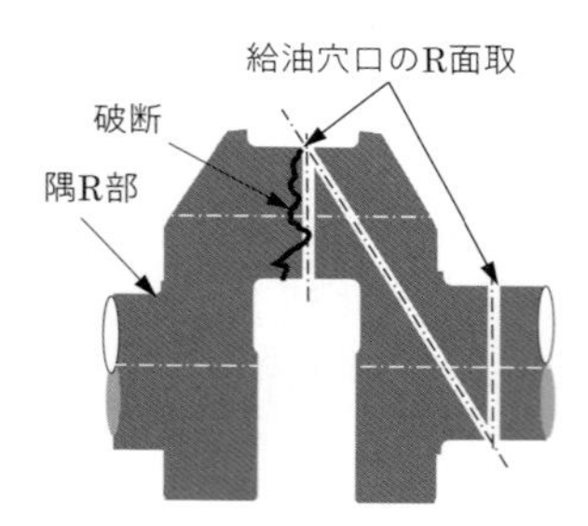

図 3-01-09　クランク油穴面取り

【原　因】円筒面への円筒穴の相貫線は3次元的な曲線であるため手作業で面取り作業をするのですが，面取り量が不安定で不十分なために起こった事故でした。

【対　策】口元の面取り寸法などの作業基準を明確にし，面取りには3次元加工に有効なゴム砥石を用いました。

【解　説】クランクシャフトは強度的に限界設計部品なので，全ての寸法要素が限界ギリギリで設計されています。特に，ピンやジャーナルがアーム部とつながる部分の付根のR（図中の隅R部）は，熱処理などにて強化がされています。平軸受を用いる場合にはジャーナル部に強制給油するために，クランクシャフト内に給油穴を開けているので，応力集中に細心の注意を払う必要があります。

失敗から学び，実施すべきこと

剛性の大きく変化するところには応力が集中しやすく，ボルトなどの締結部は完全拘束されているので，特にその付根に応力が集中します。一方，座ぐりの隅Rは図面指示をしないことが多く，その場合でも加工はバイトの切削抵抗の関係でR0.4～0.8がよく使われています。図面指示をしないがR1〔mm〕以上になると切削抵抗の影響が大きくなるのでR0.4～0.8が使われるようです。

しかし，ここの事例でもわかるように，座ぐりの隅Rが応力集中による最弱部になる可能性が高い場合には，可能な限り大きな隅Rを図面指示することが必要です。

- **座ぐり部が最弱部になる取付加工の隅Rは可能な限り大きくすること**

  事例では隅Rを2から7にして，価格アップなしで応力係数を18%以上改善（強度を18%以上向上）したのです。

- **応力集中部は必らずCAEで最大応力を計算すること（応力集中部には歪ゲージを貼れないため）**

3-01-3 安全率と信頼度の見積の失敗

大学の設計実習では**表3-01-02**のような簡易的な安全率を用いたことと思いますが，それは想定荷重以上の最大荷重を数値的に確定できないことや，形状的な応力集中や残留応力などが不明であるために，経験則によっておおよその安全率を用いているのです。

材料の引張強度をσ_B，許容応力をσ_aとしたとき，安全率nは次式で表されます。

$$n = \frac{\sigma_B}{\sigma_a}$$

表 3-01-02　簡易安全率

材料	静荷重	繰返し荷重		
		片振り繰返し	両振り繰返し	衝撃
銅	3	5	8	12
鋳鉄	4	6	10	15
木材	7	10	15	20

文字どおり，簡便で余裕のある設計が可能です。安全率には，入力荷重（ストレス）が不確実性（例えば悪路走行など），寸法ばらつきの影響や，許容範囲の鋳巣の影響による強度（ストレングス）低下などを考慮することが必要です。軽量化や高性能を求める場合には，これらの不明点を解明していき安全率を小さくすることで限界を追求した設計が求められるわけです。

例えば耐久破壊評価ではなく，応力測定によって定量的に破損確率を求める（安全証明）ことが設計責任として必要です。そして，評価の基準となったエビデンス（記録）を設計書や評価書に残すことも設計者の責任です。

NG 19 ノズルクランプが組立直後に破損

関連 NG ▶ 14, 22

機械部品は鋼や鋳物製品が主流ですが，オイルポンプのロータなど複雑形状で精密な部品には焼結製品※3 が使われています。精密な上に高強度も求められる部品には焼結鍛造工法が使われますが，ここでは焼結部品の失敗事例を紹介します。

［対　策］ 焼結をあきらめ，鍛造品に変更しました。

［解　説］

● 焼結は強度のばらつきが大きい

当該焼結部品（クランプ，**図 3-01-10**）の曲げ破壊荷重の分布を正規確率紙※4 に示したものが**図 3-01-11** であり，平均値や各荷重による破損確率を求めることができます。この直線の傾斜がゆるいとばらつきが大きいことを示します。

ここに焼結の事例と炭素鋼の分布の傾斜（筆者予測）を中央値（50%）と重ね合わせ，破壊確率 0.0001％を下限とすると，破壊強度は焼結では 21.7 kN，炭素鋼では 40 kN と差が出ます。平均強度合わせで焼結と炭素鋼の下限値の強度比較をすると，焼結は炭素鋼の 55% 程度と言えるのです。そして，炭素鋼の場合は公称強度は下限値（-3σ）

※3　焼結とは合金粉末を金型に充填して，プレス成形した後に，金属の融点より少し低い温度で焼き固めたものを言います（焼結鍛造とは区別しています）。

※4　測定したデータを紙上にプロットするだけで，正規分布か否かを判定したり，正規分布であれば標準偏差などを容易に求めることができる用紙。

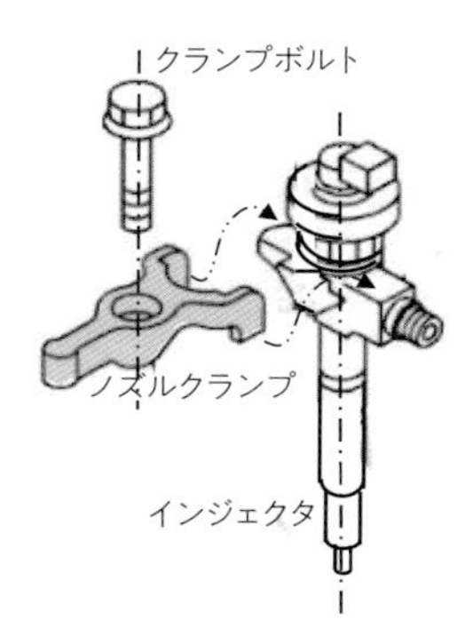

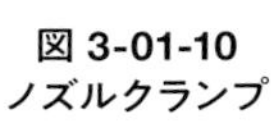

図 3-01-10
ノズルクランプ

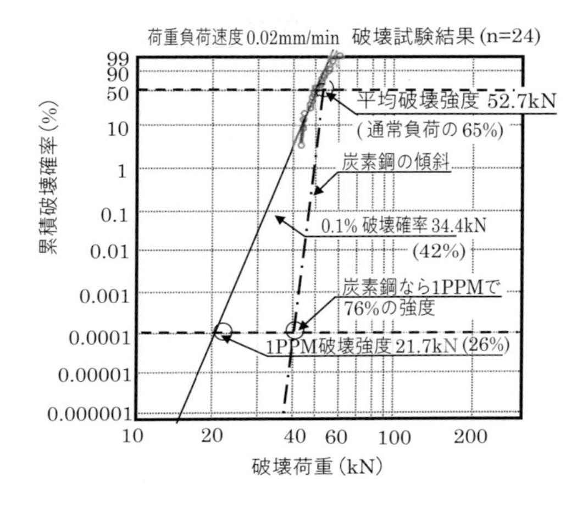

図 3-01-11　焼結の破損確率イメージ

を指しているので，その強度比率は 45% 程度と思われます※5。

● **焼結製品の強度は実物による評価が必須**

焼結はプレス方向と形状による密度分布の影響が出るので，通常製品の曲げ試験を行います。

● **焼結強度は速度が低いほど低下する**

焼結の試験法は金属に準ずるとしていて，金属では応力増加速度※6 を 3 〜 30 MPa/s や歪速度 0.0025/s 以下と規定しています。

焼結の製品曲げ試験と比較し難いが，通常金属との比較で 1/100 の速度の試験機の

クロスヘッドの変位速度で，平均曲げ強度は 70%以下となります。1 ppm の破損確率は 1/4 程度に低下することもあります※7。

【失敗内容】 ノズルクランプが，組立後，ごく短時間（試運転前後）で破損しました。

【原　因】 焼結体※8 は破壊強度試験時※9 の速度に影響を受けやすいことや，強度ば

※5　この炭素鋼と焼結の下限強度比率は，当該製品にのみの適用事例であり，焼結製品一般を示しているわけではありません。

※6　金属材料に対する引張試験方法（JIS Z 2241）において規定している試験速度のこと。

※7　仮に 1 ppm としましたが，例えば 1 台に 10 個使う部品であれば 10 万台に 1 台が故障することになるので，実際には 0.1 ppm（1/1 千万）以下の破損確率が必要でしょう。

※8　焼結体は「機械加工をしない試験片」(JIS Z 2550) で得られる強度結果は材料ポテンシャルの一面を示す限定的なものです。

※9　焼結強度試験は鉄鋼試験法（JIS Z 2241：降伏点までの応力増加速度 3 〜 30 N/mm^2s）に準じますが，焼結特有の極低速の荷重速度における強度に言及していないので，見直すべきです。

らつき（破損確率）を把握していないために，一般強度の1/4程度までの強度低下を想定できずに設計したことが原因でした（試験速度1.5 ⇒ 0.02 mm/min に下げた上に1/100%の破損率で比較すると26%に低下したため）。

図3-01-11は，0.02 mm/minの変位速度における○印の試験結果を正規確率紙にプロットしたものです。平均値は通常速度試験の65%の強度であるのに対し，破損確率の目標が1 ppmの場合，26%まで低下するのです。このことは開発評価OKでも量産後に破損の可能性を示し，焼結品は図3-01-11のような破損確率の把握が必須と言えます。

失敗から学び，実施すべきこと

- **製品の疲労強度の分布は $N = 20$ 程度以上のサンプルから平均と分散を求めること**
- **最も使われ方の厳しい負荷の分布を求めること**

負荷の分布は，ユーザマニュアルで許容範囲※10内の市場の使われ方を想定し，その負荷における最大応力にて破損しないことを検証することが求められます。

- **焼結製品は強度部材への採用を避けること**
  - ・焼結を強度部材として採用する場合は，試験速度0.02 mm/min程度の低速度における実態強度試験によって破損確率1 ppm程度になるような設計を推奨します（焼結強度は低い荷重速度（通常の約1/100）で急速に低下するため）
  - ・焼結は形状変化部が低密度になりやすいので製品実体での強度試験が必須（**図3-01-12**）
  - ・ばらつき大の焼結強度は，正規確率紙を用いて破損確率1/1,000,000（1 ppm）程度の強度で設計する
  - ・実体強度保証値は当事者間で協議して決めることを推奨します。

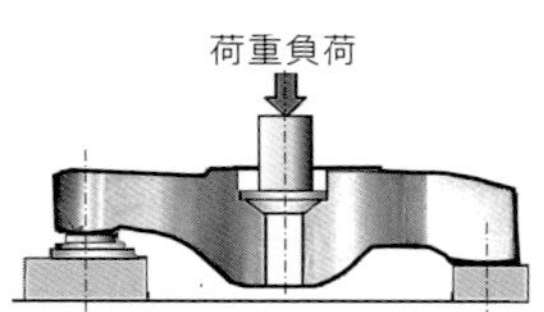

図3-01-12
実体強度試験イメージ

※10　NG12の裁判で，「過積載や速度超過など違法な使われ方があったとしても，通常考えられる範囲の使われ方であれば壊れてはいけないと考えるべきである」とされました。

3-01-4 溶接部の強度低下と応力集中

まず製品を作成するときに，鋳鉄・アルミ鋳物・ダイキャスト・鉄板溶接・鉄板プレス・樹脂など工法と材質の選択が求められることがあります。そんなとき，絞り率が小さい単純な曲げ成形の鉄板溶接品は型費もコストも安価なので，ブラケットによく使われます。ここでは，溶接時の熱による強度低下を避けるための技術を紹介します。

NG 20 新幹線車台に亀裂発生

関連 NG ► 06, 08

【失敗内容】「のぞみ 34 号」の運行中，広島付近で異音の発生を感知したため名古屋駅で点検を行ったところ，台車に脱線につながるような分離破断寸前の亀裂が発見されました（**2-02** の **NG06** に事故の詳細を掲載しています）。

【原　因】禁止事項の「焼鈍後肉盛溶接」を行ったことで残留応力が過大となり，製造時に溶接割れが起きて，その亀裂部を起点に亀裂が進展したものです。

【対　策】「焼鈍後肉盛溶接」の禁止の徹底。現場は製品不良による廃棄を嫌うので，禁止事項の理由がわからないと自分都合で判断する可能性があります。だから禁止事項を守らないと，どうなるか具体的に示すことも必要です。

【解　説】溶接部の熱処理と硬度管理について以下に説明します。

約 1,500℃の溶接温度から室温への冷却収縮により，拘束された鉄板であれば，溶接部近傍には変形や残留応力を発生します。これを除去するには，溶接後熱処理（PWHT：PostWeld Heat Treatment，例えば炭素鋼は約 600℃加熱保持後に徐冷）が必要です。当然ですが **PWHT 後の溶接は厳禁**です。

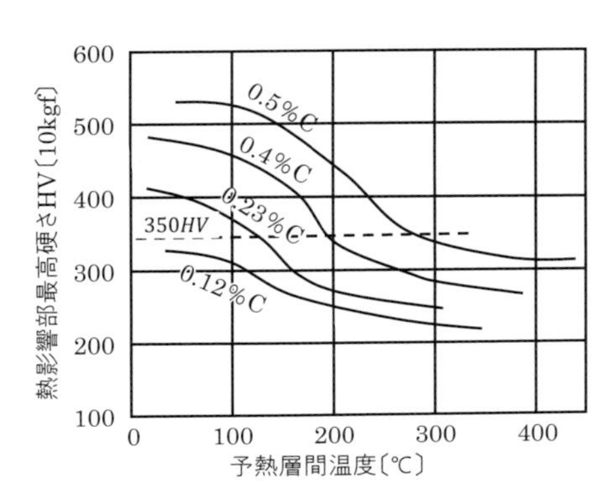

図 3-01-13　予熱温度と溶接熱影響部硬度の最高硬さ

● **予熱の効果**

予熱層間温度[※11]上昇とともに溶接熱影響部硬度が低下傾向となります（**図3-01-13**）。

● **後熱の効果**

残留応力の緩和や溶接金属中の水素放出，熱影響部の軟化によって割れを防止するなどの効果があります。

● **溶接熱影響部（HAZ[※12]）の硬さ**

中・高炭素鋼（C＞0.4%）や特殊鋼の溶接で，HAZ硬化による低温割れを生じることがあり，その対策には「硬さ**350HV以下**」の規定が有効です。

● **厚板なのに開先がなかったことによる溶け込み不良**

NG18の事故は2章において，開先がなかったことが原因としています。厚さ8mm以上の鉄板溶接であれば溶け込み不良になる可能性があるので，必要に応じて図面に開先指示をすべきです。

NG 21 ブラケットのナット点溶接部起点に亀裂発生　関連 NG ►15～18

板物製のブラケットに溶接をすることがありますが，たとえ荷重を負担しない溶接であっても注意が必要な事例です。

［失敗内容］ **図3-01-14**はブラケットにナットを溶接したものですが，ナットは部品を締め付ければブラケットと一体化するため，本来，溶接強度はいらないので，場所を指定せずに「外周3箇所を点溶接のこと」などと指定することがよくあります。しかし，溶接箇所は応力が集中しやすく強度も低いので，溶接位置は低応力部に指定することが重要です。

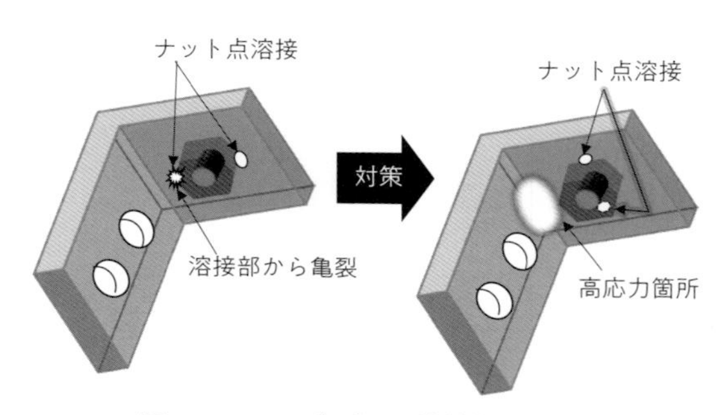

図3-01-14　ブラケット溶接部から亀裂

※11　層間温度：アーク溶接パス間における，次のパスを始める前の最低温度のこと。

※12　Heat-Affected Zoneの略で，溶接などの熱影響により金属組織や特性が変化している領域のこと（JIS Z 3001による）。

【原　因】高応力部に溶接したため，溶接による強度低下で亀裂が発生したのです。

【対　策】ブラケットの想定高応力部には点溶接をしないように，図面に点溶接範囲を指定しましょう。溶接位置は，応力の高い部位を避けて図面に指定することも重要です。**図 3-01-14** の場合，点溶接位置を図と直交の曲げの向きと平行の位置に指定することを推奨します。

3-01-5 ろう付の強度低下と応力集中

溶接とろう付は使われ方や強度が異なるので，失敗事例を紹介する前にその違いを説明します。

●溶　接

溶接では母材と溶接金属が溶け込み，高熱による変形や残留応力が発生します。

●ろう付

ろう付は，母材をほとんど溶かさない接合法で，精密部品や薄板部品にとっては変形が少ないので接合に適しています。母材の 50 ～ 200 μm の隙間に，毛細管現象によって浸透させる冶金接合（原子間引力利用）技術です（**図 3-01-15**）。

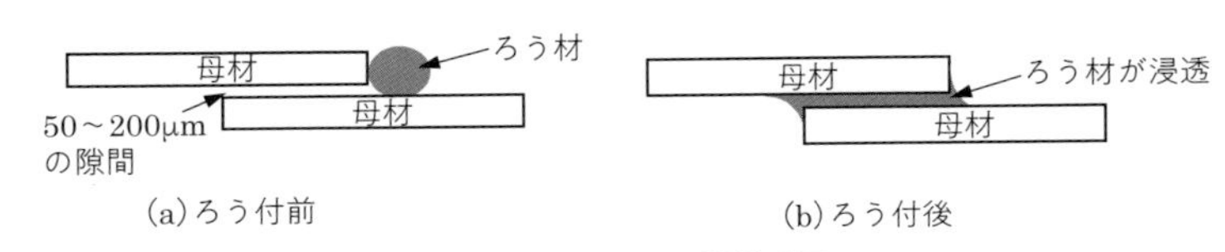

図 3-01-15　ろう付説明図

●手ろう付（トーチ）と炉中ろう付

一般的には，トーチでろう材のワイヤをろう付部に溶融させながら供給する**手ろう付**が使用されます。 それに対し，**炉中ろう付**はろう材の箔やワイヤをろう付部付近に置いて，ろう付炉にてろう付する方法です。複雑で細かい，見えないような部分のろう付に適しています。

NG 22　3 箇所固定のパイプとブラケットろう付部に亀裂発生　関連 NG ▶ 14, 19

ろう付はパイプの接合などによく使われ, 開発段階から壊れやすい箇所でもあります。その理由は以下のとおりです。

① ろう付部が拘束部となる（ろう付箇所が固定端となり曲げモーメントが最大となる）

② ろう付作業による熱影響によって強度が低下する

③ 3 点固定の場合，中央固定部にばらつきによる組立時応力が発生する

熱影響ではありませんが，ろう付製品で発生しやすい失敗として取り上げました。

【失敗内容】 パイプの両端固定の場合，取付誤差があってもパイプの変形などにより取付応力は過大にはなりませんが，**図 3-01-16** のように 3 箇所以上になると，C 点を取付時に強制変位が発生することで応力過大（**図 3-01-17** に示す許容疲労強度を超えた×印の位置）となり，運転中の振動で疲労破壊する例が非常に多く見られます。

【原　因】 図 3-01-17 の×印に示すように，平均応力が過大であったために，疲労限度範囲を満たせずに亀裂に至りました。

【対　策】 **図 3-01-16** のゴムと巻クリップなどを用いて，取付時応力を低減。それを図で示すと，図 3-01-17 に示すように平均応力を×から○印まで低減し疲労限度域内に応力を下げられたのです。

【解　説】 取付によって製品に応力が少なからず発生します。2 箇所固定の部品は，片側を長穴にすることで取付応力をキャンセルできますが，3 箇所固定の場合には取付応力低減が難しいので，応力低減の工夫をすることが「疲労に強い設計」なのです。

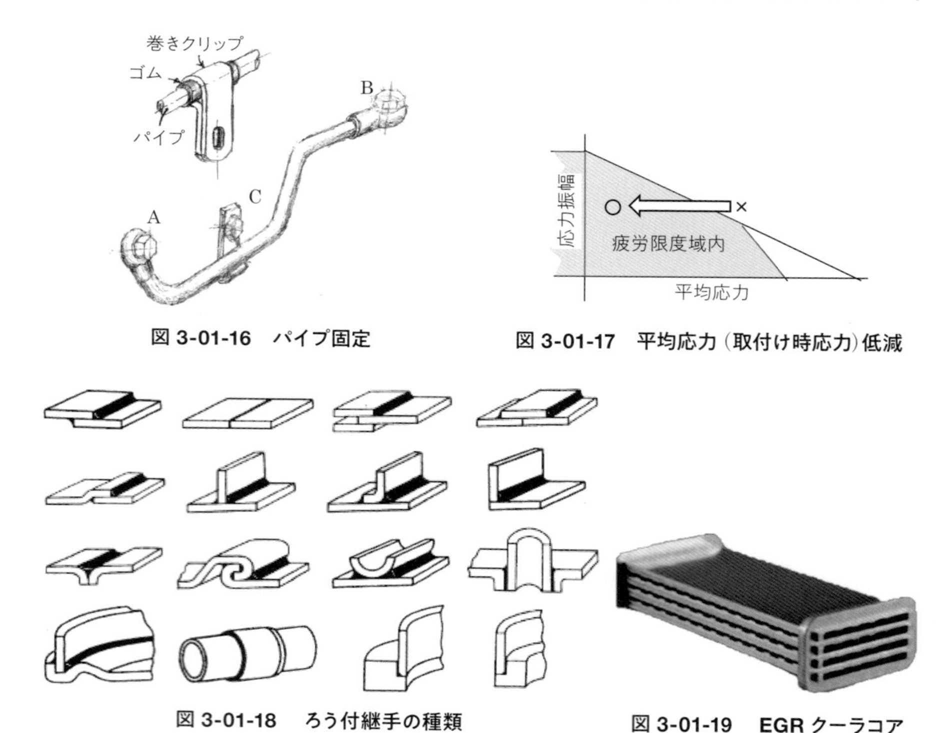

図 3-01-16　パイプ固定

図 3-01-17　平均応力（取付け時応力）低減

図 3-01-18　ろう付継手の種類

図 3-01-19　EGR クーラコア

【関連情報】

● **ろう付継手例**

図 3-1-18 に代表的なろう付継手の外観を示します。

図 3-1-19 は薄板ステンレスの熱交換器のチューブ，フィン，エンドプレートを銅箔を介して挟み，真空炉で過熱しろう付した製品例です。

● **ろう材の選択**

ろう材は，**表 3-01-03** に示すように母材との相性（ろう材が拡がりやすい“ぬれ性”）によって選び，ろう付温度は融点以上の温度から決まります。

表 3-01-03　母材別の適用ろう材一覧

区分	JIS 記号	融点〔℃〕	ろう付温度〔℃〕	適用材料
銅ろう	BCu-1	1083	1095 ～ 1165	鉄鋼，ステンレス鋼
黄銅ろう	BCuZn-1	900 ～ 905	905 ～ 955	鉄鋼，ニッケル，鋼，銅合金
りん銅ろう	BCuP-1	710 ～ 925	790 ～ 930	銅，銅合金
	BCuP-3	645 ～ 815	720 ～ 815	
銀ろう	BAg-1	605 ～ 620	620 ～ 760	セラミックス，Al，Mg 以外の金属
	BAg-4	670 ～ 780	780 ～ 900	
	BAg-8A	770	770 ～ 870	
	BAg-21	690 ～ 805	805 ～ 900	
ニッケルろう	BNi-2	970 ～ 1000	1010 ～ 1175	耐熱合金
	BNi-7	890	890 ～ 1040	
金ろう	BAu-2	890	890 ～ 1010	耐熱合金
	BAu-4	950	960 ～ 1005	
アルミニウムろう	BA4045	577 ～ 590	590 ～ 605	アルミ合金

● **ろう付強度**

ろう付隙間は手ろう付（トーチ）と炉中ろう付で異なり，隙間が狭いほどろう付強度

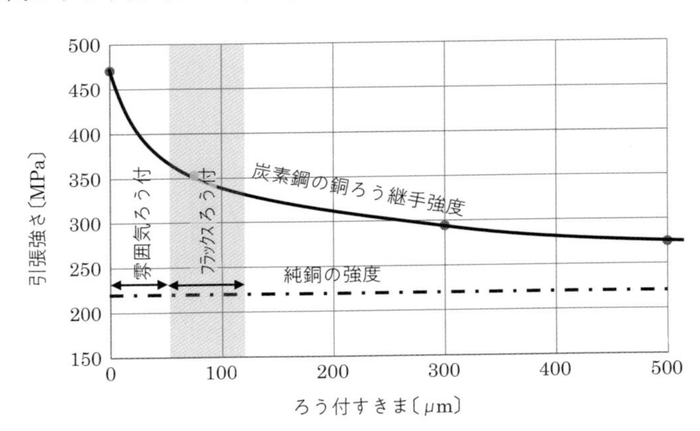

図 3-01-20　炭素鋼の銅ろう継手強度

が高くなる傾向にあります。**図 3-01-20** は銅ろう付の強度曲線ですが，驚いたことにろう材の強度より少なくとも銅ろうの 1.5 倍も強くなるのも興味深い特徴です。

失敗から学び，実施すべきこと

一般的に単層溶接では，結晶粒粗大化によって靭性が低下して疲労強度が低下するので，板物溶接のブラケットやろう付のあるパイプにおいては，付近の材料強度の低下を考慮して設計する必要があります。

- **高応力部に溶接やろう付しない設計をすること**
- **溶接やろう付が必要な場合，疲労強度が 1/2 相当になるとして設計すること**
- **容積が大きな溶接箇所は残留応力大となるので 600℃程度の PWHT をすること**（溶接で約 1,500℃から不均一な冷却収縮によって残留応力大となる）
- **焼鈍後の溶接補修は禁止すること**（溶接後熱処理は残留応力低減が目的なので，その後に溶接すると無意味）
- **中高炭素鋼の溶接は，溶接熱影響部（HAZ）硬度を 350HV 以下とすること**
- **ろう付強度はろう付面積に左右されるので，ろう付長さなどを規定すること**
- **パイプの両端と中間など 3 箇所以上で支える場合取付応力が大きくなるので，位置のばらつき吸収構造の設計をすること**
- **禁止事項は図面や作業基準書に明記する。**技術屋にとっては常識的なことも溶接作業者には通用しないことがあるので，図面や作業基準書に的確に記載して伝えること

3-01-6 荷重方向予測の失敗

構造設計は，応力集中を防ぎ最大応力を下げたり，高剛性（高い固有振動数）の形状を創造する行為と言えます。2 章の **NG08** や **NG09** で紹介したように，複合荷重方向（静的＋動的変動）の検討漏れがあると，不完全な想定荷重で設計することになるため，理想的形状とはなりません。計算条件が間違っていては，コンピュータで計算したところで良い設計はできません。

検討もれのない荷重方向の確認は，設計検討において，最も重要なことの 1 つです。

NG 23 台車高応力部へのリブ追加による亀裂発生

関連 NG ► 08

この NG は 2 章の **NG08** で解説済みですが，「荷重方向を意識した設計」を心掛けてもらうために，運輸安全委員会の報告内容に記載はないが，ここでは溶接の問題以外に絞って再度取り上げました。

【失敗内容】 特急列車の走行中に異常音が発生したため点検したところ，台車の重要強度部材である補強リブ部に 140 mm の亀裂を発見しました。

【原　因】いくつかの原因が複合的に作用した事故です（詳細は **NG08** を参照）。補強リブ部が過去に何度も亀裂補修がされている最弱部であることと，亀裂の方向からリブ部に引張応力が集中しやすかったということが原因の一つと考えます。

引張応力部へリブを追加すれば，**図 3-01-21** の●印部が曲げ中心から離れた位置なので，最大応力がさらに高くなり，かつ集中するので改悪となったわけです。

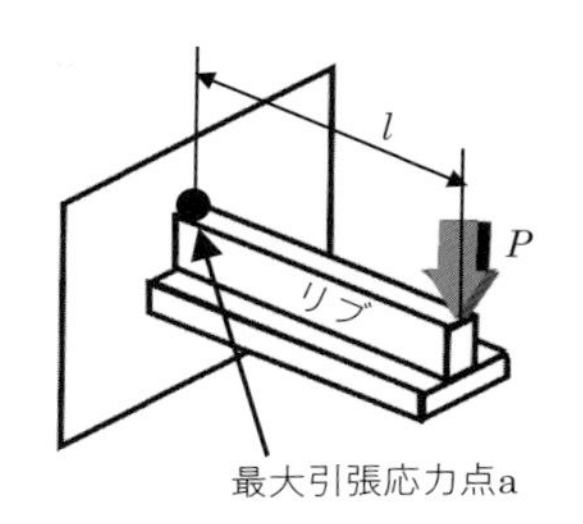

図 3-01-21　片持ち梁の例

【対　策】「最弱部の補強設計」を担当したときに最初に考えて欲しいのは，**「亀裂の補強」ではなく，「構造体の最大応力を下げるためにどのような改良をすべきか」**ということです。

そのためには

① 応力集中箇所の集中応力を拡散させる

② 変形を少なくするための高剛性化

③ 高強度部材による補強

などの検討が重要です。

NG 24 製品吊作業における製品側のボス破断

本書で扱っているのはエンジンですが，吊作業を行う製品すべてに共通する失敗です。

【失敗内容】エンジンを吊下げ中に **図 3-01-22** の A 荷重を支える D 点のボルト穴ボスが破壊されてエンジンが落下し，危なく作業者を巻き込む事故となるところでした。

【原　因】設計者が検討条件として A 荷重を D と E 点で等分（つまり A 荷重の半分）し，締結部の計算をしてしまったのです。実際は，D 点の加重はモーメントにより A 点より高くなるため，D 点の締結強度が不足して破損したのです。材料力学を理解しているはずなのに，簡略化して間違った計算をしてしまったのですが，技術者としてあってはならないことです。

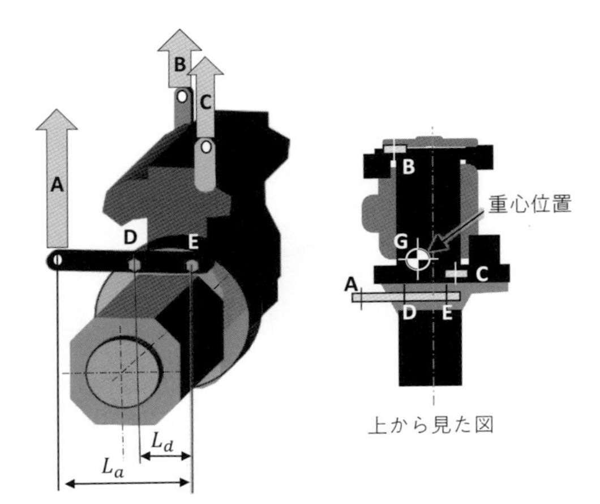

図 3-01-22　エンジン吊状態

【対　策】2倍のオーバハング（$L_a=2L_d$）なら，D点の荷重はAやEの荷重の2倍として，D点の締結強度を再設計しました。

● **軸力の参考計算例**

締結部がすべるとブラケットとの結合剛性が極端に低下します。本件においても，D部の締結面がすべり，ボルトに曲げが加わってボスが破損しました。したがって，検討すべきボルトの軸力計算例を示します。

本件の鋼板製ブラケットの場合，接合面は裏表の2面あるので，ボルトの軸直角方向の滑りに耐える力Wは，ボルトの軸力をP，摩擦係数をμとすると，$W=2\mu P$となります。

吊り上げるときに発生する最大加速度を$3G$※13として，摩擦係数$\mu=0.15$とすると，ボルトの軸力は以下の関係である必要があります。

$$P > \frac{3W}{0.30} = 10W$$

つまり，ブラケットを垂直に吊り上げる場合は，D部のボルトの軸力はその吊上荷重の最低でも10倍が必要となります※14。

NG 25 整備時のエンジン吊作業におけるエンジン側ボルトの破断

【失敗内容】工場の評価では問題なかったのですが，整備工場でエンジンを吊り上げたらボルトが破損しました（**図3-01-23**）。

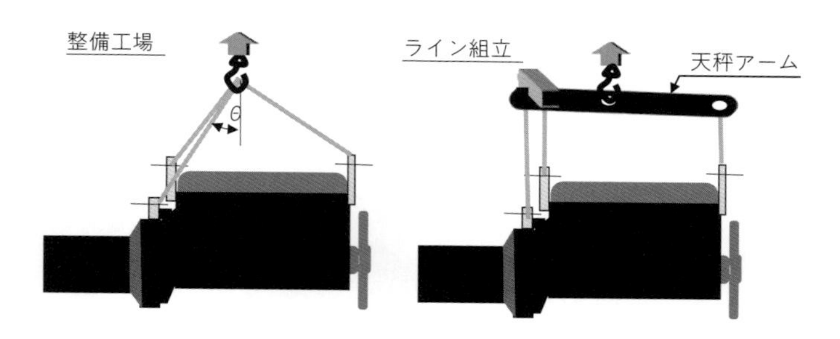

図3-01-23　エンジン吊状態

※13　ウィンチの衝撃ストップなどによって通常の3倍の荷重となります。

※14　ボルト座と部品面の両面摩擦力が有効なら半分の軸力でも良いと言えますが，作業員を危険にさらす部位なので，安全性を重視し締結部強度の実測を推奨します。

【原　因】 整備工場には専用の天秤アームがないので製造時と整備時では吊り方法が異なり，垂直方向の力で吊り上げないことが多いです。そのためブラケットや締結部に設計の想定以上の曲げモーメントが加わったために破損したと考えられます。

【対　策】 設計者には，整備時の使われ方についても配慮した設計が求められます。考えられる最悪の状態でも壊れない構造にするか，吊上治具や吊上基準書を準備するなどまで考慮する必要があります。

【関連情報】 **製品吊下げ用ブラケットの設計上の注意点**

a. 荷重分担：図 3-01-22 の上面図の位置関係から，重心位置との関係からモーメントバランスにより，全重量の A，B，C 点への分配荷重を求めます。4 点吊の場合は，ワイヤの長さによって荷重分担が変化するので注意が必要です。

b. 吊上加速度：緊急停止時などの最大加速度を実測し，設計基準として定めると良いでしょう（例えば 3G 程度）。

c. 吊上器具のワイヤの方向：ラインでの組立の際には天秤アーム（各点垂直吊上げ）でも，整備工場では図 3-01-23 のように 3 箇所を 1 点で吊り上げることもあり，この場合はワイヤ引張力が $1/\cos\theta$ 倍大きくなります（θ は垂直軸からの実角）。各ハンガ曲げ強度も，最悪条件で検討しておくべきです。

NG 26 CAE 設計におけるブラケットの強度不足

機械設計においては，図面を提出する前に CAE 解析を行い問題ないことを検証することが一般的でしょう。CAE は結果表示がビジュアルであるために，計算結果を信用しやすい傾向にありますが，拘束条件によって計算結果が大きく異なることを忘れてはなりません。

ブラケットなどは荷重によって締結面付近も微小すきまが発生することがあります。荷重変動によって，微視的に浮いたり叩いたりを繰り返すと腐食を伴うフレッティング磨耗が発生し，摩耗粉によって摩耗範囲が進行します。このため，締結ボルトの軸力低下によってボルトが緩んで落下する事例がよくあるので，耐久試験後の取付面の観察が重要です。

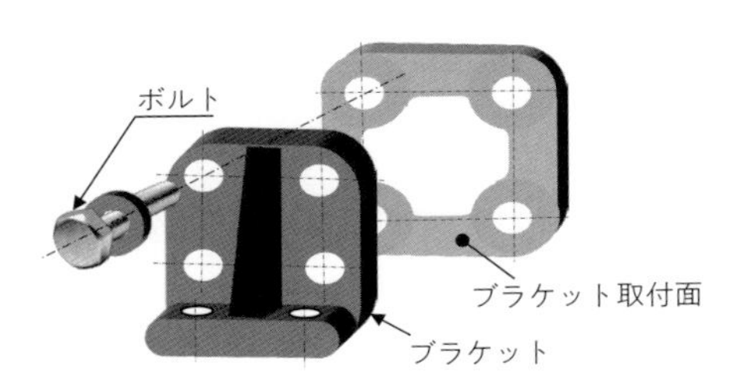

図 3-01-24　ブラケット取付面拘束

【失敗内容】 **図 3-01-24** のブラケットは，CAE 解析の結果問題ありませんでしたが，取付面にフレッティング磨耗[※15]が発生し，ボルトの軸力が低下して，ボルトが折損しました。

【原　因】CAE計算の条件はブラケット取付面全体を完全拘束（一体化相当）にしたので，結合剛性が大きく，両面の相対微振動が評価できなかったため不具合を発見できませんでした。

【対　策】締結部の構造解析をする場合には，完全拘束（接着面を固着（一体化）した状態）範囲をボルト座面径相当にすることを推奨します。その際，拘束部直近は応力集中値が出るので評価対象から外します。接触要素（接触部品間に摩擦係数条件を与えることで相対すべりが可能な状態）の解析ソフトウェアなどを利用してもよいでしょう。

NG 27 ヘッド端部のボルト荷重のアンバランスによるガス漏れ　関連NG ▸ 35, 57, 64

エンジンの中でも，ヘッドガスケット回りは高度な設計が求められる一つです。高い爆発圧力を均一にシールするガスケット構造や高軸力ボルトによる応力への影響を気にしなければなりません。

エンジンに限らず，ガスケットを有する製品を設計するときは，ガスケットの変形によって各部に歪みが発生することを意識する必要があります。

【失敗内容】米国ゼネラルモータ社向けエンジンの開発中にシリンダヘッドガスケットのガス漏れ不具合が発生しました。

【原　因】爆発の繰返し荷重で前後左右の端部ボア部が微細上下動を繰り返し，摩

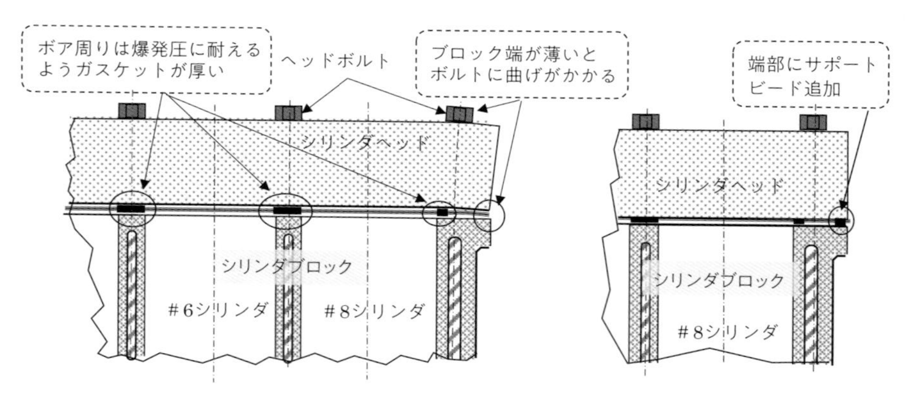

図 3-01-25　ヘッドボルトの力バランス

※15　接触面の微小運動による摩耗。酸化した摩耗粉末による削り現象により進行性（アグレッシブ摩耗）がある。

耗陥没することで面圧が低下したためです。

［ 対 策 ］

a. 全長方向の伸び対策は，ノックピンの位置を中央付近に設定する（ノックピン位置が端部と中央部では最も遠い位置の相対変位を半分にできる）

b. 運転中の軸力低下を考慮したガスシールや初期軸力設定とする

c. 外周側にサポートビードやシムでボルトに曲げ応力が掛からないガスケット構造にする※16

失敗から学び，実施すべきこと

- **荷重方向とモーメントや応力分布をイメージして設計すること**
- **引張応力部へのリブ補強は厳禁とすること**
- **組立時・整備時・使用時などの最悪荷重状態を考慮して設計すること**
- **上司や審査部署によるチェックを考慮し，設計過程や前提条件を設計書に記録として残すこと（設計書がなければ評価してくれないシステムにすることを推奨します）**

3-01-7 疲労強度による失敗

機械部品は常に応力変動を受けるので，静的な強度計算だけで設計できず，応力変動を意識した設計が必要となります。設計の際には心がけておきましょう。

NG 28 定格最高回転以下の運転領域内でのパイプ共振による破損 関連 NG ▸ 12, 14, 15

昔のエンジン開発においては，パイプ強度が開発期間短縮のボトルネックでした。最近ではほとんどの製品で対応済みと思いますが，筆者が取った対応例を紹介します。

［失敗内容］ エンジン内の配管パイプが切損しました。

［ 原 因 ］ パイプが運転領域で共振し，応力集中部で疲労破損したのです。

［ 対 策 ］ パイプ設計時に FEM 解析結果（最大応力位置と値，共振周波数）を設計書に残し，図面にも記載することを義務付けました。

［ 解 説 ］ **図 3-01-26** はあるエンジンの外観図ですが，見てわかるように，装置の間の「燃料・油・冷却水」の通路として多くのパイプが用いられています。開発中のパイプとブラケット評価のほとんどは共振の有無と応力評価です。したがって多くの企業において，開発期間短縮と労力削減のために，設計時にパイプやブラケットが共

※16 a～c の対策は，シリンダブロックのボス応力やシリンダボア変形，シリンダヘッド応力にも有効です。

振しないことの確認が必須とされています。

どんな部品も荷重変動によって振動しますが，通常，それだけで破損しません。しかし，低剛性部品は運転領域内で共振が起きれば破損する可能性が高いのです。

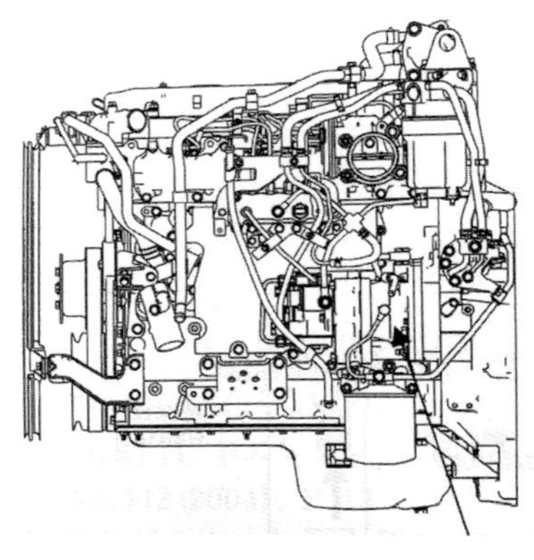

図 3-01-26　エンジンの配管例

【関連情報】

● 共　振

パイプの両端は特殊ボルトで固定されるため，両端固定の直管の場合の固有振動数だけで示すと以下の式が成り立ちます。

$$f_n = \frac{k_n^2}{2\pi}\sqrt{\frac{EI}{\rho AL^4}} \quad \cdots\cdots(a)$$

ここで，f_n：n 次の固有振動数，k_n：固有値対応の定数（両端固定に限定すると，一次のとき 4.73，二次のとき 7.853），E：横弾性係数〔N/m^3〕，I：断面二次モーメント〔m^4〕，A：管壁の断面積〔m^2〕，L：長さ〔m〕，ρ：密度〔kg/m^3〕。

パイプを加振する周波数を上げていくと，変位応答は**図 3-1-27** のように共振点で変位が大きくなります。

この図のピークは，配管の持つ固有振動数と，配管に働く加振振動数が一致した状態（共振）で危険状態を示しています。式(b)より，**固有振動数はパイプ材質，内外径，および支持間の長さで決まります**（実際は曲がった形状や支持ブラケット剛性の影響もあるので FEM 解析を推奨）。

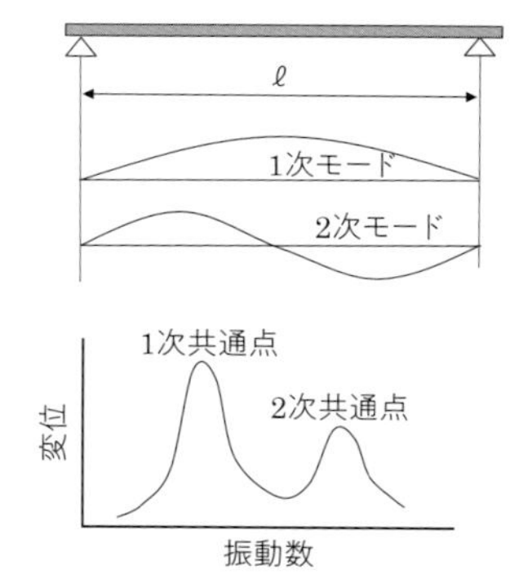

図 3-01-27
両端支持の固有モードと変位応答

● 固有振動数の計算例

定格回転（$N=3{,}000$），4 気筒エンジン（$n=4$）の回転数を振動入力と考えて，オーバラン 130%（$\mu=1.3$）までを許容するならば，許容固有振動数は次式で表すことができます（爆発が主体の加振力ならこの半分）。

$$f > \frac{Nn\mu}{60} = \frac{3{,}000\times 4\times 1.3}{60} = 260\ \mathrm{Hz} \quad \cdots\cdots(b)$$

したがって，一次固有振動数を 260 Hz以上になるように設計すればよいことになります。もし，上記を満足できなければ，支持箇所を追加して補強することになります。また,パイプ図面の注記などに「固有振動数計算結果」と「定格運転領域にて共振せず」などと記載することで検討もれをなくし，評価部署との情報共有化ができますので，参考としてください。

NG 29 高圧燃料噴射管の疲労強度

関連 NG ►12, 14, 15

昔の燃料システムは，噴射の瞬間以外の内圧はほぼ大気圧なので，圧力振幅が大きく疲労破損に厳しかったと言えます。最近の車両用ディーゼルエンジンは超高圧の蓄圧室（コモンレールと呼ばれています）が主流で，各シリンダに取り付けられたインジェクタ（電磁開閉弁）で噴射するシステムが主流となっています。ここでは，故障ではなく疲労強度の考え方を変えるべきであることを紹介します。一見，失敗ではありませんが過剰品質な設計もまた失敗と言えるのです。

【失敗内容】 実路走行中による噴射管内圧変動調査の結果，パイプの内圧疲労強度に余裕がありすぎることがわかりました[49]。

【原　因】 パイプ仕様を決めるときは，噴射管内圧疲労試験の評価による耐圧値に，余裕分の圧力を上乗せした方法をとっています。つまり運転中は最大の圧力変動が常に起きると想定したのに対して，ピックアップトラックなど（LCV）においてはそこまで変動圧が高くなかったのです（**図 3-01-29**）。

【調査内容】

● **再調査の考え方**

図 3-01-28 に見られるようにコモンレールシステムでは各噴射時の圧力変動は「最高噴射圧」ほど高くないはずなので，新たな評価法を確立すべきと考え「平均圧力と 1 回ごとの噴射圧力振幅」を手作業で解析した結果を以下に示します（参考文献［37］参照）。

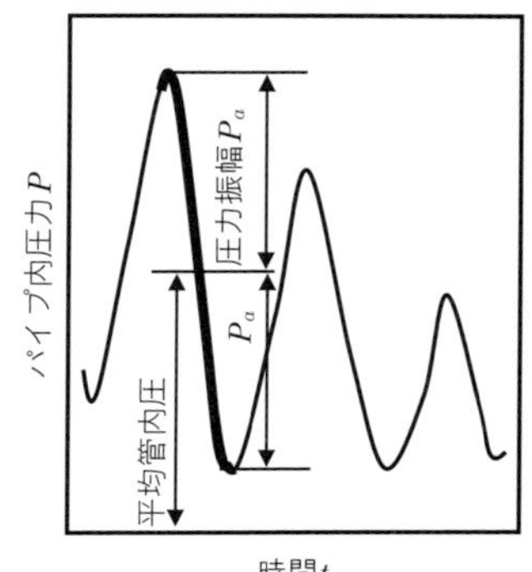

図 3-01-28　実機噴射管内圧変動

● **調査結果**

- 最悪の内圧疲労条件はアイドリング（低圧）から全負荷に急変化する場合です。
- 乗用車と商用車の違いは，全負荷運転の少ないピックアップトラックなど（LCV）や乗用車（PC）は変動が小さく，商業車（CV）は負荷が大きいので圧力変動大となります。最高噴射圧も同型エンジンを搭載した CV と LCV の実機内圧変動のピーク to ピークを疲労限度線図にプロットしたものを図 3-1-29 に示します。
- LCV 用噴射管内の圧力変動が小さいので疲労限度に余裕があり，CV 用に比べて，燃料噴射管内圧力を高めに設定可能なことがわかりました。

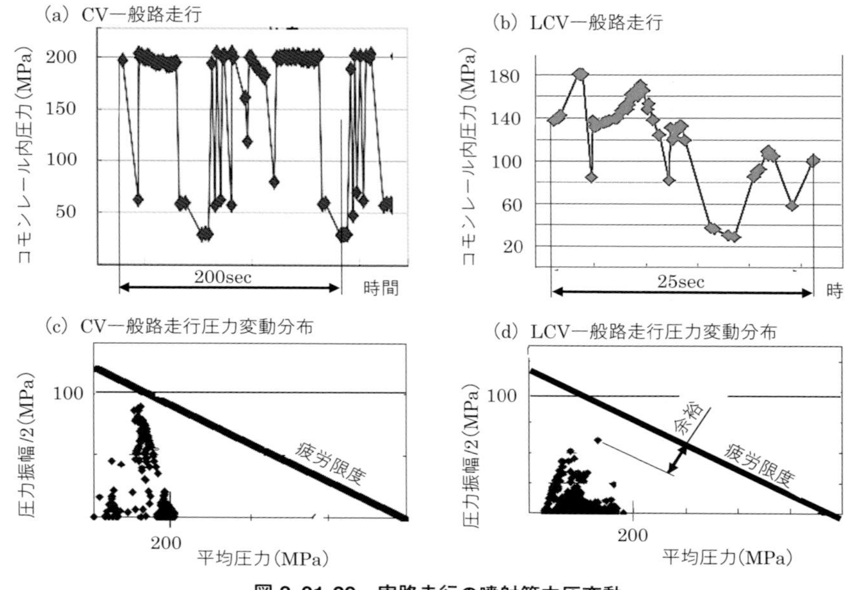

図 3-01-29　実路走行の噴射管内圧変動

【関連情報】

● 管の内面応力

パイプ応力は内面が最大となり式(a)で表されます。

円周応力 σ_t〔MPa〕，内半径 r_1〔mm〕，外半径 r_2〔mm〕，内圧 P_1〔MPa〕のとき

$$\sigma_{t\,\max} = \frac{r_1^{\ 2} + r_2^{\ 2}}{r_2^{\ 2} - r_1^{\ 2}} P_1 \qquad \cdots\cdots(a)$$

あらかじめ，最弱内面を塑性化させることで，内圧開放時の収縮で，内面に圧縮応力を残す工法が**オートフレッタージ（AF，自己緊縮）法**です（**図 3-01-30**(b))。

この状態で製品が完成すると，運転中の内面引張応力がその分だけ小さくなり，耐圧性が強くなるのです（大砲や鉄砲の銃身暴発対策で古くから使われている技術です)。

● 実体疲労強度線図作成法（図 3-01-31）

A 点は内圧破壊強度下限値 P_k

B 点は内圧疲労限界ピーク圧力 P_p

C 点は AB の延長線と Y 軸との交点 P_s ⇒ ABC 線が内圧疲労限界線となる（いすゞ技報 122 号の筆者報告［37］より)。

「試験最低圧（18 MPa）⇔ピーク圧繰返し」試験の N 数全てが OK のピーク圧をパイプ内圧疲労強度とし，許容圧力 $P_{\max}$（**図 3-01-32** においては 170 MPa）を決めます。

● 内圧疲労強度限界

静内圧破壊強度を P_k（A 点）とし，図 3-01-32 の疲労試験結果が 18 ⇔ 170 MPa 疲労限界とすれば，平均応力±応力振幅は 94±76 MPa の B 点を結ぶ直線 ABC を疲労限界線として定めます。それが図 3-01-29（c），（d）に示す限界線図なのです。

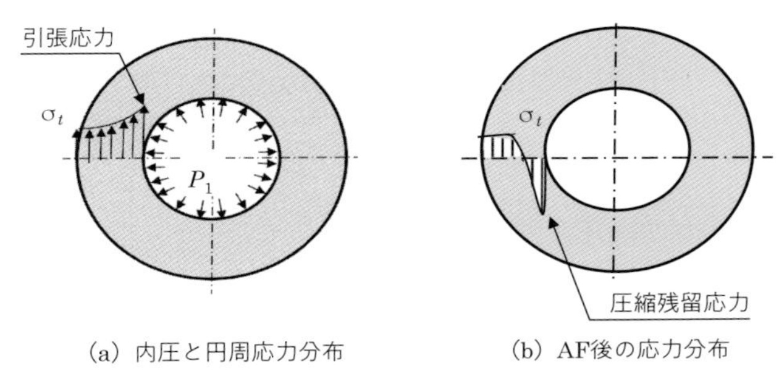

（a）内圧と円周応力分布　（b）AF後の応力分布

図 3-01-30　オートフレッタージ法

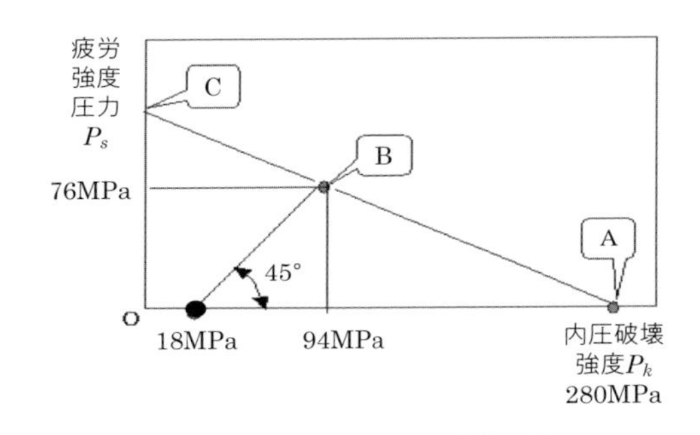

図 3-01-31　実体疲労強度限界

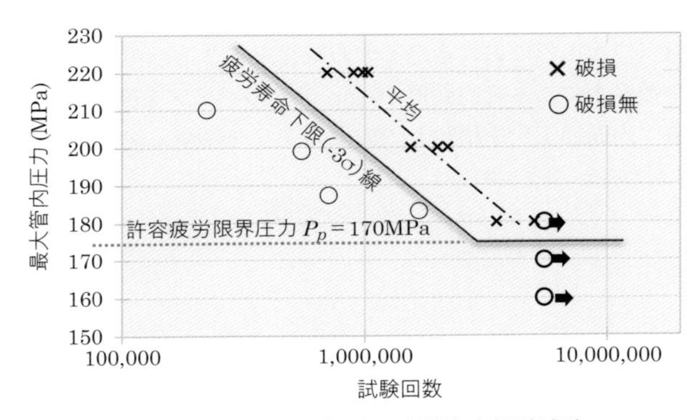

図 3-01-32　パイプの内圧疲労強度基礎試験

ピーク内圧 P_{max} で 10^7 回以上の疲労強度が必要なのではなく，上記の場合，(174−18)/2＝±78 MPa を内圧振幅疲労限界強度とすべきです。なぜなら，コモンレールシステムは，コモンレール内部に燃料を蓄圧して，ノズルの電磁弁で噴射制御をしているので，圧力が 0 から一気に最大圧 P_{max} に至るわけではなく，図 3-01-29 の (a)，(b) に示すような内圧変動をするので，圧力変動幅は運転状況によって異なり，特に乗用車は変動圧振幅が小さくなるので，疲労強度限界に対して余裕ができるのです。したがって，運転状況によるストレス変動を知ることは重要なのです（図 3-01-29 はその調査結果）。

NG 30 高圧燃料噴射管の内圧疲労破壊

関連 NG ► 12, 14, 15

【失敗内容】 2002 〜 2006 年頃，自動車メーカ各社の大型トラックやバスにおいて高圧燃料噴射管の破裂事故が散発しました。パイプ破損は火災の危険があり，国交省に調査状況報告をしつつ，原因究明を進めました。その疲労破壊解析が興味深いので，記憶に基づいて支障ない範囲で紹介します※17。

【原　因】 以下のような内面傷や内面近傍の微細欠陥（約 50 〜 100 μm）を起点にして，燃料噴射管が破損しました。

原因 1：伸管時の潤滑油内異物による引掻き傷が起点

原因 2：製鉄段階の不純物の微細欠陥が起点

原因 3：伸管時に発生する内径側シワを除去する際の加工残りによるシワ溝が起点（**図 3-01-33**）

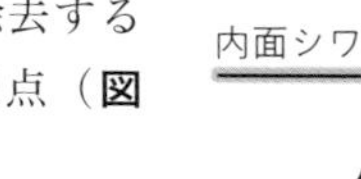

図 3-01-33
伸管による内面シワ

【対　策】

- **潤滑工程**：清浄度管理改善として，吊具（**図 3-01-34 (a)** 参照）をワイヤから布製バンドに変更（伸管工程におけるワイヤの破片を巻き込む可能性の排除）。
- **超音波探傷**：全数検査によって内面傷 20 μm 以上のパイプを廃棄※18。
- **内面シワの除去**：内面加工代を増やし，内面のシワを完全に除去。

※17　当該不具合は，当時の 160 MPa 噴射圧対応パイプの破損です。

※18　最高精錬技術の材料でも，超音波検出能力から，約 20 μm の欠陥までは避けられません。

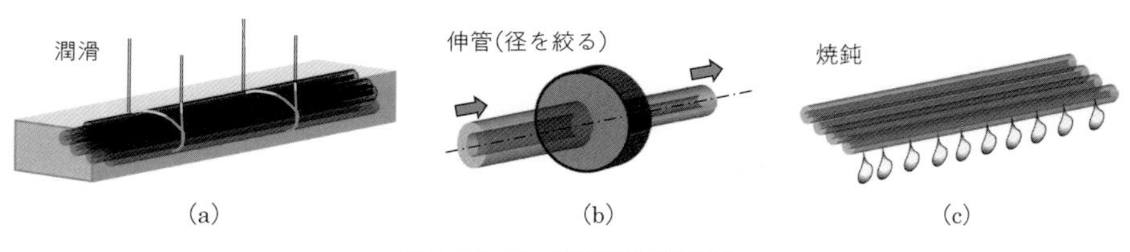

図 3-01-34　伸管工程説明図

【解　説】 高圧噴射管製造工程と，上記の原因 1 ～ 3 について説明します。

● パイプ製造工程

パイプは，鉄鋼メーカ→伸管(しんかん)メーカ→燃料噴射管メーカの順に下記のような工程を経て製造されます。

a. **鉄鋼メーカ**：高炉 ⇒ 転炉 ⇒ 精錬 ⇒ 連続鋳造 ⇒ 圧延 ⇒外径 ϕ35mm 継目なし鋼管 ⇒　伸管メーカへ

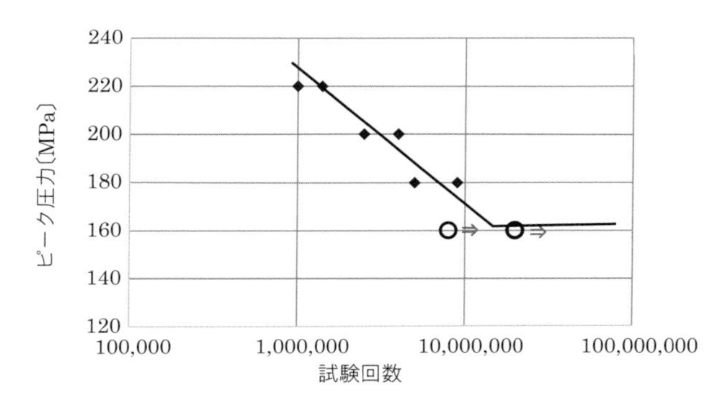

図 3-01-35　パイプの内圧疲労強度基礎試験（イメージ）

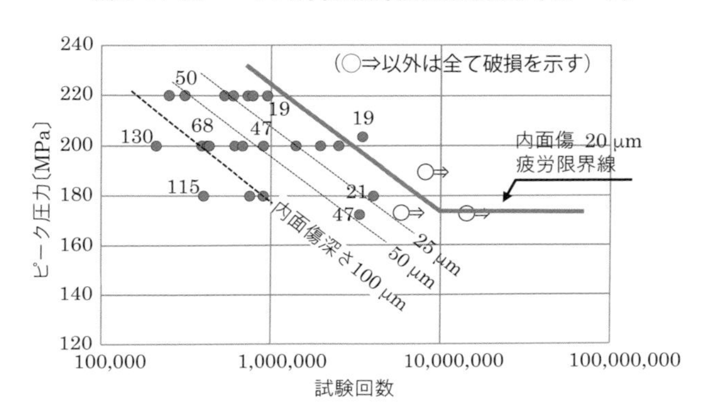

図 3-01-36　内面傷と内圧疲労強度（イメージ）

b. **伸管メーカ**：潤滑 ⇒ 伸管 ⇒焼鈍を繰り返し（図 3-01-34），外径ϕ15mm 程度まで細くする ⇒ 燃料噴射管メーカへ

c. **燃料噴射管メーカ**：受入検査 ⇒ 内面加工 ⇒ 伸管（外径のϕ8mm化）⇒ 焼鈍 ⇒ 矯正 ⇒ めっき ⇒ ナット挿入＋端面加工 ⇒ 洗浄 ⇒ 内視鏡検査 ⇒ 曲げ加工 ⇒ 完成

●内面傷と耐圧性

自動車メーカは，高圧燃料噴射管の耐圧疲労試験のデータ（**図 3-01-35**）からパイプ仕様を決めます。

内面傷付パイプによる耐圧疲労試験のイメージを**図 3-01-36** に示します。

グラフ中の数値は破面検査結果の傷深さで，大きい傷は試験回数（疲労回数）が短いのがわかります。この結果（イメージ図ですが）から，太線位置が内面傷 20μm の疲労限度であり，20μm 以下なら耐圧 160 MPa であることが証明されました。

●燃料噴射管破裂による火災の可能性検証

破損確率 5ppm ですが，破損時影響度調査として，火災の可能性を燃料噴出，クーリングファンや走行風解析の事例を**図 3-01-37** に示します。

コンピュータ解析（CFD：Computational Fluid Dynamics，数値流体力学）を行い，最悪の条件下で高温部に流れても，燃料濃度が低く着火しないことを確認できました。さらに，実車により破裂現象の再現試験が求められることもあります。

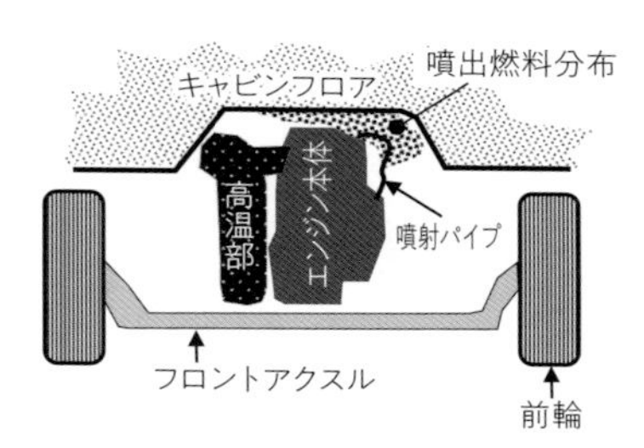

図 3-01-37
噴出燃料解析事例（イメージ）

失敗から学び，実施すべきこと

機械部品のほとんどは運転中に応力変動が発生しているので疲労強度設計を常に意識した設計が必要です。

- **定格運転領域内に部品が共振しない設計をすること**
- **取付時引張応力を極力小さくする設計をすること**
- **高応力部への溶接やろう付は疲労強度低下が著しいので避けること（溶接やろう付部の許容応力は，経験値として母材の 1/2 を推奨）**
- **高圧燃料噴射管は，内圧疲労限度を把握し，市場の実働変動圧頻度を測定したうえで評価・仕様の決定を行うこと**
- **疲労限度線図における変動応力（応力振幅）と取付時応力（≒平均応力）が許容範囲であること**

3-01-8 加工硬化による失敗

金属は塑性変形で硬化する性質を持ち，これを**加工硬化**と呼びます。その定量的度合いの指標は，加工硬化指数 *n* 値※19 です。

n 値が大きな材料は加工硬化しやすく，銅やオーステナイト系ステンレスが代表的材料です（**表 3-01-04** の網掛け部分の材料）。

加工硬化によって強度が向上するので，その特性を利用した加工方法には，フィレットロールやショットピーニングなどがあります。しかし，伸び量が減少するので，プレスなどの成形性が低下することに注意が必要です。

表 3-01-04
主要材料の *n* 値

材料	*n* 値
SUS301	0.56
黄銅 2 種 O 材	0.55
銅 O 材	0.5
SUS304	0.42
A1100-O	0.26
SUS430	0.23
軟鋼	0.21
チタン	0.14
黄銅 2 種 1/2H 材	0.11
A1100-H24	0.09

※ O 材：焼きなまし材
H 材：加工硬化材

NG 31 インジェクタ用銅ガスケットの硬度高すぎによるガス漏れ

NG43 も同じ部分からのガス漏れですが，原因が異なる失敗例です。取付部の詳細は図 3-03-01 を参照のこと。

ガスケット※20 は，締結力で潰されるときに**加工面の凹凸を埋めることで流体通路を遮断する**部品なので，軟らかいゴムや樹脂が適しています。しかし，これらは耐熱性に弱く 100℃以上の環境で耐久性がないので，軟質金属の**銅**や**アルミ**が使われています。

【失敗内容】 エンジンの出力が出ないので調査したら，インジェクタガスケットからのガス漏れの痕跡が発見されました。

【原　因】 プレス後に焼鈍しなかったため，銅製インジェクタガスケットの製品硬度が高く塑性変形が小さくなり，面粗度によるガス通路を遮断できなかったのです（プレス時の塑性加工によってガスケットの硬度が高くなっていました）。

【対　策】 プレス後に焼鈍して完成品の硬度を 50HV 以下にするように，図面に追加指示をしました。

【解　説】 プレス製品に硬度を指定された場合，プレス会社は一般的には受入れ材料（プレス用のコイル材など）の硬度と理解してしまいます。

したがって，もし設計者がプレス後の完成品硬度を指定したいのであれば，単に硬度だけを指定するのではなく「**プレス後に焼鈍して完成品硬度 50HV 以下にするこ**

※ 19　JIS Z 2253 に「薄板金属材料の加工硬化指数試験方法」に求め方が定められています。
※ 20　相対的に動かない部品の密封に用いられるシールのこと。パッキンと間違えられることがありますが，パッキンは運動部分の密封用シールです。

と」と図面記載するべきでしょう。これをしないと設計者の意図する硬度より倍以上の高い硬度になってしまう可能性があり，シール不能製品となってしまうのです。

NG 32 ドレンプラグ用ガスケットからのオイル漏れ

過去に，トラックのエンジンが整備された後でオイルドレンプラグ部から慢性的にオイルにじみが発生していたのに，整備工場では微少にじみなので問題にしていないということがありました。しかし，筆者は汚れる状態になるのは設計者として不本意でしたので，ドレンプラグ用銅ガスケットの使用実態を調べることを目的に，販売会社のサービス工場にアンケートを実施し，現場で何が起きているのか調査しました。以下に示すのは，その結果を踏まえた実例です。

【失敗内容】 正規の締付トルクで締め付けているにもかかわらず，オイルパンドレンプラグ部からのオイルにじみが慢性的に発生していました。

【原　因】 銅ガスケットは整備時に加工硬化したガスケットを再使用したことでシール機能が低下し，オイル漏れの不具合が発生していました。

【対　策】 整備マニュアルには「銅ガスケットの再利用禁止」と指示しているにもかかわらず再利用されていました。どうやら，伝統的に「金属だから再利用しても大丈夫」と判断していたようです。技術的な根拠（加工硬化）を示しつつ，再使用でシール性が著しく低下することを説明して「銅ガスケットの再利用禁止」を徹底しました。

【解　説】 **表 3-01-04** で示したように，銅は加工硬化性が高い材料なので，一度締め付けただけでも塑性変形して加工硬化します。例えば，硬度 50HV の銅ガスケットを締付後に分解して硬度測定すると，約 100HV に硬くなるのです。このように，整備時に分解した銅ガスケットを再利用すると，高硬度になることでシール性が著しく低化してしまうのです。

【関連情報】 **流体シールのボス部加工目からの漏れ**

加工硬化とは関係ありませんが，銅ガスケットがよく使われる部位の注意事項なので，関連情報としてここで紹介します。

被締付物側シール面の製品側ボスや**図 3-01-38** に示す接合部品（通称アイジョイント）は，内外の漏れ通路を遮断するために**筋目方向記号として，「同心円加工（記号：C）（JIS B 3001）」（図 3-01-39）**とします。

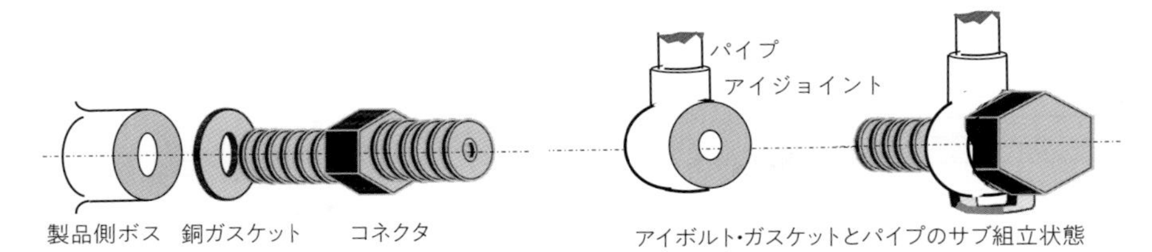

図 3-01-38　銅ガスケット使用例

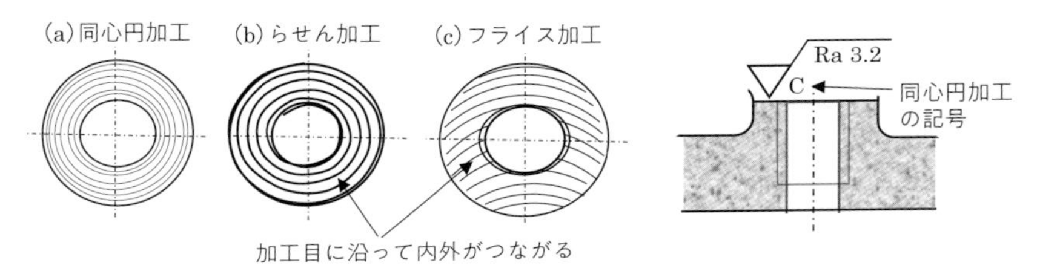

図 3-01-39　同心円加工の指示

NG 33 ベローズパイプ製造時に亀裂発生

流体の配管はパイプやゴムホースを用いることが一般的ですが，高温部の「相対位置が決まりにくい部位」や「相対運動のある部分」においては，低剛性の薄い**金属ベローズパイプ**が用いられます。給湯器などの配管周りや排気管，ターボチャージャのオイルドレンパイプなどに使われているので，見かけたことがあるかと思います。ベローズパイプの材料は，ベローズ部の山と谷の繰返し形状の成形が困難なことから，伸びの大きな SUS304 がよく用いられています。

［失敗内容］ ベローズ部製造時の亀裂が伸展・貫通してガス漏れに至りました。

［原　因］ 成形性が良い伸び 40% 以上の SUS304（オーステナイト系ステンレス）を用いてベローズ成形（加工硬化している状態）後に圧縮成形（Ω（オーム）形状）をしたため亀裂が発生しました（SUS304 は n値＝0.42 で硬化しやすい（表 3-01-04 参照））。

● **成形工程の説明と亀裂メカニズムの解説**

・**ベローズ成形（図 3-01-40(a)）**

一般的には，t＝0.5 mm 以下のオーステナイト系ステンレスパイプの両端をシールし，外周にベローズ形状の山数分のコマ型をセットして，内側に高油圧を掛けて山の部分を膨らませる。

・**オーム形状成形（図(b)）**

パイプの低剛性化ベローズ成形のために，図の上下方向から圧縮して成形する。

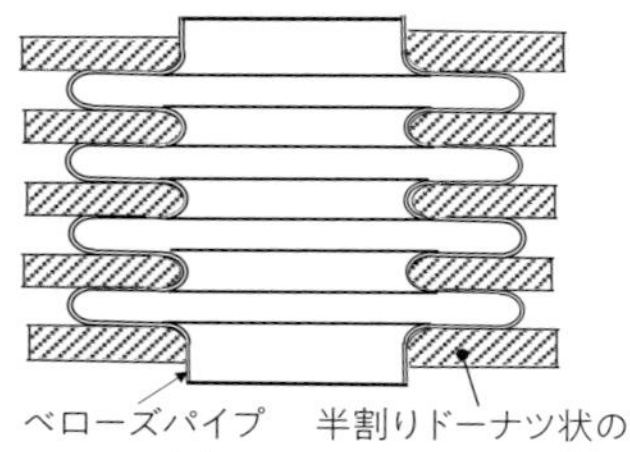

(a)ベローズ成形

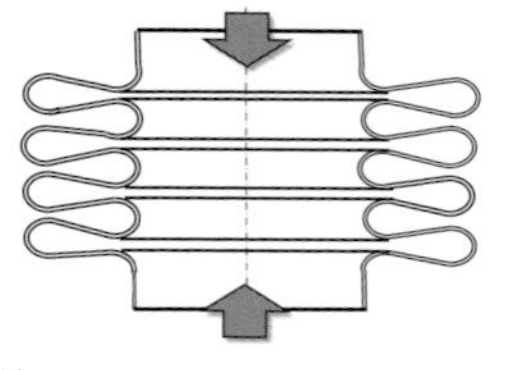
(b)オーム形状成形

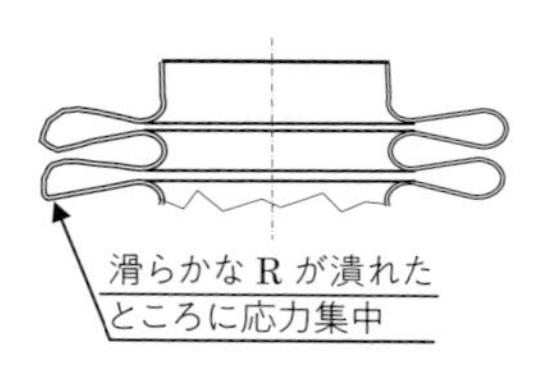

(c)加工硬化による不均一変形

図 3-01-40　ベローズ成形説明図

・**成形時の亀裂**

図(a) のベローズ成形時に加工硬化によって材料特性が変わり，伸びがなくなっているのです。その状態で図(b) の圧縮加工をしたために，滑らかな変形にならず，折れ曲がるような形状（**図(c)**）となり，鋭角変形部に応力が集中して亀裂に至ったのです。

【対　策】 ベローズ成形（図(a)）の加工硬化や内部応力を下げるために，**ベローズ成形後に固溶化熱処理**（熱処理記号 HQST(Heat Quenching Solution Treatment)：SUS304 は一定時間 1,010 ～ 1,150℃に加熱後に急冷）を施し，本来の材料特性にリフレッシュ（降伏強度 205 MPa まで軟化，伸び約 40%）させることが重要です。それにより，その後の圧縮成形（図(b)）の形状が安定化し，応力集中を避けることができます。また，残留応力も小さくなり，亀裂が起きにくくなるのです。

失敗から学び，実施すべきこと

オーステナイト系ステンレスや純銅は加工硬化が大きいので，その特性を生かした設計をすること。加工硬化すると強度は高くなるものの伸びが小さくなることによる亀裂に注意が必要です。シール部品として利用される軟質な銅は加工硬化によってシール性低下を考慮しなければなりません。

- **SUS304 などの成形後には固溶化熱処理にてリフレッシュさせること**
- **銅ガスケットは図面に「焼きなましと硬度指定」をして「熱処理後の加工を禁止」を記載すること（例えば「完成品硬度は 50HV 以下に」などと図面に記載）**
- **重要な技術ポイント（熱処理条件など）はメーカ任せにせずに図面に記載すること**
- **整備時に銅ガスケットの再使用禁止を徹底させること**
- **穴部のシール面の加工は，加工筋が内外でつながらないように同心円加工にすること（フライス加工は禁止）**

3-01-9 圧入による亀裂発生

圧入は「しまりばめ」による基礎的な結合方法の一種で，例としてはノックピン，リーマボルト，シリンダライナ，鉄道車輪，モータの鉄心などがあり，機械装置の基本的な結合方法です。そのため，圧入による面圧，最大応力，圧入荷重，伝達トルクなどの概算はいつでもできるようにしておくとよいでしょう[50]。

式(1 ～ 4) に，軸と円筒が同材質の場合の計算式を示します（記号は**図 3-01-41** 参照）。

接合後の円筒と軸間の面圧：$p=\frac{\delta E}{2d_1}\left(1-\left(\frac{d_1}{d_2}\right)^2\right)$ ……(1)

接合部の面積：$A=\pi d_1 L$ ……(2)

伝達トルク：$T=\mu PA\frac{d_1}{2}$ ……(3)

内面に発生する最大引張応力：$\sigma_{t\max}=\frac{(d_1^2+d_2^2)p_1}{d_2^2-d_1^2}$ ……(4)

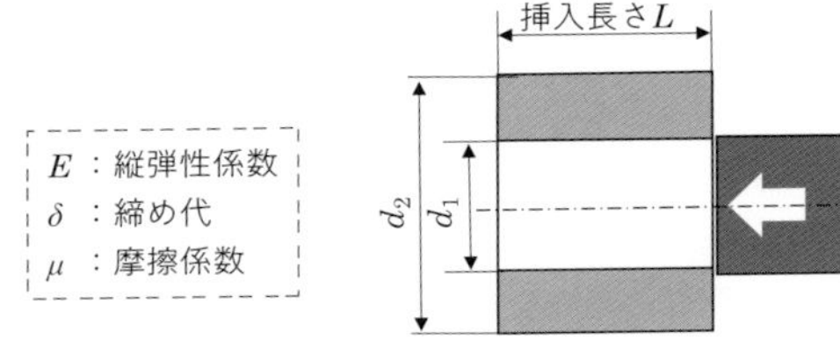

図 3-01-41　パイプに軸を圧入

NG 34 ノックピン圧入により鋳鉄に亀裂発生　関連 NG ► 41

ねずみ鋳鉄は伸びが小さく，鋳物の場所によっても特性が異なるので，JIS の機械的特性に伸びの基準は規定されていません。一般的にねずみ鋳鉄の伸びは 1%程度と言われていますが，鋳物ですから肉厚の違いや，表面と内部によって金属特性は異なり，伸びが 0.3% にも満たない部位も存在します。

【失敗内容】 位置合わせ用のノックピンを鋳鉄に圧入する際，**図 3-01-42** に示すように，シリンダヘッドに亀裂が発生し，カムブラケットの位置決めができなくなったため，廃棄処分となりました。

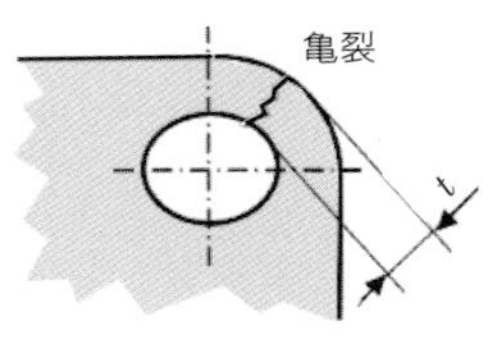

図 3-01-42
ノックピン穴亀裂

【原　因】 鋳肌面はチル（遊離セメンタイト）によって脆く（伸び低下）なるので，ノックピン圧入による鋳鉄穴の強制変位拡張によって伸び限界を超え，亀裂が発生したのです。

【対　策】 以下のように，適正なはめ合いと，適正な肉厚の両方を採用しました。

(1) JIS B 1354 平行ピンを用い，穴とのはめ合いはH7/m6を採用する※21。

(2) 圧入部の鋳物肉厚は最低でも $t=4$ mmを確保（鋳物のばらつきにもよるので，参考値）する。

【解　説】 中実軸は外圧剛性が高く，大半は鋳鉄側が変形するので，穴側の周方向の伸びに耐えられず鋳物の穴が法線方向に破損したのです。

簡易的には締め代分の全てが，強制変位で拡張されると考えればよいでしょう。

● **計算例**：$\phi 8$ のノックピンで，はめあいH7/p7の締め代は6～30 μm。

締め代最大30 μmで，簡易的にピンが剛体として穴の伸びは

$$\delta=(0.030/8)\times 100=0.375\%$$

なので，鋳鉄の伸びが0.3%だったとしたら破損してしまうわけです。

失敗から学び，実施すべきこと

学生などの初心者が設計した場合，位置合わせ用のノックピンを鋳物の淵に近い場所に設定しまうことが，しばしば見受けられます。鋳物は，肌面がチル（chill，Fe_3C のみの組織）化により伸びがなくなります。許容範囲の鋳巣の存在で強度低下部分の存在する可能性もあります。さらに，壁面位置のばらつきが2～3 mmと大きいため亀裂に注意しなければなりません。

- **鋳物の穴部への圧入は伸びの小さい鋳肌面の亀裂を避けるために，4 mm以上の肉厚を確認すること**
- **伸び1%以下の鋳鉄部品へ中実軸を圧入する設計は，しまりばめ代を極力小さく抑えること**

※21　中間ばめ（$\phi 8$ では最大締め代17μm～隙間7 μm）であり，最大伸び＝0.2%です。中間ばめでも精度（円筒度など）もあり，容易に脱落しません。

3-02 熱の影響による失敗

機械製品の製造過程において熱処理が行われる部品が多く，機械装置の運転中にも摩擦熱などで熱を発生します。さらに，熱交換器や燃焼を伴う装置であれば数百度の熱を受ける部品もあるでしょう。頭の中では温度変化によって熱膨張することはわかっているはずなのに，設計時の机上検討では，運転中の環境や温度変化により長さ寸法が変わることをつい忘れてしまいがちです。ここでは，そんな失敗事例をいくつか紹介します。

3-02-1 熱膨張差による失敗

排気マニフォールドとシリンダヘッドの温度差は600℃以上となるのが当たり前なので，エンジン負荷変動による膨張収縮運動でガスケットが変形し，ボルトがゆるみやすいので設計者の誰もが注意深く設計しますが，高温の排気系以外は注意不足になりがちと思います。熱膨張差（**表 3-02-01**）のある鋳鉄とアルミの締結製品は，温度差があれば，その影響が必ず出てきます。

その熱膨張率差による代表的な失敗例を以下に示します。

表 3-02-01　各金属の線膨張係数

金属材料		線膨張係数α（10^{-6}/℃）	
		20~100℃	20~500℃
軟鋼(C0.1~0.2%)		11.6	14.2
硬鋼(C0.2~0.5%)		11.3	13.9
ねずみ鋳鉄		10～11	13
強靭鋳鉄			
銅		16.8	−
アルミダイキャスト材		21	−
鋳造アルミ合金		20.4~25	−
ステンレス	オーステナイト系	14.4~17.3	16.9~18.4
	フェライト・マルテン系	10.3~11.0	11.3~13.0

NG 35 ガスケットとアルミヘッドの軸力変化と相対滑りによるガス漏れ　関連 NG ▸ 54, 78, 79

［失敗内容］ 米国向けのV8ディーゼルエンジン開発時において，エンジン過負荷運転と停止強制冷却を繰り返す耐久試験中に，シリンダヘッドガスケットからのガス漏れが発生しました。

［原　因］

(1) ヘッドとガスケットの線膨張率差によりシリンダガスシール部が微少移動し，軟らかいヘッド下面が塑性摩耗によってへたり，シールできずにガス漏れに至ったのです（**図 03-02-01**）。

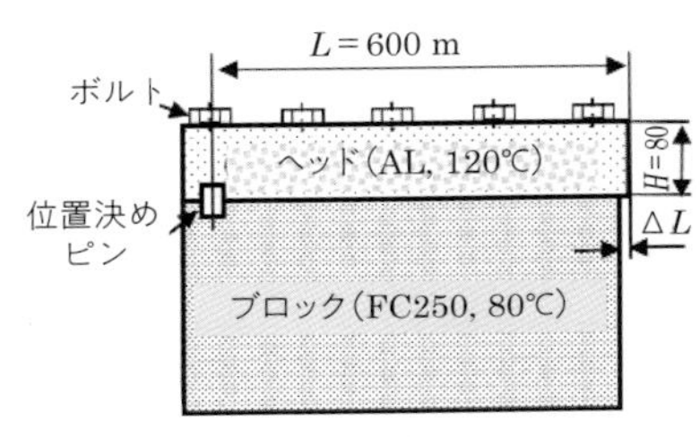

図 3-02-01　熱膨張差の影響

(2) 鋼製ボルトとアルミ製ヘッドは，熱膨張差で運転中の軸力変化が大きいので，組立時のボルトの締付力（軸力）が大きいと，運転中にはヘッドの熱膨張で鋼製のボルトがさらに伸ばされ，塑性変形する場合があります。それがエンジンが停止時に全体が冷却されると軸力が低下し，その状態から急激な全負荷運転によりヘッドが熱膨張する前に爆発力が大きくなるとシール面圧が低下してガス漏れが発生するのです。

この状態を簡易的モデルの**図 3-02-02** で説明すると，締付完了後の運転で，暖機され被締結物であるシリンダヘッドが加熱されて膨張すると，ボルトは伸ばされるので軸力が高くなりますが，塑性変形でバランスした軸力（A 点）以上にはなりません。そこから 60℃で軽負荷で運転されれば，被締結物が収縮して軸力が下がり（B 点），さらにエンジンを停止して常温になればさらに軸力が低下することを模式的**図 3-02-03** に示します（図の作成方法は次ページ計算例参照）※22。

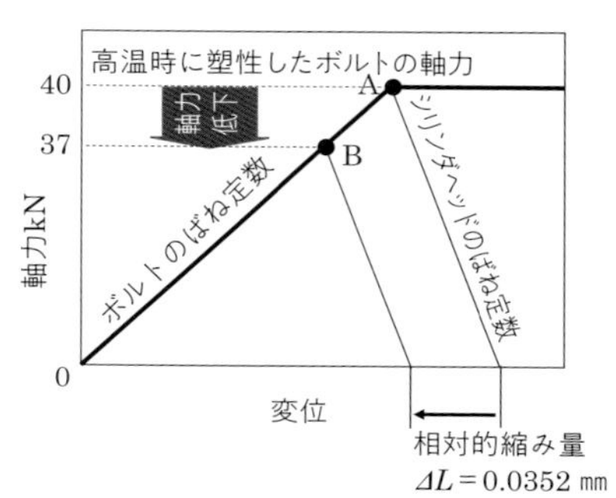

図 3-02-02　締付三角形※23

［対　策］

（1）線膨張率差でも微移動しないように，ノックピン位置をエンジンの前端部から中央部に設置する

（2）ボルトの軸力変化は避けられないので，軸力変化を考慮してボルトの締付仕様を決める

［解　説］

●アルミシリンダヘッドと鋳造ブロックの熱膨張差による相対すべり発生

最高温度（約 120℃）のアルミヘッドと，80℃の鋳鉄ブロックが締結状態（図 3-02-01）の場合，位置決め部から他端までの相対長さ ΔL は，温度差 Δt，熱膨張率 α（表 3-02-01 参照），常温 20℃とすると，下記の式(a) により計算されます（実測値は各メーカで門外不出）。

$$\Delta L = (\alpha_h \Delta t_h - \alpha_b \Delta t_b)L$$
$$= (22 \times 80 - 10 \times 60) \times 600 \times 10^{-6} = 0.696\ \text{mm} \quad \cdots\cdots(a)$$

※22　実際には，ボルトの温度変化も起きるのでここまで単純ではありません。

※23　この図を締付線図，あるいは通称「締付三角形」と呼びます。詳細は山本晃著『ねじ締結の原理と設計』（養賢堂，1995）を参照のこと。

したがって，伸びの基準位置（ノックピン）は「伸縮影響の小さい中央に位置付けるべき」となります。このメカニズムにより，小型の直列 4 気筒エンジンではアルミヘッドなのに，全長が長い直列 6 気筒エンジンには，ほとんどアルミヘッドがないのです。

●鋼製ボルトとアルミニウム製ヘッドの軸力変化

［**計算例**］軸力低下現象を図 3-02-02 に示します。

- ヘッドの締結時高さ（＝グリップ長）$H=80$　　ボス内外径 $d=\phi 11$，$D=\phi 21$
- 強度区分 10.9 の M10 ボルト
  首下径 $d_b=\phi 9$
  塑性軸力 $F=40\,\text{kN}$
- 常温 / 運転時の温度差 $\Delta t=80$℃
- アルミヘッドの縦弾性係数
  $E_h=74{,}000\,\text{MPa}$
- SCM 材ボルトの縦弾性係数
  $E_b=205{,}000\,\text{MPa}$
- 熱膨張率
  AL　　$\alpha_h=22\times 10^{-6}/℃$
  SCM440　$\alpha_b=11\times 10^{-6}/℃$
- 20 ⇒ 100℃全負荷運転中の軸力 40kN：アルミニウムヘッド膨張時は，ボルト塑性で軸力維持とする
- 100 ⇒ 60℃の部分負荷運転時は，ヘッド相対収縮量 ΔL

$$\Delta L=(\alpha_h-\alpha_b)\Delta t\cdot H=(22-11)\times 10^{-6}\times 40\times 80=0.0352\,\text{mm} \quad \cdots\cdots(\text{b})$$

次式により，ボルトばね定数 $K_b=163\,\text{N/mm}$，ヘッドばね定数 $K_c=232\,\text{N/mm}$

$$K_b=\frac{E_b(\pi d_b^2/4)}{H}=\frac{205{,}000\times(\pi\times 81/4)}{80}=163\times 10^3\,\text{N/mm} \quad \cdots\cdots(\text{c})$$

$$K_c=\frac{E_c\cdot\pi}{H\cdot 4}(D^2-d^2)=\frac{7{,}400\times\pi}{80\times 4}(21^2-11^2)=232\times 10^3\,\text{N/mm} \quad \cdots\cdots(\text{d})$$

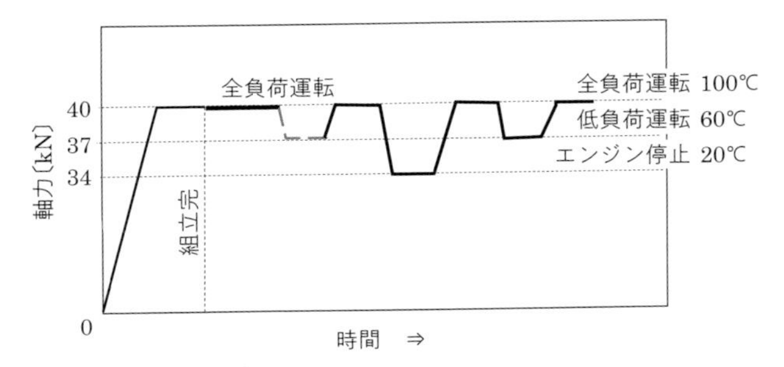

図 3-02-03　軸力変化イメージ

図 3-02-02 の締付三角形から，**相対的ヘッド縮み量 0.0352mm となって，軸力が 8% 低下**します。

・これから**再度全負荷になれば，40 kN** に戻ります。

・**エンジン停止で温度はさらに下り，低負荷時よりも軸力が低下**します。

以上をイメージ的に示すと，図 3-02-03 のようになります※24。

NG 36 寒冷地における軸とアルミ製ジャーナル軸受部の隙間焼付 関連 NG ▸ 54, 78, 79

【失敗内容】 **図 3-02-04** におけるシャフト外周とアルミケースが低温時に焼き付き，歯車の焼ばめ部が滑り，動弁系のタイミングがずれてエンジンが破損しました。

【原　因】 常温ではジャーナル隙間 20 μm の回転体が，－30℃では隙間がなくなり潤滑不能となったのです。

【対　策】 線膨張率差が大きい材料同士による組合せ構造では，最悪な環境条件を想定し，そのような条件下でも潤滑隙間が確保できる設計とします。本失敗は低温下でしたが，高温時にはシャフトのスラスト面の隙間不足による焼付きなどを考慮する必要があります。

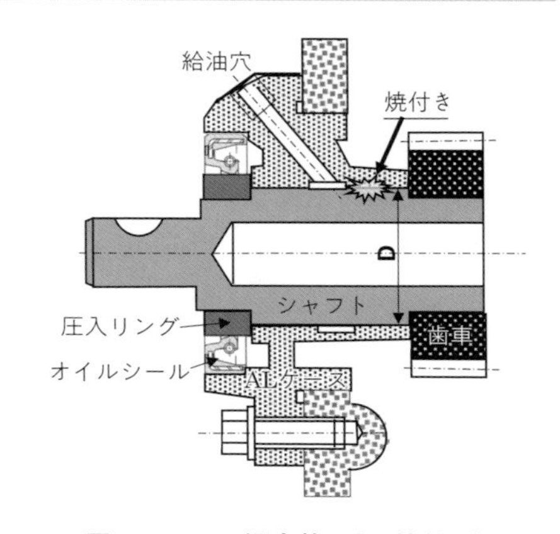

図 3-02-04　温度差による焼付き部

【解　説】 アルミダイキャスト材 ADC12 と S48C の線膨張係数は，表 3-02-01 より

ADC12　$\alpha_a = 21.0 \times 10^{-6}/℃$

S48C　$\alpha_s = 11.3 \times 10^{-6}/℃$

です。常温（20℃）から－30℃に温度が変化したときのジャーナル径方向の隙間の変化は，以下のように計算できます。

$$\Delta L = (\alpha_a - \alpha_s)\Delta t \cdot D$$
$$= (21 - 11.3) \times 10^{-6} \times 50 \times \phi 40$$
$$= 0.0194\ \mathrm{mm}$$

したがって，常温（20℃）での最小隙間 20 μm が，－30℃では 20－19.4＝0.6 μm と，ほぼゼロとなるわけです。

※24　実際は，熱伝導率によるタイムラグやボス以外を含む構造体のばね力もあり，これほど単純ではありませんが，これらの変化を考慮し，設計や評価をしなければなりません。

失敗から学び，実施すべきこと

部屋の寸法検査時の推奨標準温度はISO[※26]で20℃などと定められていますが，運転によって機械本体の温度は上がります。使用している金属の線膨張率の違いによる影響を理解して設計する必要があります。

- **まず，使われる環境温度を調査して，使用環境温度の範囲を決めてから設計すること**
- **最悪条件下においても必要最小潤滑隙間を確保できていること**

3-02-2 熱処理による失敗

焼入時には部材が変形するので，要求精度によっては，硬化後の研磨が必要となります。

熱処理過程での長さの変化を**図 3-02-05** に示します。焼きならしでは，焼入前後で長さの変化は起きませんが，急冷の焼入（油冷・水冷）では，G 点でマルテンサイト変態による膨張が起きることがわかります。焼入の瞬間ではなく，200℃以下に冷却した時点や，焼入の翌日に発生することもあるので要注意です。

つまり，熱処理前後で元に戻らない不可逆変化が生じるのです。

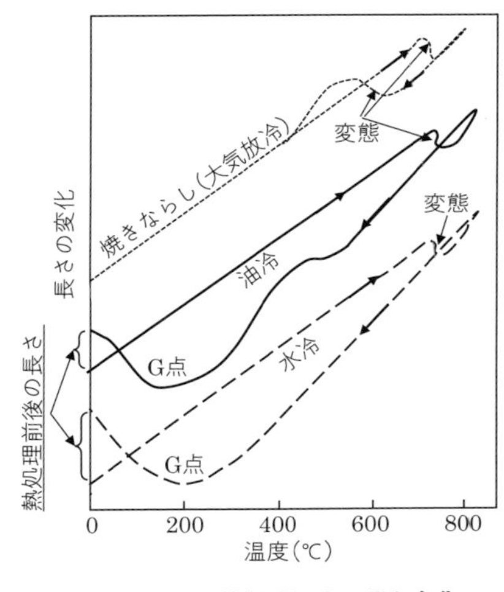

図 3-02-05 熱処理による長さ変化

NG 37 熱処理時の変形による歯車破損

歯車は，歯形，リード，圧力角，クラウニング，ピッチ誤差など複雑な精度管理だけでなく，相手歯車との当り，組立支持誤差の影響や荷重変形による接触位置の変化があること，また歯車精度による騒音問題の発生も多いので，製造現場での作り込みが欠かせません。そのため，歯車の熱処理による変形は要注意項目で，図面への歯面精度規定方法の工夫が求められます。

※ 25　ISO554-1976，JIS Z 8703-1983 で 20℃，23℃，25℃の 3 種類が規定されています。

［失敗内容］

（1）浸炭焼入後に歯研をしない歯車では浸炭による変形（**図 3-02-06**）で歯当りが均一にならずに，極部面圧過大となり早期に破損することでバルブタイミングがくるい，バルブとピストンが干渉してエンジンが大破することになった。

（2）軟窒化歯車は強度が低いが変形が少なく安価なため広く使われていますが，歯車の端面部が膨らむことで当該部の当たりが強くなりすぎて歯車寿命は短くなります（**図 3-02-07**）。

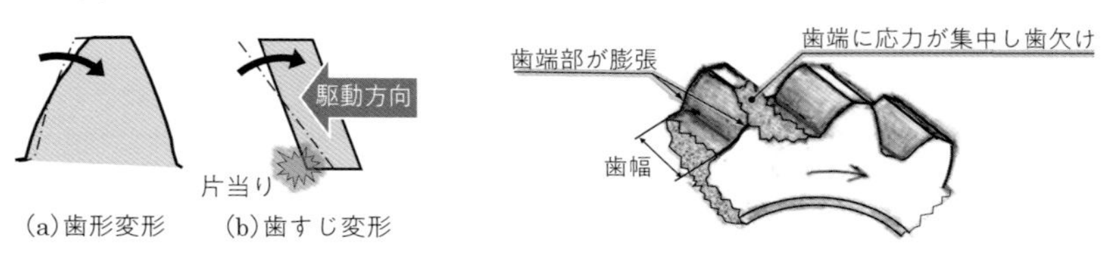

図 3-02-06　浸炭歯車の変形

図 3-02-07　軟窒化の歯端部膨張

［原　因］

（1）浸炭は図 3-02-06 に示すように歯先が細り，歯すじねじれ角が小さくなる傾向があり，局部当りによる応力集中で早期歯車破損に至りました。

（2）軟窒化は角部が深く浸硫することによる歯端部膨張により局部面圧過大となり，疲労破壊が生じました（図 3-02-07）。

［対　策］ 対策には，①温度ムラを小さくする，②ゆっくりとした加熱速度とする，③急激な予熱温度変化を加えない，④冷却方法を改善する，⑤熱処理後に歯形を研磨する，⑥**前加工時の歯形補正**などが考えられます。（1），（2）の両不具合とも，熱処理による変形を加味して，ホブ加工やシェービング加工時において，歯形やリードの傾向修正をすることで高価な歯研を省略することを推奨します（高精度歯車製品はこの限りではありません）。

［解　説］

●浸炭焼入による変形

マルテンサイト変態の膨張（浸炭表層が膨張＝圧縮残留応力大）で応力バランスが崩れて変形が発生します。 また，表面と内部の焼入の Ms 点（マルテンサイトへの変化が起こり始める温度）到達タイミングがずれる（表面より低カーボン量の内部は Ms 点温度が低く，伝熱も遅れる）ことにより歯形変形（歯先細り，歯筋ねじれ角小傾向）が発生するといわれています。これにより片当り（歯の端部が強く当たる現象）が起こり，歯車破損となったのです。

●軟窒化による変形

熱処理変形が少なく，加工層が薄いので熱処理後の加工はしませんが，表面から窒素

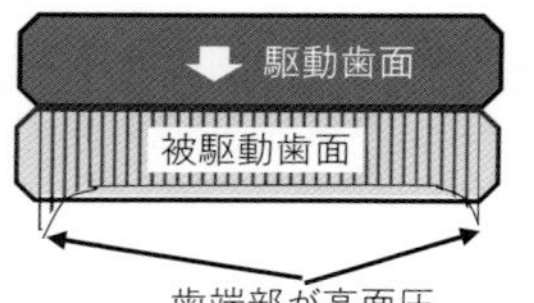

歯車の噛み合い部は2つの円筒面の線接触相当となるが，リード方向にまっすぐすぎると端部の面圧がエッジ効果によって高くなる

(a) 平歯車の正常な当り

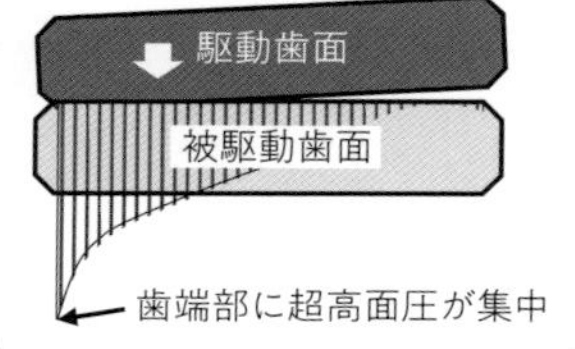

リードの傾きがあると端部の局部当りが，急増し許容面圧を超えてしまうことが多い

(b) リード誤差大の当たり

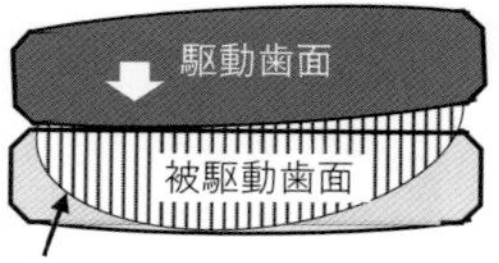

マイルドな面圧分布

歯面にクラウニングを施すことで，端面のエッジ効果がなくなり，リード誤差があっても局部的な圧縮応力の発生を避けることが可能となる

(c) クラウニング歯面のリード誤差時当たり

図 3-02-08　歯端部エッジ効果とクラウニング（応力分布イメージ）

が侵入するので，体積比で表面積の多くなる角の端部は膨らみやすく，歯当たりが強くなるのです。また，変形がなくても，噛み合い歯車の倒れや互いの精度で，歯端部の局部当り傾向になるので，数 μm クラウニング加工を推奨します（イメージ的には，**図 3-02-08** の左 2 つから右図へと改善，縦線の網掛け部分は応力分布のイメージ）。

NG 38 容積変化の大きい製品が浸炭焼入時に焼割れ

【失敗内容】 浸炭焼入歯車や，高周波焼入歯車などは，焼入時に割れが生じることがあります。

【原　因】 これは，歯車の山部と歯底部で容積変化が大きいことによる冷却速度差で，焼入にムラが生じ，体積膨張による歪みによる熱応力や変態応力が複合的に集中し，遅く冷えた部分に焼割れが生ずるのです。

【対　策】

(1) 容積の急な変化が要因となるのを避けるため隅 R を大きくする。

(2) 焼入後から焼戻しまでの放置時間が長いと亀裂が入りやすいので，焼入直後に焼戻しをすること。

【解　説】 炭素鋼などの焼入性の低い鋼は，隅部やキー溝部に割れが生じやすく，焼入性の良い合金鋼では，稜部や隅部から割れやすくなります（熱処理過程の長さ変化＝膨張は図 3-02-05 参照）。

NG 39 カムシャフトのカム面およびジャーナル面の研磨割れ

【失敗内容】 カム面は高面圧に耐えるために焼入が施されますが，摺動面なので表面粗さを Ra0.4 程度に研磨することで，表面にひび割れが発生することがあります（これを研磨割れ※26 と言います）。

【原　因】 焼入後の**研削工程の熱で，残留オーステナイトのマルテンサイト変態膨張**により高応力が発生したことによるものです。

【対　策】

(1)「研削時の冷却」「研削条件」「工具」の見直し。

(2) 焼入後，0℃以下に冷却する**サブゼロ処理**を施すことで，焼入によって生じる残留オーステナイト（約 20 vol%）を**約 5 vol% 程度に減少**させて，研削時のマルテンサイト変態を極小化することで亀裂感受性が改善します。

【解　説】 通常焼入はマルテンサイト化の熱処理ですが，約 20 vol%が残留オーステナイトとして残り，研削加工時の高熱で表面層がマルテンサイト変態するので，極薄表面層のみ歪みが発生して亀裂に至ったのです。

【関連情報】 **サブゼロ処理によって残留オーステナイトを減らす具体的方法**（図 3-02-08）

- **普通サブゼロ処理（－100℃まで）**：通常はドライアイス使用。
- **超サブゼロ処理（－130℃以下）**：液体窒素等を用いて，残留オーステナイトをほぼ全てマルテンサイト変態できます。 組織の微細化により，普通サブゼロよりも**耐摩耗性が向上**します。
- **湯戻し後に実施**：焼入直後にサブゼロ処理を行うと割れるので，1 時間程度 100℃

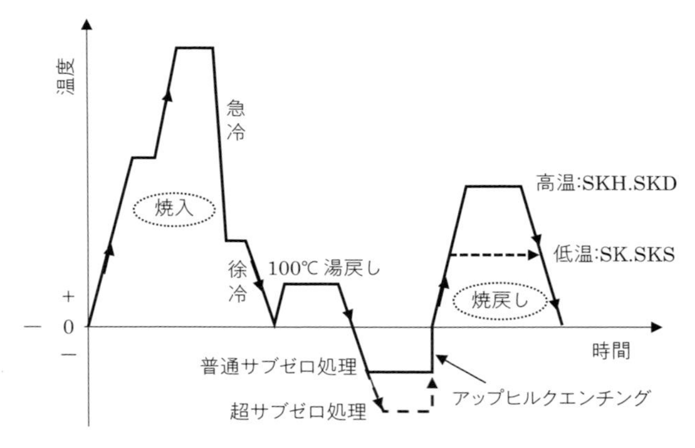

図 3-02-09　サブゼロ処理プロセス

※26　研削割れとも呼ばれ，研削時の熱が 100℃を超えることによって素材が割れる現象です。

の湯戻しした後に実施します。

・**解凍（アップヒルクエンチング）**：サブゼロ処理から自然解凍ではなく，水中などに投入（室温まで急速解凍）することで残留応力軽減ができます。

NG 40 アルミシリンダヘッドの残留応力による疲労亀裂

2000年初頭の頃は，ディーゼル乗用車の低燃費競争が激化して，高出力高過給化が進み「高強度特殊アルミ合金」「T6焼入」「下面強制冷却付傾斜鋳造GDC工法[※27]」などの技法がアルミニウムヘッドの生産技術の主流となりました。ヘッド下面（燃焼室面）の冷却性を高めるための複雑な内部構造の「上下2段の冷却ジャケット」が採用され始めた時期でもあります。

【失敗内容】 耐久試験後の切断調査で，吸気ポート下面隅Rとボルトボス部付近に進行性のある亀裂が発見されました（**図3-02-10**）[※28]。

【原　因】 高い爆発力と高い温度差，複雑形状による応力集中，鋳造および熱処理による過大残留応力などの要因が複合的にからみ，亀裂に至ったのです。

【対　策】 冷却水路の流れ改善や応力集中部の形状見直し（本件では，約30種類のモデルでCAE解析）を実施して，耐久試験で改善効果を確認し，数か月ほどの計画遅れで量産化となりました。

a）水冷焼入（T6）時に内部の急冷時間差（焼入水のシリンダヘッド内部への流れ込み方による影響）で高残留応力が発生していたので，対策として過時効処理（T7）にて残留応力を低減させました。

b）燃焼室側が受ける爆発圧力を，ボルトやインジェクタボス（高剛性部）の付根に

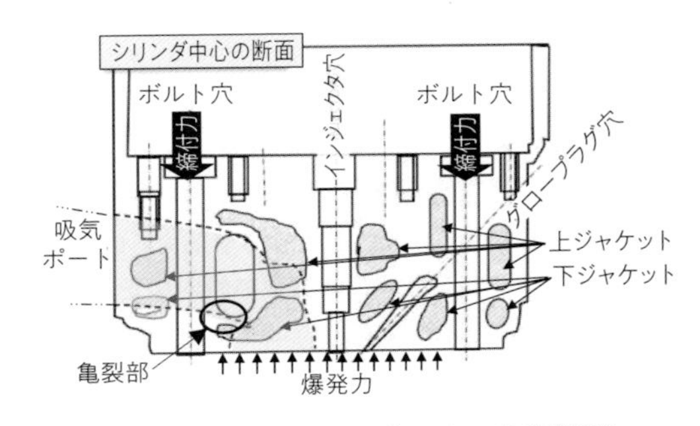

図3-02-10　シリンダヘッドの亀裂箇所

※27　Gravity Die Casting（重力金型鋳造法）。金型に溶かした金属を重力で流し込み鋳物を作る鋳造法。

※28　亀裂箇所は3次元的なので，図3-02-10では詳細部を表現できていません。

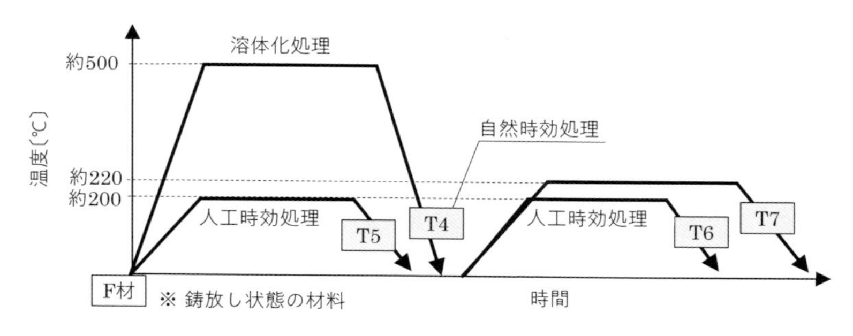

図 3-02-11　熱処理パターン

曲げモーメントの応力が集中していたので，隅Rを大きくしました。

c）ヘッド下面や排気ポート内面の高熱部と，冷却ジャケットとの温度差による熱応力が発生したので，低減のために冷却水量分布を見直しました。

【関連情報】　アルミ合金の時効熱処理と過時効処理（図 3-02-11）

溶体化処理後の焼入（急冷）後に，200℃程度で一定時間加熱する熱処理が時効熱処理です。母相に固溶の元素を析出させる強化法です。 T4，T5，T6 および T7 処理などがあり，概要を以下に示します。

溶体化処理とは添加元素を均一に溶け込ませる処理で，合金元素とその含有量によって処理温度が異なります（2000 系のアルミ合金はだいたい 500℃から 530℃）。

- **T4**：溶体化処理後に自然時効させることで靭性向上と耐食性が改善します。
- **T5**：鋳物や押出材を冷却後の人工時効硬化処理で，高強度化・寸法安定化します。
- **T6**：溶体化処理後に人工時効硬化処理を行い，強度と硬さを増大化します（伸びや衝撃値は低下）。
- **T7**：溶体化処理後，最大強さの人工時効硬化以上に過時効処理したもの。T6 処理より強さは低くなりますが，高靭性で寸法が安定化し，耐食性も改善します。

失敗から学び，実施すべきこと

- **焼入部品はマルテンサイト変態による体積膨張により変形するので，熱処理後に研磨するか，熱処理前の逃げ加工（クラウニング加工の歯車の傾向修正など）とすること**
- **焼入部品は，焼割れの有無を確認すること**
- **焼入後に研磨する際は，残留オーステナイトを約 5wt% 以下にするサブゼロ処理を実施すること**
- **熱処理部品は残留応力が必ず発生するのでその値が問題ないことを確認すること**
- **焼きばめなどの急速加熱は亀裂に注意すること**
- **形状が複雑で熱処理を施すアルミ鋳物などの場合には、局部的に高残留応力が残る可能性があるので、安定化処理とも言われる T7 などの過時効処理を検討すること**

3-02-3 焼きばめと冷やしばめ時の失敗

NG 41 軸に歯車を焼きばめする際の急速過熱による亀裂発生　関連 NG ▶ 34, 37～40

歯車のシャフト固定方法には，**焼きばめ**がよく使われます。歯車の昇温方法は，一般的に温度制御付オーブンを用います。しかし，この事例ではラインスピードを考慮して，急速加熱が可能な高周波加熱器を用いて歯車を 200℃まで上げていました（**図 3-02-12**）。

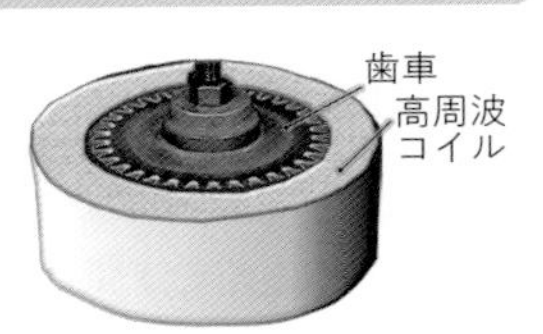

図 3-02-12
高周波加熱器

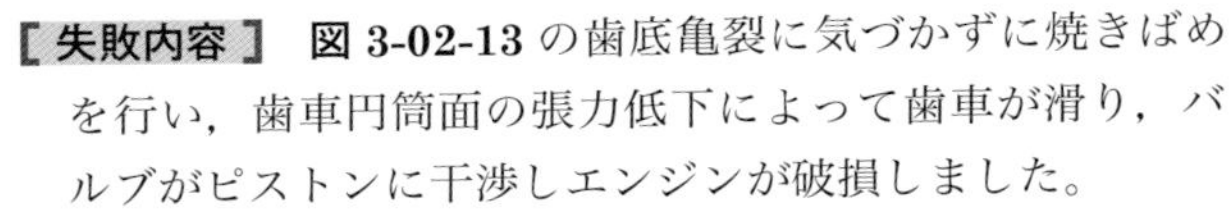

【失敗内容】 **図 3-02-13** の歯底亀裂に気づかずに焼きばめを行い，歯車円筒面の張力低下によって歯車が滑り，バルブがピストンに干渉しエンジンが破損しました。

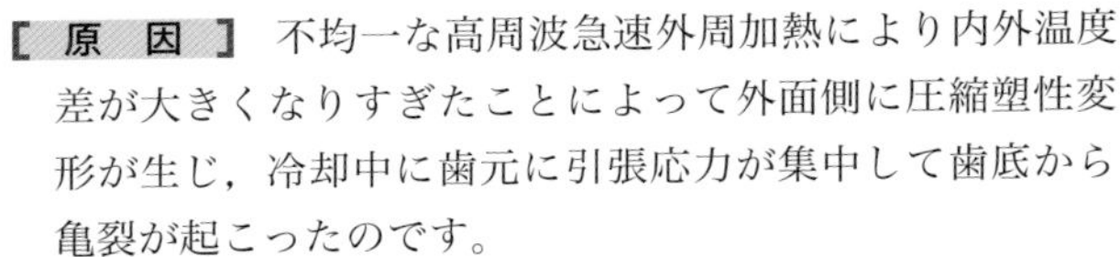

【原　因】 不均一な高周波急速外周加熱により内外温度差が大きくなりすぎたことによって外面側に圧縮塑性変形が生じ，冷却中に歯元に引張応力が集中して歯底から亀裂が起こったのです。

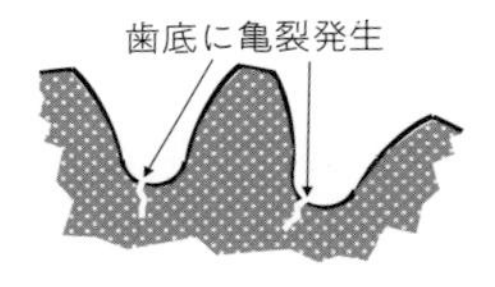

図 3-02-13　歯底亀裂

【対　策】 歯車をオーブンでゆるやかな均一加熱に改善しました。

【解　説】 **図 3-02-14** は，円筒と歯車の外周を高周波急速加熱したときの温度分布 イメージ図（色が濃いほど低温）です。

不均一な加熱による外周膨張によって，加熱中に外周が圧縮塑性してから全体が冷えるので，常温になると外周側が引張りとなり，歯底に応力が集中して亀裂に至ったのです。

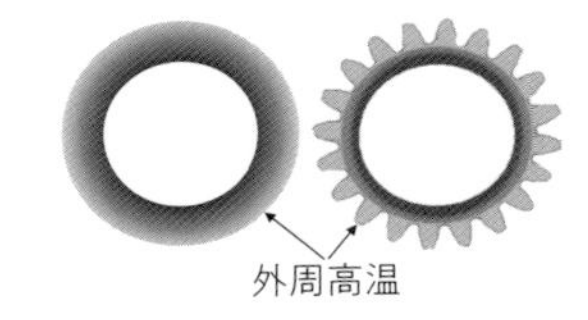

図 3-02-14
円筒と歯車の加熱時温度分布

【関連情報】 **焼きばめ設計事例**

軸と円筒の“しまりばめ”による摩擦力を利用したトルク伝達設計法は，安価なので実務設計でよく使われます。計算式は一般的ではないので，ここに紹介しておきます。

締めしろをδ，両方が同じ縦弾性係数をEとして，内筒面圧P_1は以下の式(a) が成り立ちます。

$$P_1 = \frac{\delta \cdot E}{2d_2}\left\{1-\left(\frac{d_1}{d_2}\right)^2\right\} \quad \cdots\cdots(a)$$

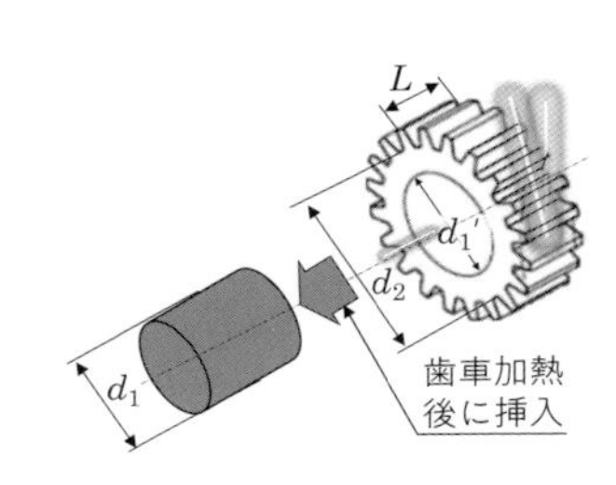

図 3-02-15　歯車の焼ばめ

接合面積$A=\pi d_1 L$，摩擦係数μのとき，円筒と軸間の伝達トルクTは式(b) となります。

$$T=\mu P_1 A\frac{d_1}{2}=\pi\mu P_1 L\frac{{d_1}^2}{2} \qquad \cdots\cdots(b)$$

穴加熱の焼きばめ必要最低隙間を$\varDelta_{min}$，必要最低加熱温度t_{min}（常温との温度差），穴側線膨張率α，最小穴径d_{1min}'，最大軸径d_{1max}のとき，式(c) が成り立ちます。

$$\varDelta_{min}=d_{1min}'\alpha t_{min}+d_{1min}'-d_{1max} \qquad \cdots\cdots(c)$$

一般的に，(必要伝達トルク)⇒(勘合必要最小締めしろ)⇒(焼きばめ必要加熱温度)の順に求めるので，常温プレス時の必要荷重（プレス機能力検討）を含めて，以下に計算例を示します（3-01-9にも同様の式を掲載，［50］引用）。

［**計算例**］

$d_1=15.023$ ～15.034（r6），$d_1'=15.000$ ～15.018（H7），$d_2=46.5$，$L=20$，$E=205{,}800\ \mathrm{N/mm^2}$の場合，締めしろ$\delta=0.005$ ～ 0.034 mm なので，式(a) より，それぞれ下記のように計算できます。

● 接合円筒面の面圧 P_1 計算例

$$P_1=\frac{205800\times\delta}{2\times 15}\times\left\{1-\left(\frac{15}{46.5}\right)^2\right\} \qquad \cdots\cdots(d)$$

$$=6{,}146\times\delta\,[\mathrm{N/mm^2}]=\mathbf{30.7\sim209.3\ N/mm^2}$$

摩擦係数は OIL 塗布（$\mu=0.16\pm22\%$ で **0.125 ～ 0.195**）と DRY（$\mu=0.38\pm24\%$ で **0.289 ～ 0.471**）とすれば，計算例は次のようになります※29。

● 伝達トルク T の上下限の計算例

式(b) より，$\mu=0.12$のとき

$$T=\pi\times0.12\times P_1\times20\times15^2/2=848\times P_1=26{,}041\sim177{,}280\ \mathrm{N\,mm} \qquad \cdots\cdots(e)$$

$$=26\sim177\ \mathrm{N\,m}$$

したがって，**許容伝達トルク≧ 26 N m** となります（最悪条件計算なので，余裕を取る必要はありません）。

● 必要圧入荷重計算例

摩擦係数$\mu_{max}=0.47$ とすれば，圧入に必要な荷重F_{max}は接触部面積 A と面圧P_{1max}から

※29　オイル塗布状態のμの下限値は乾燥状態とオイル塗布状態で異なりますが，オイル雰囲気中で使用するのであれば，毛細管現象によりかん合面にもオイルが浸入する前提で **0.12** を推奨します。

$$F_{max} = \mu_{max} P_{1max} A = \pi \mu_{max} P_{1max} d_1 L = \pi \times 0.47 \times 209.3 \times 15 \times 20 = \mathbf{92{,}712\ N} \quad \cdots\cdots \text{(f)}$$

よって，組立時のプレス能力は，93 kN（=9,483 kgf に余裕をとって，**10 ton 以上**が好ましいことになります。

● **焼きばめ温度の計算例**

$\alpha = 11.3 \times 10^{-6}$/℃，$\varDelta_{min} = 0.030$ mm $= 30\,\mu$m，常温 20℃とすると，式(c) より

$$t_{min} + 20℃ = \frac{\varDelta_{min} + d_{1max} - d_{1min}'}{d_{1min}' \alpha} + 20 = \frac{0.030 + 15.034 - 15.000}{15 \times 11.3 \times 10^{-6}} + 20 = \mathbf{398℃} \quad \cdots\cdots \text{(g)}$$

したがって，**歯車を約 400℃に昇温した状態で軸に組み込む**と良いでしょう。

ただし，焼入焼戻し製品の焼戻し温度より上げると，本来の強度が低下します。例えば，高周波焼入は靭性低下を避けるため，一般的には 150 ～ 200℃の低温焼戻しを行うので，焼きばめの加熱温度は 180℃以下にしましょう。

「焼きばめ温度≦焼戻し温度」とすべきなので，180℃以下が好ましいのです。

上記の計算を行って条件に合わない場合には，「穴と軸の公差幅を縮小」「焼きばめ＋軽く圧入」「焼きばめを断念し常温圧入化」「穴側加熱＋軸側冷やしばめ」などから対応策を選択しなければならなくなります。「圧入長さを長くする」なども考えられますし，設計技術者の腕の見せ所となります。

【関連情報 2】 冷やしばめ技術

「焼きばめ＝穴加熱」に対し，同様効果を得る「冷やしばめ＝軸冷却」があります。管理が容易なドライアイスの利用が一般的です。ドライアイス(約－70℃)なので，安定的に 90℃程度の温度差を得られます。

40 年以上前にローラタペットやローラロッカアームを開発時に，ローラ軸部に純銅のピンを用いました（例示している**図 3-02-16** は当時のものとは別のエンジン)。

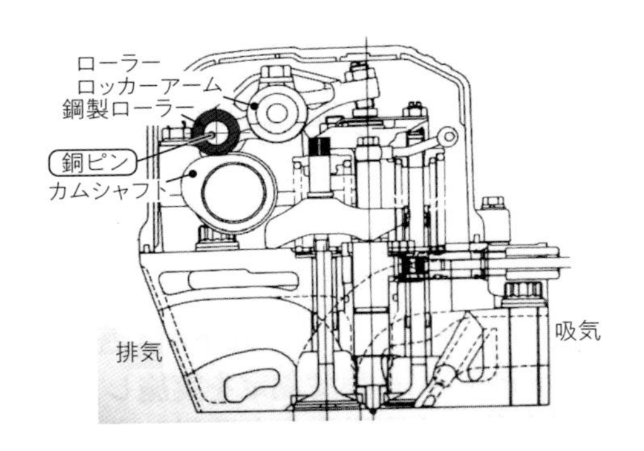

図 3-02-16 ローラロッカの銅ピン冷やしばめ

常温圧入では圧入傷が付くので，組立工程ラインの脇にドライアイス入りのクーラボックスを置き，その中に銅ピンを冷して保管し，組立直前に手袋で出して，軽い圧入の組立を行いました。

失敗から学び，実施すべきこと

- **歯車を焼きばめするときは，急速加熱を避けて均一な昇温に心がけること**
- **焼入れ部品を焼きばめするときは，強度低下を避けるため180℃以下で行うこと**
- **かん合結合は，「圧入」「焼きばめ」だけでなく「冷しばめ」も有効な選択肢として覚えておくこと**

3-03 腐食による失敗

NG 42 ステンレス EGR パイプの腐食によるガス漏れ

内部流体が高温腐食性ガスの EGR（排気ガス再循環）用のパイプにはステンレスパイプ（SUS304）がよく使われます。このパイプが高温になり，点検整備時に火傷すると訴えられる可能性が高い。そのため，安全整備作業用グラスウール（化学薬品使用）で包んでいます。このグラスウールが使用時の高温で腐食性ガスが発生していたのです。

【失敗内容】 小型トラックの運転台と荷台との間に位置する EGR パイプ（SUS304 材）の表面が，雨や断熱材中の化学薬品により肌荒れ状の腐食（通称，象の肌）を起こし，腐食による亀裂でガスが漏れました。排気ガスの一部が漏れると，排気ガス規制違反の可能性もありました。

【原　因】 **SUS304 の鋭敏化現象**による亀裂でした。

【対　策】 （1）材質を SUS304L，SUS316L などの**低炭素材に変更**しました。

（2）**断熱材に化学薬品を含まないものに変更**しました。

【解　説】 オーステナイト系ステンレスは，500 ～ 800℃でクロム炭化物が結晶粒界に析出し，粒界腐食（鋭敏化現象）を起こします。高温での運転や溶接時の熱影響で結晶粒界近傍の Cr が炭素と化合物を作り，耐食性を著しく低下させるのです。

本件の場合，雨がかかりやすい位置だったにもかかわらず，パイプに化学薬品付断熱材を巻いたため粒界腐食を加速させて，EGR パイプが早期に破損に至ったのです。

NG 43 インジェクタガスケットの腐食

インジェクタは燃料噴射ノズルを高温から守るため，高熱伝導の銅製ガスケットを通して，燃焼室からの被熱を水冷却で温度の低いシリンダヘッドへ逃がしています。今まで使われている銅製ガスケットで腐食の問題はなかったのですが，排気ガス規制による EGR 率上昇でシリンダ内の残留ガスの腐食性が強くなりました。

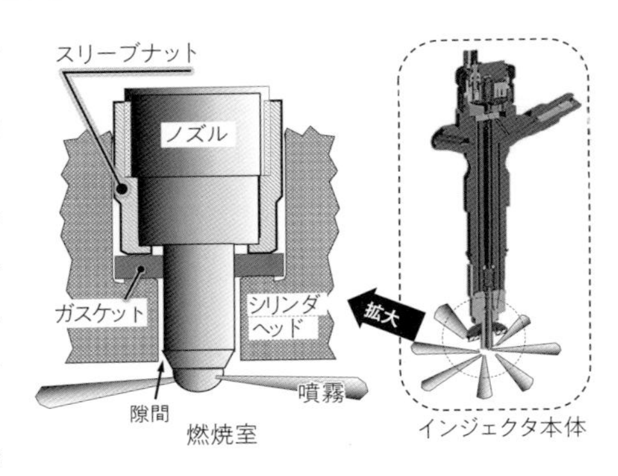

図 3-03-01　インジェクタ取付拡大図

【失敗内容】 インジェクタガスケットが腐食によってガスシール不能となり，

燃焼ガスの侵入でオイルが炭化し，エンジンが焼き付いたのです。

【原 因】 燃焼室の近傍でも低負荷時に約100℃以下の部分があれば酸は結露するのです。シリンダヘッドの穴とインジェクタ先端部の隙間(燃焼室のデッドスペース)に大量のEGRガスが浸入することで，高濃度のNO_xやSO_x燃焼ガスが比較的温度の低い燃焼室隙間部（低負荷時100℃程度）で結露します。そこに硫酸や硝酸凝縮水が発生します。この凝縮水によって，銅ガスケットやヘッドが溶けて燃焼ガスが漏れたのです。

経緯：燃焼ガス隙間侵入⇒露点以下で結露⇒強酸液⇒シール部腐食⇒ガス漏れ

【対 策】

（1）ガスケット上面の凹陥没を避けるため，ガスケットの当り面をノズル側より幅を狭くしました（凹陥没部に強い腐食傾向が見られた）。

（2）ガスケットの上部側は凝縮水が濃縮されやすいので，燃焼ガス侵入抑制のため，ガスケットの内径側とインジェクタ先端部のはめあいを中間ばめにしました。

（3）ガスケットに防食めっきを施しました。

【解 説】

（1）壁面温度が硫酸や硝酸の露点を下回る（**図 3-03-02**）と結露水溶液が生成されます。運転サイクル中の圧力と温度変化の繰返しで，腐食水溶液が濃縮され，腐食は進行したと推定されます。

（2）ノズルとガスケット間は圧力変動でガスの出入りが多く，ガスケット上面に凝縮硝酸や硫酸が生成され，締付陥没のa点部に溜まって濃縮され，腐食が加速した形跡が見られます（**図 3-03-03**）。

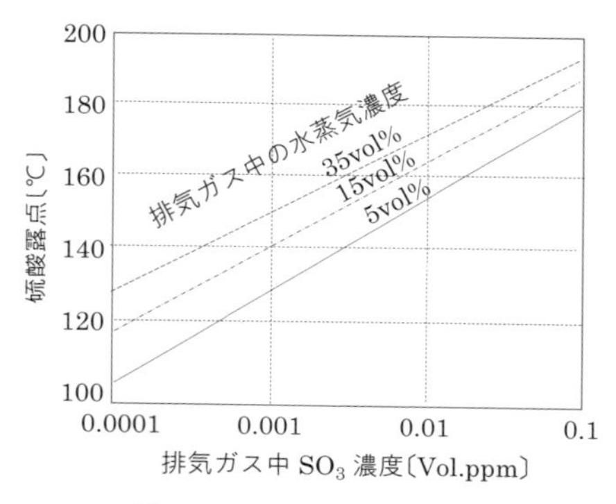

図 3-03-02 硫酸の露点温度

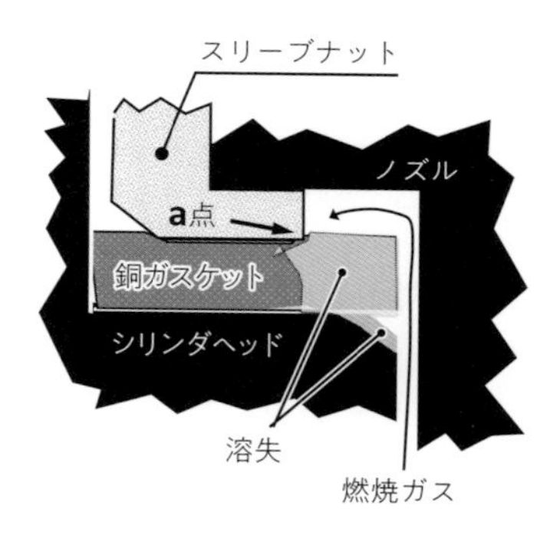

図 3-03-03 ガスケットとヘッドの腐食

NG 44 アルミ水路のキャビテーションによる浸食

キャビテーションとは，高速で液体を流すときに部分的に圧力が低い部分に気泡が発生する現象のことです。気泡がつぶれるときに発生する衝撃波によって材料表面を浸食することをキャビテーションエロージョンと呼びます。

水質の悪い発展途上国などでよくあるのですが，水質が悪いと冷却流路のアルミの浸食が加速され水漏れに至ることは機械設計業界で広く知られています。

［失敗内容］

(1) アルミダイキャスト製サーモハウジング（**図 3-03-04**）や水ポンプの入口は，高水流＋乱流＋負圧によって，キャビテーションで浸食されることがあります。

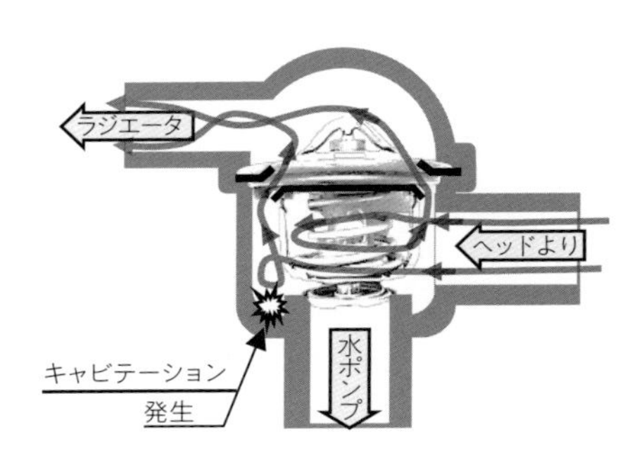

図 3-03-04
サーモスタット周りの流れ

(2) ヘッド燃焼室裏面の水ジャケット面は高温で水流が速いため，キャビテーションで浸食され肉厚が薄くなることがあります（キャビテーションエロージョン）。

(3) シリンダライナ壁付近にある薄幅冷却ジャケットは，ピストン打撃振動によるキャビテーションで鋳鉄でも浸食されることがあります（壁面振動の衝撃波による発生気泡が壁近傍で破裂し浸食）。

［原　因］ 冷却水流内の圧力が，**飽和水蒸気圧境界を上下時に，気泡破裂による衝撃波で壁面が浸食**するためです。特に，発生した気泡が壁に直撃しやすい曲がりの大きい流路位置では，気泡が潰れて浸食しやすいのです。

［対　策］ (1) **流路の曲がりなどを滑らかに**し，飽和水蒸気圧以下の流れをなくす。

表 3-03-01　冷凍空調機器用 60 ～ 90℃循環水の水質ガイドライン

項目	単位	基準値	傾向	
			腐食	スケール生成
25℃の pH	pH	7.0 ～ 8.0	○	○
電気伝導率	mS/m	30 以下	○	○
塩化物イオン	mg/L		○	
硫酸イオン	mg/L		○	
酸消費量 (Ph4.8)	mg/L	50 以下		○
全硬度		70 以下		○
カルシウム硬度		50 以下		○
イオン状シリカ	mg/L	30 以下		○

1）項目の名称とその用語の定義および単位は JIS K 0101 による
2）欄内の○印は腐食またはスケール生成傾向に関する因子であることを示す

(2) 冷却水は防錆性能のある**ロングライフクーラントを用いる**。

(3) **希釈水質は表 3-03-01 のガイドラインを守る**（工業用水でなく飲料水を推奨）。

【関連情報】 キャビテーションの発生と水質

● キャビテーションの発生

水路の急な断面積変化や急な曲がりがあると，局部的に低圧箇所が発生します（**図 3-03-05**）。この圧力が**飽和蒸気圧以下となると気泡が発生し，圧力が戻れば液体に戻る**（**気泡が潰れる**）のですが，潰れる瞬間に衝撃波が発生します。この衝撃波が続くと流路壁面が溶けるように浸食されるのです。

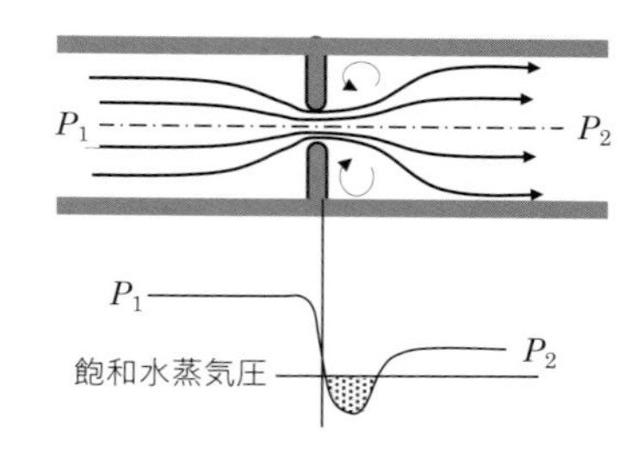

図 3-03-05　水流内の圧力変化

実際の発生状況を見ると，壁面の浸食は，単純にキャビテーションの衝撃波だけではなく，**pH やイオンの腐食影響によって溶出速度が加速**するように思われます。

● キャビテーション係数

キャビテーションの発生度を表す指標に**キャビテーション係数** K_d があり，式(a) で定義されています。

$$K_d = \frac{P - P_v}{\rho V^2/2} \quad \cdots\cdots(a)$$

ここで，P：一様流の圧力〔Pa〕，P_v：その温度の飽和水蒸気圧〔Pa〕
V：一様流の流速〔m/s〕，ρ：流体の密度〔kg/m^3〕

キャビテーション係数 K_d が小さいほど（例えば 1 以下），キャビテーションが起こりやすくなります。

ただし，キャビテーションの発生は，「渦の発生度」「流体の圧力変動」「流量変動」「流体表面張力や粘性」「液体中の溶解物質」などの要因が絡み合い，単純な現象ではありません（沸騰現象も一種のキャビテーション）。

● 飽和水蒸気圧

自動車は，ラジエータの大気開放弁圧によって冷却系全体の圧力（通称，キャップ圧。各部の耐圧性からキャップ圧は制限されます）を約 0.1 気圧程度上げて，キャビテーションによる水ポンプの吐出性能低下を防止しています。圧力を上げ

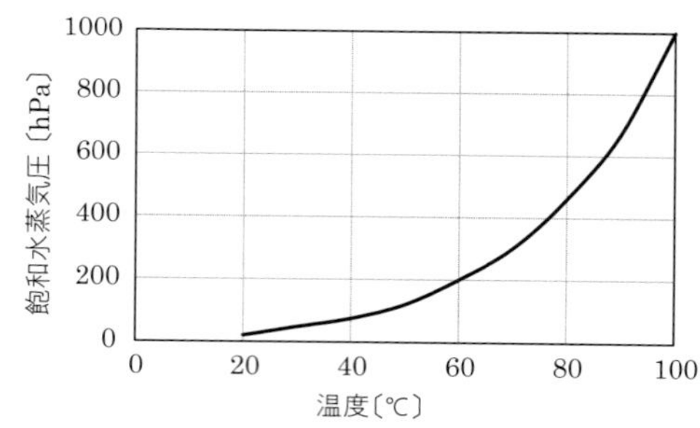

図 3-03-06　温度と飽和水蒸気圧

ることで飽和水蒸気圧との余裕が生まれ，キャビテーションエロージョンにも有効です（式(a)，**図 3-03-06**）。

● **水質基準**

高温装置用の冷却水基準は，冷凍空調機器用水質ガイドライン JRA-GL02 [53]（表 3-03-01）を参考にして決めるとよいでしょう。

表中の「スケール生成」とは，定置装置などにおいて，工業用水などを使う場合に，水流路内壁面にシリカやカルシウムのコーティングが生成されることです。熱伝導が妨げられる要因になるので，注意すべき水質要素としています※30。

NG 45 内面銅めっきパイプのろう付による腐食

金属に水と酸化剤が存在することで腐食が起きます。水は酸化剤としての酸素を含むので，イオンの流れを形成して腐食反応が進行するのです。

腐食はイオン化傾向（図 3-03-11 参照）の卑な金属（マグネシウムやアルミなど）が陽イオンとして溶出し，貴の金属（プラチナや金など）に流れることで発生します（**図 3-03-07**）。

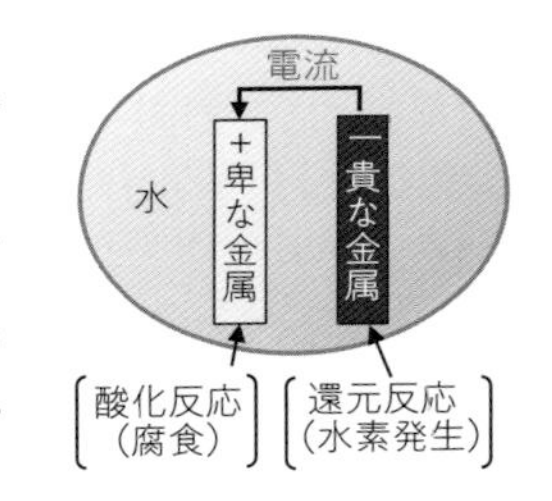

図 3-03-07
ガルバニック腐食

アルミや鉄は，イオン化傾向でわかるようにイオン化傾向大（卑）なので腐食しやすいわけです。

鉄の防食にはめっきが有効です。めっき皮覆は母材より卑な金属を用いる犠牲溶解型と，貴な金属を用いるバリア型（**図 3-02-08**）に区別されます。バリア型は素地に達する欠陥がない場合には非常に高い耐食性能を示しますが，ピンホールなど欠陥があると

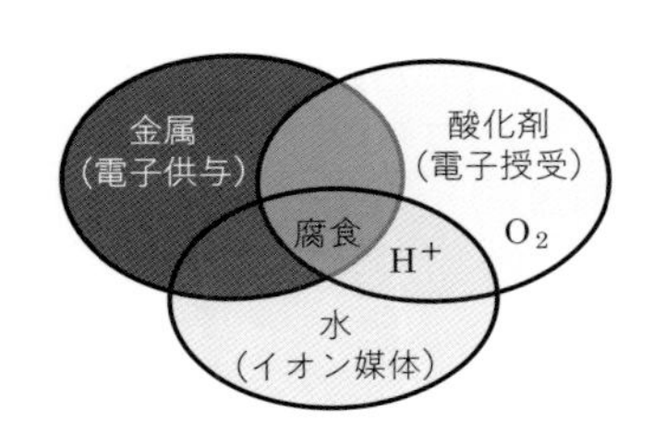

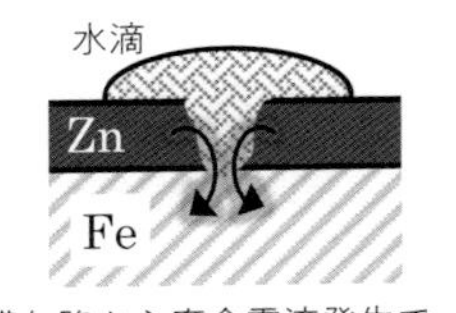

皮膜欠陥から腐食電流発生で
鉄より卑な亜鉛が溶けて鉄を防食
(a) 犠牲溶解型めっき皮膜

皮膜欠陥から腐食電流
が発生して鉄が溶ける
(b) バリヤ型めっき皮膜

図 3-03-08 めっき皮膜の防食機能の区別

※30 ヒートサイクル耐久テストでは，エンジン停止時に外部から多量の工業用水を導入し強制急速冷却を繰り返すので，シリカやカルシウムによってコーティングされてしまうことがあります。

素地と被覆金属間に電気回路を形成し，異種金属接触による局部腐食が進行します。いずれにしてもどちらの型のめっきも，パイプ内部へめっきを施すのは技術的に困難です。

ここで紹介するのは，パイプ内部は通常のめっきができないので，銅めっきを施した板を一巻きや二重巻きにし，合わせ部分をろう付や溶接して内部にめっきを施したパイプとしたことによる失敗事例です。

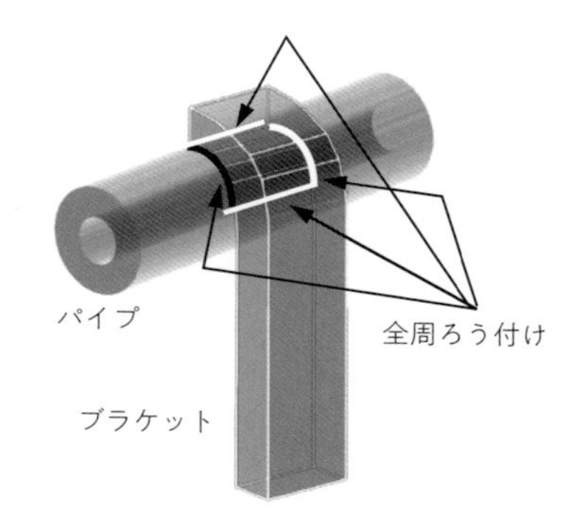

図 3-03-09　パイプとブラケットのろう付

【失敗内容】 冷却系に用いる内面銅めっきのパイプ（片面めっき処理が施された鋼板を連続的に丸めて，合わせ部を溶接し管成形された特殊電縫鋼管）がブラケットのろう付部のパイプ内面の腐食により破損しました（**図 3-03-09**）。

【原　因】 ろう付時に約 1,100℃の高温になるので，パイプ内面の銅めっきに小さい空孔が発生します。鉄パイプへの銅めっきは，バリア型めっきなので，この空孔（ピンホール）を起点として腐食が進行し，亀裂が発生したのです。

【対　策】 銅パイプやステンレスパイプを用いた設計に変更。

【関連情報】 腐食の分類とイオン化傾向

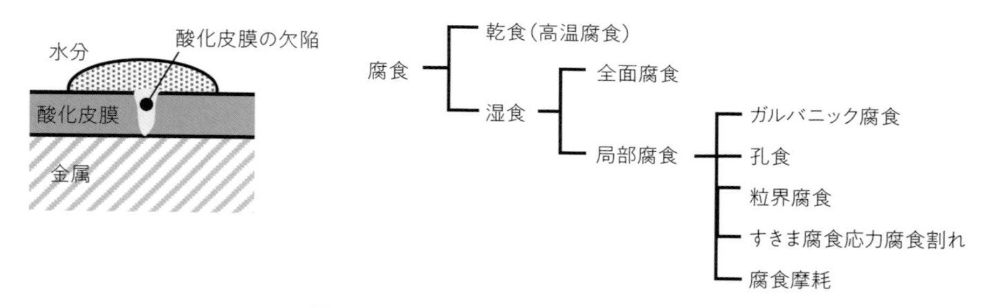

図 3-03-10　腐食のメカニズムと種類

●乾　食

高温酸化腐食のことです。

●湿　食

金属は酸化により安定状態となるので，必ず腐食（酸化）しようとします。大気中の酸素によって金属表面に極薄（20 ～ 60Å）の酸化皮膜（鉄の場合は Fe_3O_4）が形成されます。酸化皮膜は腐食保護膜になりますが，極薄酸化被膜の破壊孔ができると，局部的にアノード位置が穴部に固定されて集中的に腐食が進行します。

● 金属の湿食対策

一般的には，めっきや塗装により表面処理を施します。ただし，ステンレス，銅，アルミニウムは，酸化皮膜が保護材として強く作用するので表面処理をしません。

● イオン化傾向とガルバニック腐食（電食）

多くの腐食は電気化学反応であり，**図 3-03-11** のようにイオン化傾向小の金属（貴な金属）からイオン化傾向大の金属（卑な金属）に電流が流れて腐食が進行します。

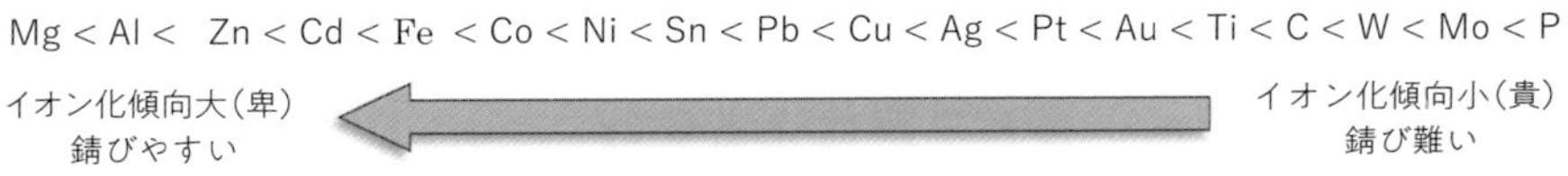

Mg < Al < Zn < Cd < Fe < Co < Ni < Sn < Pb < Cu < Ag < Pt < Au < Ti < C < W < Mo < P

イオン化傾向大（卑）錆びやすい ← イオン化傾向小（貴）錆び難い

図 3-03-011　イオン化傾向

● 腐食性ガスに適しためっき

表 3-03-02 に示すように，めっきと腐食性ガスには相性があります。

表 3-03-02　めっきと腐食性ガスの相性

腐食性ガス	発生源	適しためっき	不適切なめっき
SO_2	重油燃焼など	錫，亜鉛，アルミ，錫鉛合金	ニッケル
NO_2	燃焼，アーク放電など	金，アルミ	銅
H_2S	下水処理，製紙工場など	金，錫，亜鉛，アルミ，錫鉛合金	銅，銀
Cl_2	食塩電解，半導体工場など		錫，亜鉛，銅
NH_2	印刷，肥料工場など	銀，ニッケル，亜鉛	銅，アルミ

失敗から学び，実施すべきこと

- **ステンレスでも腐食することがあることを覚えておくこと。ステンレスや耐熱鋼を 500 ～ 800℃にて使用する場合は，粒界腐食に注意し低炭素材（SUS304L など）を選択すること**
- **100℃前後の燃焼環境においては条件によっては凝縮水が発生することがあるので，強酸性の燃焼ガスの凝縮水腐食に注意すること**
- **海外は水質が悪い地域が多いので，冷却系の耐食設計に配慮すること**
- **狭い水路壁に衝撃振動が発生する場合，キャビテーションエロージョンの発生に注意すること**
- **流体解析などを用いて，水路が飽和水蒸気圧以下にならないように滑らかな水路設計をすること**
- **ろう付部品はめっきのピンホール発生を避けるために，ろう付前のめっきを避けて，ろう付後にめっきを施すこと**

3-04 締結による失敗

ボルトは機械装置を組立てる上で欠かせません。そして，ゆるみの不具合が後を絶ちません。これは，設計者が締結原理の知識がないことが大きいのです。本書は基礎の部分を省略していますが，本書の内容を理解できないままでは不具合を発生しかねませんので，ボルト締結原理の専門書（[54]，[55] など）を手元に置くことをお奨めします。

3-04-1 はめあい長さ不足による失敗

締結のめねじ側構造物の破損はダメージが大きいため，一般的に最弱部をボルトになるように設計します。

ボルトの強度区分とめねじ構造物の引張強度から（はめあい長さ l_f）≧（限界はめあい長さ $l_{f\,\mathrm{lim}}$）となるように設計すればよいのです。**図 3-04-01** は計算結果を簡易的に整理した表であり，設計作業では日常的に使うので，目につくところに書き写しておくことをおすすめします※31。

なお，はめあい長さはボルト先端の面取りやめねじの口元の面取りを除いた長さを用います。

限界はめあい長さ$l_{f\,\mathrm{lim}}$

ボルト強度区分＼材質	めねじ構造物の引張強度 アルミ 220MPa	 鋳鉄 200MPa	 鋼 400MPa
8.8	1.6d	1.2d	1.0d
9.8	1.8d	1.4d	1.2d
10.9	2.0d	1.6d	1.4d

※dはボルトの呼び径を示す。

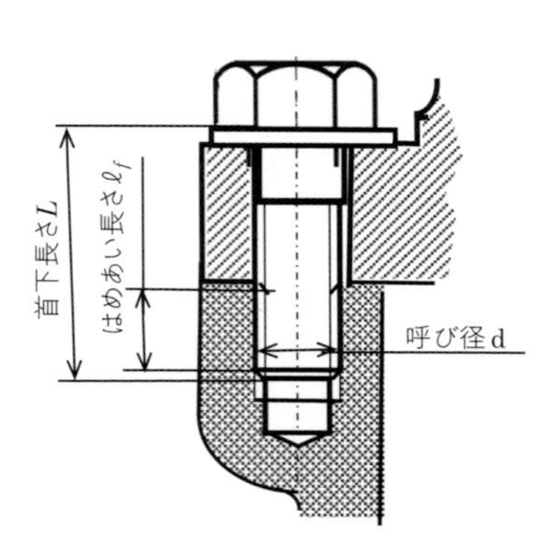

図 3-04-01　ねじの限界はめあい長さ

※31　ボルトの強度区分は，点の前が「呼び引張強さを MPa で表した数字の 1/100」，点の後は「呼び降伏応力と呼び引張強さの比の 10 倍の値」を示します。
（例：「10.9」は，呼び引張強さ 1,000 MPa，呼び降伏応力が 900 MPa）

NG 46 飛行機の窓固定ボルト誤組による窓脱落事故

関連 NG ▸ 03-02

［失敗内容］ 詳細は，**NG03-02** を参照。

［原　因］ ボルト誤組で正規品より 2.5 mm 短かったのです。

［対　策］ もちろん，正規ボルトを使うようにしました。

NG 47 BMW バイクブレーキディスク固定用ボルトが長さ不足でゆるみ

［失敗内容］「BMW バイク（F650 GS）のブレーキディスク固定用ボルトがゆるんで制動力が低下するおそれあり」とリコールの届出がされました（**図 3-04-02**，H21 リコール[44], [57]）。

［原　因］ ねじのはめあい長さが 3～4 mm 足りない設計でした。

［対　策］

(1) ボルト（6 本）を 2 mm 長い対策品に変更しました。

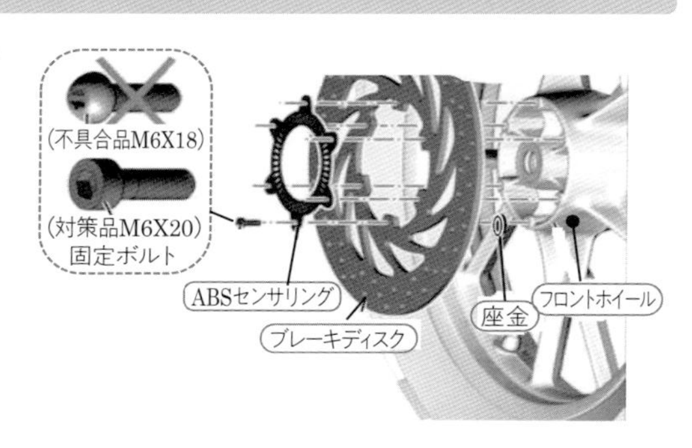

図 3-04-02
BMW ブレーキディスクの不具合箇所説明図

(2) ディスクとホイール間にある 1 ～ 2 mm の厚さの座金を除去することで，(1) と合わせてねじの最少はめあい長さ以上を確保しました。

NG 48 DUCATI スタンドボルトが長さ不足でゆるみ

［失敗内容］ サイドスタンドとピボットボルトの選定が不適切であったため，締結力不足により振動でナットがゆるみ，走行中にエンジン制御不能となるおそれがあることからリコールとなりました（**図 3-04-03**，H29 リコール[43], [58]）。

［原　因］ ねじのはめあい長さが 2 mm 不足していました。ボルトとナットの締付においては，ボルトの先端がナットよりも突き出ることが基本です。ナットは，高さ全てがボルトとしっかりはめあうことで強度が出る構造なので，組立状態でボルト先端がへこんではいけないのです。

ところがリコールの説明写真では，標準のフランジ付ナットの端面からボルトの先端がへこんでいるように見えます。このような設計を採用したのは，足で操作する部分なので，衣服を引っかけないよう配慮したため思われます。たった 2 mm しか長くできなかったのも，そのためでしょう。このような場合，特殊な六角袋ナット（JIS

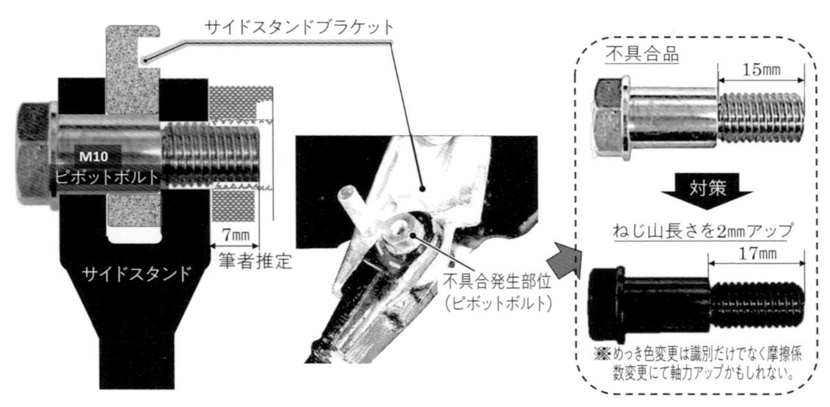

図 3-04-03　DUCATI スタンドボルトの不具合箇所説明図

B 1183）などを採用すべきだったと思います。

【対　策】 ボルトを対策品（長さ＋2 mm）に交換したと報告されています。ボルト長さ・強度アップや表面処理変更で締結軸力をアップさせたと思われます。

失敗から学び，実施すべきこと

ボルトの首下長さは5 mm とびであり，鋳物のめねじ深さは一般的に加工ドリルなどの制約によって共通化されているため，ボルトとめねじのはめあいが限界はめあい長さ以下になってしまい，破損やめねじによる強度低下でゆるみが発生することがよくあります。

- **ボルトの限界はめあい長さは，ボルトとめねじの材質の組合せによって決まっているので，限界はめあい長さが決められた表などを参考に設計すること**
- **はめあい長さは締結設計の基本なので図 3-04-01 の表をいつも見えるようにしておくことをお勧めします**
- **はめあい長さ不足は，伸びの小さい鋳鉄などはねじ山のせん断に注意し，アルミなど伸びのあるねじは塑性でのゆるみとねじ山のせん断に注意すること**

3-04-2 なじみによるゆるみ，錆除去不良によるゆるみ

どんな部位でも締付直後の軸力は，使用中の「なじみ」により低下します。通常は問題になることはありませんが，使用環境が厳しい部位においては規定時間運転後に「増し締め」が必要になることがあります。

NG 49 締付不良によるタイヤ脱落事故の多発　関連 NG ▸ 01, 02, 04, 09, 68, 69

【失敗内容】 国交省が 2022 年 9 月に発表した「大型車の車輪脱落事故発生状況と傾向分析」によると，大型車は夏冬タイヤ交換の時期（11 月～ 1 月）に，令和以降，毎年 100 件以上のタイヤ脱落事故が起きています（図 2-01-04）。

【原　因】 「初期なじみ対策の増し締めなし」「錆の除去不良」「締付手順ミス」「締付不良」が原因としてあげられます（NG02-1 の b）c）参照）。

【対　策】 ホイール締付後に 50 ～ 100 km 走行したら増し締めの徹底を指導。参考に，日本自動車工業会発行の整備関係会社への広報資料を**図 03-04-04** に示します。

●初期なじみは、ハブやホイールの表面粗さ，平面度，塗膜などにより発生し，規定締付けトルクで締付けても，走行に伴って，徐々に締付け力が低下します。

●初期なじみを，そのままにしておくと，締付け力が右図のように低下し続け，ホイールナットの「緩みの限界」を下回ることがあります。

● 50～100km走行を目安に“一度”規定の締付けトルクで再締付けすると，なじみによる締付け力の低下幅は小さくなり，締付け力が低下し続けることによる緩みを防止することができます。

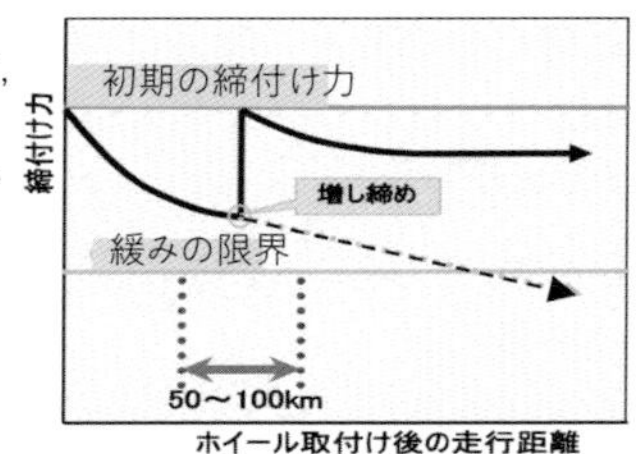

※取付け面やホイールの合わせ面に，ゴミや泥，錆があると，初期なじみによる締付け力の低下が大きく，ナットの緩み脱落などに結びつきます。ホイール取付け時には，必ず清掃を行ってください。

図 3-04-04　日本自動車工業会発行の整備関係会社への広報資料

【関連知識】

● 初期なじみによる軸力低下と増し締め

締結体接合部の表面粗さ，うねり，形状誤差による陥没は，一般的に締付け直後にほぼ完了します。しかし，ホイールナットは**図 3-04-05** に示すように球面形状の場合，取付誤差により，外力でさらになじみ（接合面に微細な凹凸などがある場合，荷重や振動をかけるとその凸凹が平坦化され，接合面が密着する現象）が大きく進行する傾向にあります。

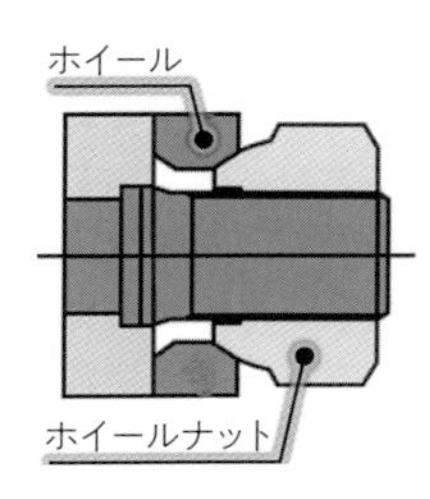

図 3-04-05
球面座のナット

初期なじみによる軸力低下は数％あり，自動車関連団体は「50~100km 走行後」を目安に，**増し締めの徹底**を指導しています。また，「ねじ面の錆」は締付力低下の悪影響があり，「取付面の錆」はへたり作用があるので，初期なじみによる軸力低下防止のために錆をていねいに除去することが求められます（錆発生状況は **NG02** の図 2-01-06 参照）。

● 締結部の潤滑指定

一般的にはボルトの締結には油塗布をしませんが，重要締結部にはオイル塗布や，二硫化モリブデン塗布指定をする場合があります。これは，締結座面やねじ面の摩擦係数を低下させ（同じ締付トルクで高軸力が得られる），軸力ばらつき幅を少なくすることが目的です。ある試験条件でのボルト潤滑有無による摩擦係数のばらつき範囲を**図 3-04-06** に示します。

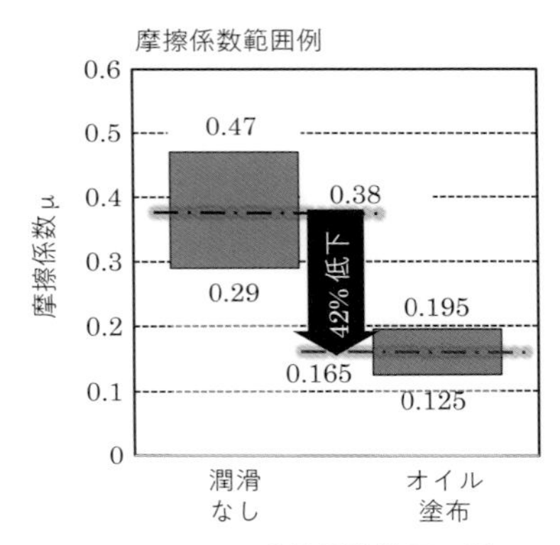

図 3-04-06　摩擦係数範囲の例

この図は，摩擦係数と軸力は反比例の関係にあるので，**オイルを塗布すべき締付箇所に塗布せずに締め付けると，軸力は 40% くらいに低下する**ことを示しています。

「オイル塗布を指定されている部位に確実に塗布をしないと，品質維持ができなくなり，大きな事故につながる」と肝に銘じておきましょう。

● 錆除去は必須

ホイールナット部などは，雨や融雪剤などが当たる厳しい環境にあるため，ねじや座面の錆を除去せずに締め付けると，ナットが着座しないこともあります。錆により軸力がゼロになることもあるので，除去が必須となります。

失敗から学び，実施すべきこと

錆が発生していると，締付時に摩擦力が大きくなり正規の軸力を得られなくなるので，風雨にさらされる室外装置などの締結部位には，防錆処置を施すとともに，整備時に錆を徹底的に除去をしなければなりません。締結部位には必ず初期なじみ傾向があり，特にテーパ締付など加工精度の影響が出やすい座面構造や締結部への荷重変動の大きい部位においては，なじみによる軸力低下が大きいことがあります。

- **なじみによる軸力低下の大きい部位は，整備後の一定期間運転後に必ず増し締めを実施するよう整備マニュアルに記載すること**
- **締結部に錆が発生しないよう，使用環境に合った防錆設計を行うこと**
- **錆が発生しやすい部位の締結部は，整備時に据付座面および接合面の錆の除去を徹底すること**

3-04-3 塗装によるへたり

塗装膜は薄いので，締付力の低下には影響しないと思われがちですが，実は塗装によるボルト脱落の不具合は頻繁に発生しています。本項の失敗例を反面教師として，同じ失敗を繰り返さないようにしましょう。

NG 50 高級車ジャガー（XF/XJ）のアイドルプーリ用ボルト脱落

［失敗内容］ 2012～2015年に輸入した，パワーステアリングポンプのプーリーを締め付けているボルトの過大曲げ応力による破損や脱落事故が日本国内で7件発生しました。

最悪の場合，パワーステアリングが作動せずに，ハンドル操作が困難となるので，2017年リコールとなりました(対象台数1,332台[61])

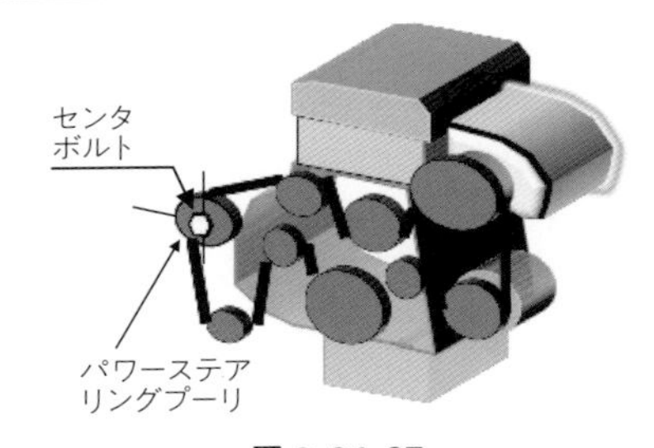

図 3-04-07
プーリの不具合箇所説明図

［原　因］ プーリのボルト締付座面の塗装が厚すぎたことにより，プーリの中央で締め付けているボルト軸力が低下し，結合剛性が低下してしまったためです。

［対　策］ ボルト座面に塗装を行っていないプーリへと変更しました。

NG 51 ヤマハバイク（MT09Aなど）のハンドルホルダーボルト脱落

［失敗内容］ 2014～2016年生産のヤマハ発動機製のバイクで，ボルトが軸力低下してスタッドボルトが抜け，ハンドル操作ができなくなるおそれが発生し，2017年リ

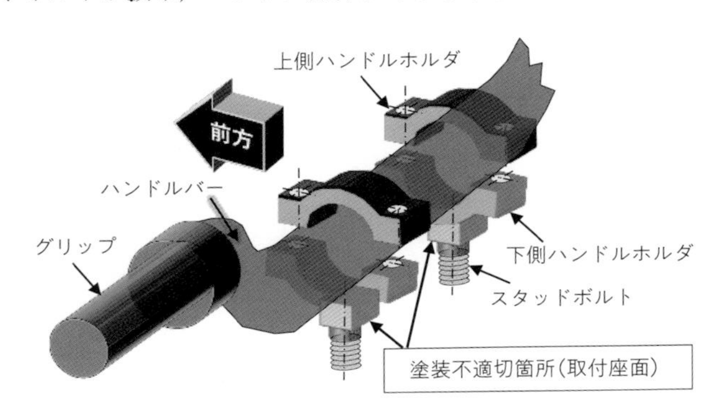

図 3-04-08　ハンドルホルダーボルトの不具合箇所説明図

3章 起こしやすい失敗と克服技術

コールとなりました[62]。

【原　因】 スタッドボルトの「ゆるみ防止剤塗布不足」と「ホルダー座面の塗装指示不適切」により，高速での段差乗越えなどの繰返し荷重によって座面の塗装が剥がれたり，へたった（陥没する）ために，ボルトがゆるみ脱落したのです。

【対　策】

(1) ホルダー座面の塗装を廃止しました。

(2) ねじ面へのゆるみ防止剤塗布量を適正に管理しました。

NG 52 スズキ製バイク（GSX-125）のフレーム締結ボルト・フレーム折損

【失敗内容】 2017～2018年生産のスズキ製バイクにおいて，ボルトやフレーム折損により走行安定性を損なう可能性があるため，2018年改善対策届出をしました[63]。

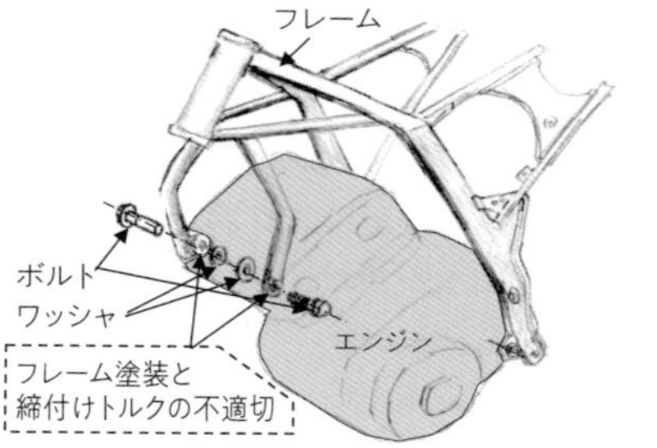

【原　因】 塗装およびボルト締付トルクの設定が不適切で，振動によって塗膜がこすられて摩滅したり，陥没することでボルトの軸力が低下し，その状態のボルトに過大曲げ応力が加わったことにより折損したのです（**図3-04-09**）。

図 3-04-09
フレームおよびボルト折損の不具合箇所説明図

【対　策】

(1) フレームの締付座面の塗膜を除去しました。

(2) 締付座面の平面度を確保するための座金を追加しました。

(3) 適正な締付トルクに変更しました。

【関連情報1】 塗膜厚さと塗膜硬度の影響

公式報告ではありませんが，NG51，NG52は筆者の経験から以下のメカニズムが影響したと考えます。

図3-04-10は，ある試験条件における塗膜厚さが軸力低下に与える影響を

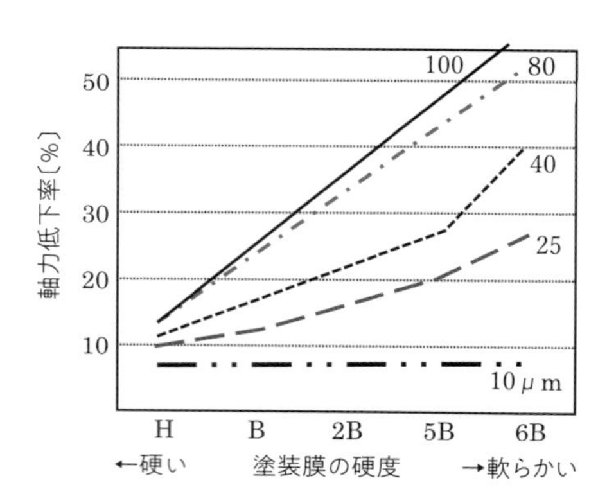

図 3-04-10
塗膜厚さが軸力低下に与える影響

示し，塗膜 100 μm で 5B の鉛筆硬度※32 の場合に，塗装によるへたりで軸力が初期の半分以下になり，ボルトが脱落する可能性を示しています。塗膜厚さを 10 μm 程度の薄さにすれば軸力低下は小さくなりますが防錆性能が下がってしまいますので，締結部は原則，塗装以外の表面処理にすべきなのです※33。

［関連情報 2］ 摩擦締結面への塗装は原則禁止に

取付面がせん断を受ける構造では，せん断力ですべりが発生しやすい塗装を避けて，次に示す建築物基準と同様に，取付面の摩擦係数にこだわった設計 が重要です。

エンジンのシリンダブロックやヘッドは,「塗装時マスキング」か「全面塗装後に加工」として取付面を未塗装状態にすることが標準です。

● 鉄骨建築部材の摩擦面処理規定

建築物の高力ボルト接合部表面は,摩擦力で互いの部材の結合剛性を確保しています。したがって，接合面の摩擦力が重要なので，以下のように規定されています[48]。

- **摩擦係数（建築分野では「すべり係数」と呼ぶ）は 0.45 以上でなければならない。**
- **黒皮※34 を除去後は，自然発生の赤さび面とすることを基準とし，塗装してはならない。**
- **めっき鋼材使用時は，ブラストなどの摩擦面処理により摩擦係数 0.45 を確保する。**

失敗から学び，実施すべきこと

「塗装によってはボルトがゆるむ」ということを知らない設計者が多いですが，塗膜によるボルト脱落の不具合は非常に多いので，しっかりと覚えておきましょう。

- **重要な締結部位の接合面には塗装禁止を原則とすること（表面処理なしか，めっき処理）**
- **締結面の塗装が避けられない場合は，「カチオン電着塗装※35 で膜厚 30 μm 以下」，「鉛筆硬度 H の指定」などを図面に記載すること**

※32　塗膜強度は，JIS K 5600-5-4 引っかき硬度（鉛筆硬度法）に則り鉛筆で塗膜を引っかき，傷ができた際の鉛筆の硬度で評価します。

※33　実用的には 30 μm 前後で塗膜硬度が 2H ～ 3H のカチオン電着塗装ならば締結部に使用可能。

※34　熱間圧延した鋼材の黒い酸化被膜のことで，耐食性はありますが密着性が悪いため「黒皮材」と呼ばれています。また，黒皮材の表面を削ったものを「みがき材」と呼んでいます。

※35　陽イオン塗料液の中に製品を入れて電気を流して塗装する方法。

3-04-4 高温部位締結の失敗

鋼製ボルトは300℃以上で急激な降伏点（≒0.2％耐力）の低下や応力緩和（一定に拘束した状態からの応力低下）が起きます。その傾向は材質により様々なので，使用最高温度を把握し，高温耐力と価格を意識した材質選びが重要となります。ただし，「耐熱性が高いほど価格も高い」ことも意識すること（**図3-04-11**，**図3-04-12**）。

● **使用最高温度の例**

300℃以下（S45C） ＜ 400℃以下（SCM435） ＜ 450℃以下（SUH3，SUS304） ＜ 650℃以下（SUH650）

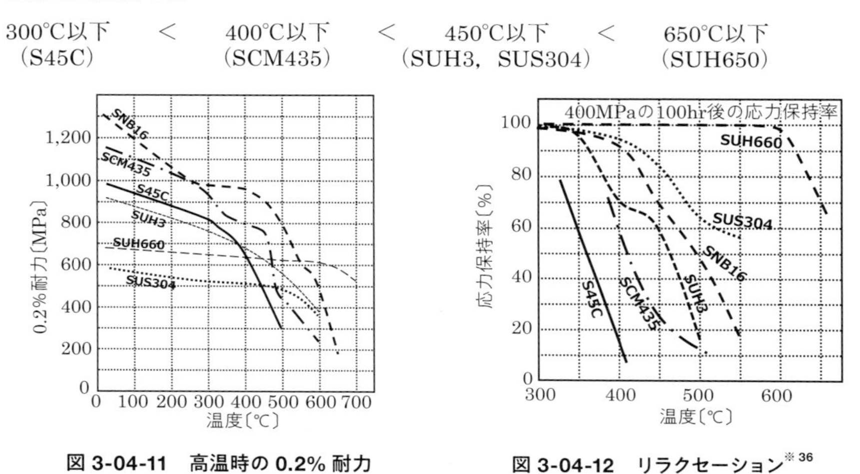

図3-04-11 高温時の0.2％耐力

図3-04-12 リラクセーション※36

※上記は一例ですので，厳密な数値は金属材料メーカなどに確認してください。

NG 53 排気系のステンレス製ねじ締付時の焼付き

【失敗内容】 ステンレス製ねじの締付時に，以下のような事故が発生しました。

（1）SUS304製ナットをインパクトレンチで締付中に焼き付き，植込みボルト※37が折損した。

（2）排気マニフォールドのSUH660製STUDにSUS304製ナットの組合せで締付軸力不足が発生した。

※36 変形が拘束された状態でクリープの進行に伴って応力が減少する現象。

※37 軸の両端にねじが切られている六角頭部のないボルト。スタッドボルトとも呼ばれており，片側のねじを製品にねじ込んで（植え込んで）使います。両ねじボルト（タイロッド）とは別物なので注意。

(3) EGR クーラのフランジ（SUS304）に取り付けたSUH660製スタッドボルトが外せず，交換できないとのクレームが発生した。

【原　因】 SUS ボルトの焼付き現象は有名で，その原因には諸説あります。一般には，締付時の摩擦熱にて瞬間的に熱膨張して，ねじ面に隙間がなくなり焼き付くか，または摩擦係数が瞬間的に増大すると言われています。

(1)，(3) は締付時の焼付き現象であり，(2) は摩擦係数が増大した結果です。

【対　策】 (1)〜(3) の失敗には，以下のような対策が有効です。

(a) エジンオイルにより潤滑する

(b) 締付速度を低めに抑える（インパクトレンチでの締付は禁止。例えば，50 rpm 以下での制御を推奨）

(b) 親和性の低い表面処理を片側に施す

焼付きを防ぐために，焼付防止用コーティングが商品化されていますが，樹脂系のコーディング剤は高温部に使用するとゆるみやすいので注意してください（**NG56** 参照）。

【解　説】 **低熱伝導率と高い線膨張係数**

オーステナイト系ステンレス（SUS304 など）や耐熱鋼（SUH660 など）は，低熱伝導率・高い線膨張係数（**表 3-04-01** に示すように鉄鋼比で熱伝導率 1/3，線膨張係数 1.5 倍）であるため，高速締付（インパクトレンチなど）では，ねじ部の摩擦熱でボルトが瞬間的に膨張し，おねじとめねじの隙間がなくなり密着して「焼付き」が発生したと思われます。

表 3-04-01　炭素鋼と SUS304 の熱伝導と線膨張係数の比較

材質	熱伝導率〔cal/s·cm·°C〕	線膨張係数〔$\times 10^{-6}$/°C〕
SUS304	0.038	17.3
S30C	0.115	11.5
※ SUS304/S30C の比（%）	33%	150%

NG 54 アルミヘッドと鋼製ボルトによる軸力変化

関連 NG ▶ 35, 36, 78, 79

【失敗内容】 不具合と呼べる事例はありませんが，ガス漏れやボルトのゆるみが発生したときの原因究明や対策を検討するときに，ボルトと被締結物の線膨張率違いによる軸力の変化（図 3-02-03）を理解して考察することが大事です。

【原　因】 **表 3-04-02** で示すように，アルミヘッドが鋼製のボルトに対して線膨張係数が約 2 倍あるので，高温時は高軸力となりますが，低温時は低軸力となるのです。そのため，暖気前（低いヘッド温度）に全負荷運転で爆発力が大きいときにはガス漏れしやすくなります。

表 3-04-02　アルミヘッドと鋼製ボルトの熱膨張係数の比較

材質	線膨張係数〔$\times 10^{-6}$/°C〕
アルミ鋳物（シリンダヘッド）	22
硬鋼（ボルト）	11.3
ヘッド / ボルトの比（%）	195%

【対　策】 軸力の変化に強いガスケットとシリ

ンダヘッド構造にしました。将来的には，線形膨張係数の大きい高強度のアルミボルトやステンレスボルトの出現に期待したいところです。

NG 55 鋳鉄製排気マニフォールドと取付ボルトの軸力変化

【失敗内容】 失敗と言うほどではないですが，締結構造によっては運転後に停止した常温状態になると著しく軸力が低下し，ガス漏れを起こすことや，運転と停止を繰り返すことでナットがゆるみ脱落することがあります。

【原　因】 排気マニフォールド自体は700℃を超える温度になりますが，シリンダヘッドにかん合した取付ボルトのねじ部は高負荷運転中でも約100℃なので，被締結物とボルトに大きな熱膨張差が発生して，軸力変化が生じてガス漏れやナット脱落が発生します。

特に，グリップ長さ※38が短いと温度変化に対して軸力の変化が大きくなりやすいため，加熱時に高軸力になりすぎて弱い箇所が塑性し，エンジンの低負荷時や停止の際に大きく軸力が低下するのです。

保持力低下によって，ボルトの軸直角方向（マニフォールドの長手方向）の動きや，フランジの浮きを抑制する力が低下するので，ボルトがゆるみやすい究極の締結構造物と言えます。

【対　策】

（1）**図03-04-13**に示すように，被締結物のフランジとナットの間にディスタンスチューブ（フランジとナットの間に挟むパイプ状の座金）を挟むことでグリップ長さを長くして，温度変化（熱膨張差）による軸力変化を低減させます。

（2）ダブルナット化して回転ゆるみを防止します。

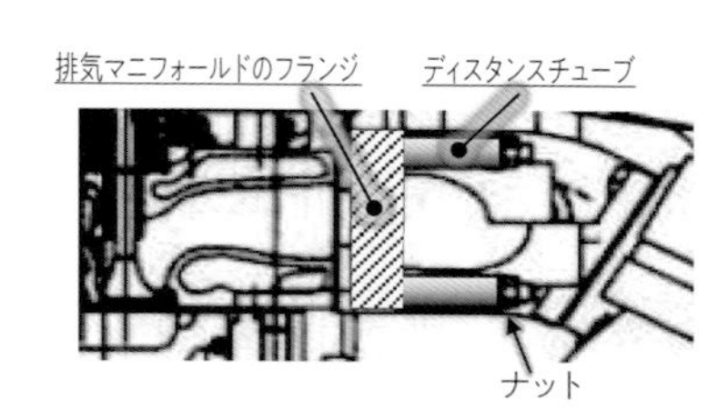

図 3-04-13
排気マニフォールドの締結構造

【解　説】 言葉だけではわかりにくいので簡単なモデルの計算例を示しながら解説します。

●温度分布による軸力変化の計算モデル

全負荷運転の場合，ディーゼル車で700℃超え，ガソリン車で800℃を超える排気ガスを流すマニフォールド（取付部500℃超）に対し，水冷シリンダヘッド部は約100℃で温度勾配が存在します（**図3-04-14**）。

※38　グリップ長さとは，ボルトとナットとで品物を締め付ける場合は，ボルトおよびナットの両座面間の距離のこと。

仮に，M10ボルトで20℃，締付軸力10 kN，運転平均温度370℃，鋳鉄ボス（$D=22, d=12, L=50$）平均温度520℃の場合，線膨張係数をボルト13.9×10^{-6}，鋳鉄13.0×10^{-6}/℃とすると，無荷重時の熱膨張は

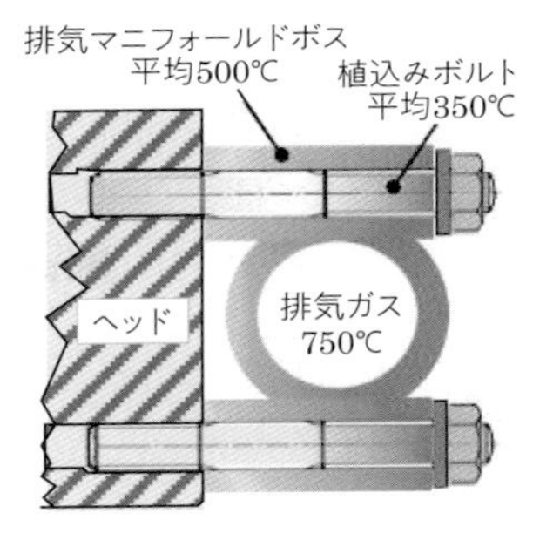

図 3-04-14
温度勾配のある締結構造図

ボルト　$\delta_a=\alpha_a L\Delta t_a=13.9\times10^{-6}\times50\times350$
$=0.243\ \mathrm{mm}$

鋳鉄ボス　$\delta_b=\alpha_b L\Delta t_b=13.0\times10^{-6}\times50\times500$
$=0.325\ \mathrm{mm}$

相対歪み　$\delta_a-\delta_b=0.082\ \mathrm{mm}$

ボルト側や被締結物側のばね定数を求める式は，「山本の式」「沢・丸山の式」「ドイツ技術協会の式」「FRITERの式」「芝原の式」[54]などを参考にし，簡略事例なのでグリップ長さ(L)の範囲がすべてねじ山になっているとして以下の記号で定義すると，次の式で表すことができます。

K_b：ボルトのばね係数〔N/mm〕

K_c：被締結物のばね係数〔N/mm〕

E_b：ボルト(鋼)の縦弾性係数＝206,000〔N/mm^2〕

E_c：被締結物(FCD)の縦弾性係数＝160,000〔N/mm^2〕

d:ねじの呼び径（M10）＝10 mm，L:グリップ長さ＝50 mm，P:ねじのピッチ＝1.5mm

A_s：ねじの有効断面積$=(\pi/4)(d-0.9382P)^2=(\pi/4)(10-0.9382\times1.5)=57.99\ \mathrm{mm}^2$

D_i：被締結物の穴径＝12 mm

D_m：被締結物の圧縮変形が等価な円筒の外径＝22 mm

$$K_b=\frac{A_s\cdot E_b}{L+0.7d}=\frac{57.99\times206{,}000}{50+0.7\times10}=209{,}506\ \mathrm{N/mm}$$

$$K_c=\frac{E_c}{l_c}\cdot\frac{\pi}{4}(D_m{}^2-D_i{}^2)=\frac{160{,}000}{50}\cdot\frac{\pi}{4}(22^2-12^2)=854{,}513\ \mathrm{N/mm}$$

なお，ボルト頭部の変形とナットのはめあい部の影響長さを$0.7d$としているので，ナットの厚さは無関係です。

同様にボス側は，薄肉円筒$D_m=22$，$D_i=12$，鋳物はFCDの$E_c=160{,}000\ \mathrm{N/mm}^2$なので，20℃時の締結10 kNの軸力をかけると以下になります。

ボルトは，$\dfrac{F}{K_b}=\dfrac{10{,}000}{209{,}506}=0.0477\ \mathrm{mm}$ 伸び

ボスは，$\dfrac{F}{K_c}=\dfrac{10{,}000}{854{,}513}=0.0117\ \mathrm{mm}$ 圧縮

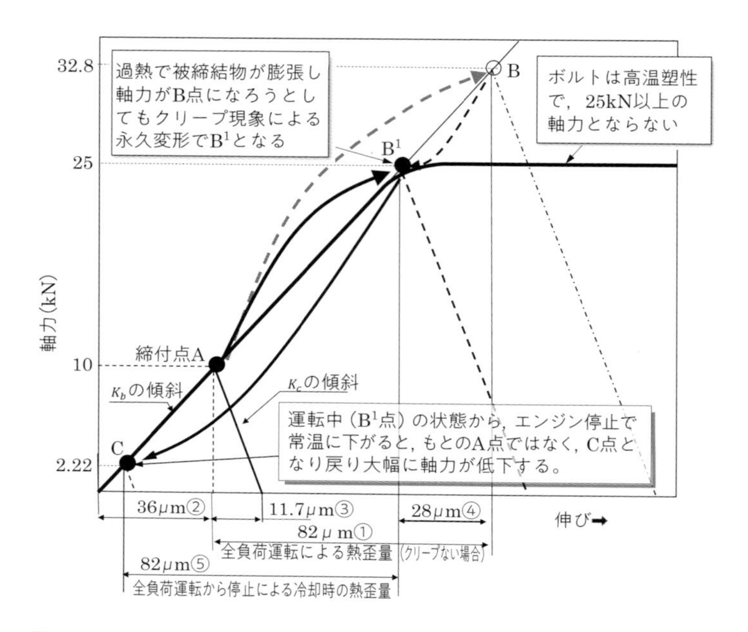

図 3-04-15　締付・加熱・冷却時の締付三角形（説明用の簡略図）

本現象を簡易的に，**図 3-04-15** の締付三角形で示します（**NG35** の図 3-02-02 と同じ現象）。A 点の締付状態から加熱すると，ボルトもボスもそれぞれ膨張し，ボルトは 82 μm 右側にシフトしようとしますが（B 点），クリープ[※39]による各部の塑性変形により B¹ 点の軸力となり，運転中の軸力は組立時の約 2 倍（25 kN）まで上昇します。そこから運転を止めて常温まで全体が冷えると，相対歪 82 μm の収縮により軸力は，初期の 10 kN から C 点の 2.22 kN に低下するのです。

ただし，実際は低ばね定数のガスケットも挟まれているので，これほどの軸力変動は起きませんが，ボルトにはかなりの軸力変動に耐えうる耐熱性が必要なので，排気系には高い締結技術とガスシール技術が求められるのです。設計者はこれらのメカニズムを理解したうえで設計し，また評価技術者も理解していなければなりません。

※ 39　静荷重を長時間与え続けたとき，時間とともに材料の変形量が増加する現象のこと。

失敗から学び，実施すべきこと

金属は高温環境でクリープしますが，耐熱性の高い材料は高価であるため，使用環境最高温度に適した材料の選択が求められます。また，耐熱鋼のボルトとめねじの組合せは高速締付で焼き付きやすいので注意が必要です。

- **耐熱鋼ボルトと耐熱鋼のめねじの組合せは，高速締付時の摩擦熱による膨張で焼付きの発生があるので，締付速度の指定やオイル潤滑などを図面や作業基準書に明記すること**
- **耐熱鋼ボルトは高価なので，使用最高温度に適した材質（図 3-04-11 参照）を選ぶこと**
- **熱膨張差による軸力変化が大きくなる部位の締結設計ではグリップを長くすること（ディスタンスチューブの採用など）**
- **相対動きの大きい面に挟まれるガスケットには，相対すべりを繰り返すので，グラファイトコートなど摩擦低減の表面処理を施すこと**

3-04-5 摩擦係数安定剤使用による失敗

製造業の組立では，潤滑なしの締付がほとんどであり，軸力のバラツキが大きい（めっきボルトではμ≒0.4 ± 0.15 前後），かといって1つひとつオイルや二硫化モリブデンを塗布するのは作業性が悪いだけでなく，周囲を汚します。そのため，摩擦係数安定剤のコーティング付きボルトがよく使われますが，これは非常に便利で，かつ締結品質の安定化にも貢献しており，製造業において20年以上使われています。

NG 56 インジェクタクランプ締付用ナットの脱落

【失敗内容】 摩擦係数を安定させるためのコーティング付ナットを採用したところ，組立直後の運転でナットの回転ゆるみが発生し，ナットが脱落しました。

【原　因】 締結部が約100℃に昇温したことでコーティングの摩擦係数が低下したことによるゆるみでした（締結後に静止状態のナットをハンドドライヤーで加熱したところ，ナットが自己回転しゆるみを再現）。

【対　策】 ナットのコーティングを廃止し，オイル潤滑による締付に変更しました。

【解　説】

● ガラス転位温度（T_g）で大きく特性変化

コーティングのバインダー樹脂は**DSC**※40による硬化温度，および**ガラス転移温度**（昇

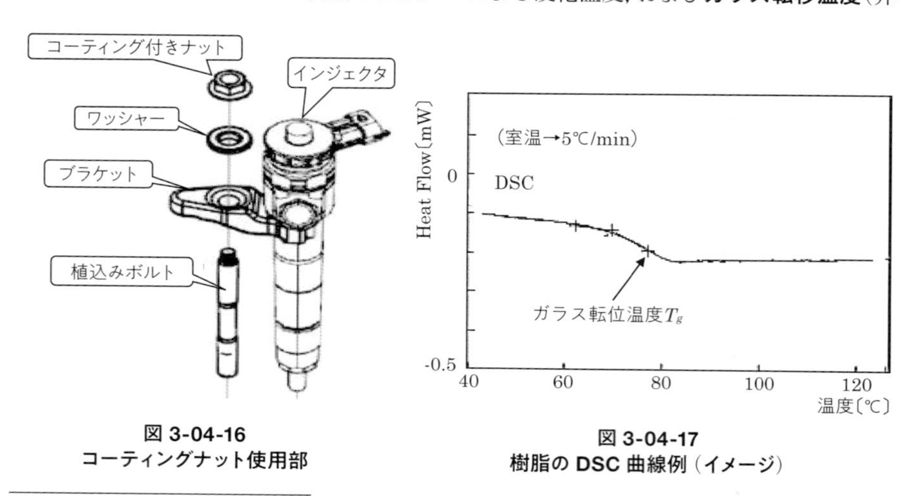

図 3-04-16
コーティングナット使用部

図 3-04-17
樹脂の DSC 曲線例（イメージ）

※40　DSC（示差走査熱量測定法）とは，測定試料の発熱や吸熱を伴う相転移や融解などの変化を，試料の温度変化に伴って生じた基準物質との熱流の差として検出する測定法（参考資料：津越敬寿，『ぶんせき』2017年12号入門講座（熱分析））。

温時に急速に流動性が増す温度）が 70℃付近にありました（**図 3-04-17**）。

つまり，60℃以下のコーティングの特性が 70℃以上では全く異なる特性となり，摩擦係数が低下してしまったのです。

● **特性変化のメカニズムの検証試験結果**

本件の検証のため，**ガラス転位点（70℃位）以上の80℃に昇温したところナットの自己ゆるみを再現**できました。コーティングありの M8 ナットを，30 N m で締め付けて，上下の合わせマーキングをした後に，80℃で 30 分加熱するだけで，自己回転ゆるみを確認できたのです（**図 3-04-18**）。

なお，このゆるみ特性にはコーティングの付着量が影響するので注意が必要です。

試験後にマーキングのずれ

図 3-04-18
自己ゆるみの再現写真

［関連情報］

● **コーティングの特性比較**

亜鉛めっき面の「潤滑なし」「オイル潤滑」「摩擦係数安定剤 A,B,C を使用」した場合の摩擦係数のばらつき範囲を測定した事例を**図 3-04-19** に示します。潤滑しない場合の摩擦係数が大きいことと，ばらつき幅の大きいことはもちろんですが，摩擦安定剤はばらつき幅が小さいことがわかります。

締結構造の場合，摩擦係数が低すぎるとゆるみやすいので，摩擦係数値を大・中・小と選べるようになっています。ねじ部品の摩擦係数のばらつきはそのまま軸力のばらつきになりますので，摩擦係数安定剤は締結構造の品質向上に貢献してきたのです。

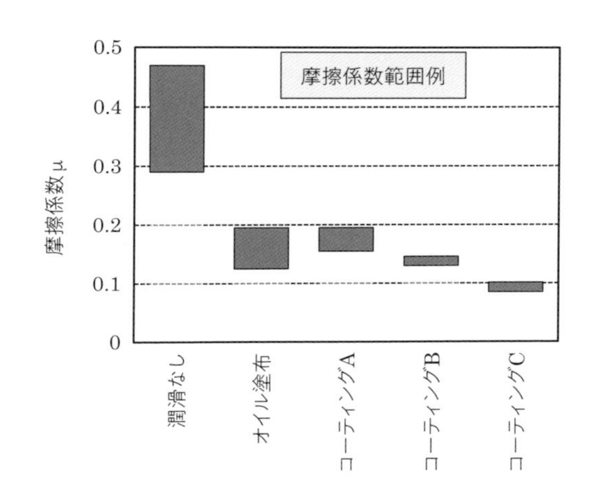

図 3-04-19　潤滑の有無とコーティング剤の摩擦係数比較

失敗から学び，実施すべきこと

締結品質を語る上で，摩擦係数の安定化は直接軸力の安定化に直結するので，欠かせません。油潤滑や二硫化モリブデン塗布の歴史は古いですが，手や作業環境が汚れるので，コーティングにより摩擦係数を安定化させた商品が普及しています。しかし，これらを使用しての失敗も多いので，取扱いには注意しなければなりません。

- **樹脂バインダによるコーティングはガラス転位点以上で摩擦係数が急低下するので60℃以上の環境になる締結部位には使用しないこと**
- **摩擦係数安定化の表面処理は，摩擦係数の上下限，およびその使用環境上限温度を把握したうえで採用を判断すること**
- **摩擦係数の低いリン酸塩処理等の化成処理（パルーブ処理®などの金属石鹸）の場合は，溶液濃度や処理時間などの工程管理値も図面に記載すること**
  （本文に紹介していないが，化成処理時間が長すぎてボルト脱落の事例がある。）

3-04-6 軟質材ガスケット締付時の失敗

ガスケットを挟む締付は，最初に締め付けるボルトは全体面を潰すために軸力が使われることもあって，締付箇所が増えると最初のボルトの軸力は低下します。そのために締付方法に工夫が必要です。

NG 57 ターボ入口の排気フランジ締付不良によるガス漏れ　関連 NG ▸ 27, 35, 64, 71～73, 75

【失敗内容】 図 3-04-20 左に示す形状のフランジの四隅を対角線の順に「たすき掛け締付」したところ，短時間の運転でガス漏れが発生しました。

【原　因】 典型的な**軟質被締結物の締付手順の間違い**です。

【対　策】 一巡締付では図 3-04-20 のグラフの右端に示すように，均一面圧が確保できていないので，二巡締付としました。

締付は図の『①→②→③→④→①→②→③→④』の順に行うことを推奨しますが，軸力測定結果によっては，『①→②→③→④→①→②→③→④→①』として，一番低い位置①に三巡目として追加締付をすると，さらに均一な締付ができます。また，大量生産では，多軸時間差締付[※41] を推奨します。

【解　説】 図 3-04-20 の横軸は締付経過時間を示し，一巡目の軸力変化を示します。

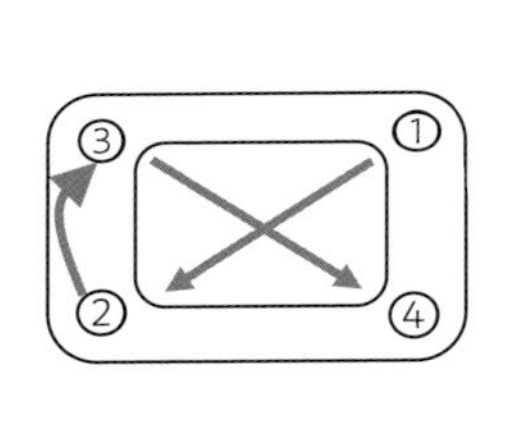

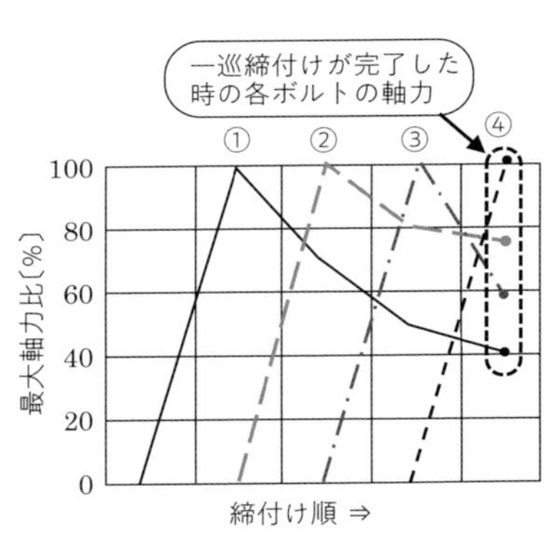

図 3-04-20　締付手順とターボ締付時軸力変化のイメージ

※41　本件の例では，4 軸同時にねじ込み（ボルトの回転）を開始し，トルクが発生する着座後には，各軸の回転はじめのタイムラグを①②③④の順に付けながら 4 軸締付を行い，全ての軸が目標トルクに達するまでトルクを保持する方法です。
軸力が発生しないで回転させることを「ねじ込み」，着座後には「締付け」と本書では呼びます。

最初に締め付けるボルトは1本で全体を締め付けるので，ガスケットをつぶしきれず，他のボルトの締付とともに，軸力が低下していく様子がわかります。

まず，①を100%まで締め付けた後に②を締め始めると，②が100%に達するときには①の軸力は65%程度に低下しています。さらに，③を締め始めて100%になると，①の軸力は50%に，②は80%に低下しています。そして，④を締め始めて100%に達するとときには①の軸力がさらに低下して，40%になってしまっています。

つまり，**一巡だけの締付では，最初の締付部①の面圧が低くなりガスが漏れた**のです。

失敗から学び，実施すべきこと

ガスケットを挟んで締め付ける場合，ガスケットは軟らかいので，その順序が重要です。しかも，締付を一巡させるだけでは片締りします。

- **軟質材ガスケットを挟む締付は二巡以上の締付をすること（軸力測定結果によっては一巡半など二巡以下でもよい）**
- **締付仕様は軸力を測定しながら作業工数が効率的な仕様を決めること**

3-04-7 塑性域締付時のスナグトルク指定の失敗

高軸力が必要な締結部には，軸力安定化のため，塑性域回転角法締付の採用が主流となっています。ここでは，塑性域回転角法締付において注意すべき項目を紹介します。

NG 58 スナグトルク締付時の着座不良によるガス漏れ　関連 NG ► 27, 35, 64, 71～73, 75

【失敗内容】 開発の評価では，**図 3-04-21（a）**の順番で1本ずつの手で締め付け，均一締付けのために二巡させて締め付けていました。しかし，組立ラインではサイクルタイムを短縮させるために，マルチ機械締めで一巡で締め付ける工法としました。そのため，完成検査時に，エンジン中央部からのガス洩れによって，シリンダ内の圧縮圧力が基準圧力に達しませんでした。

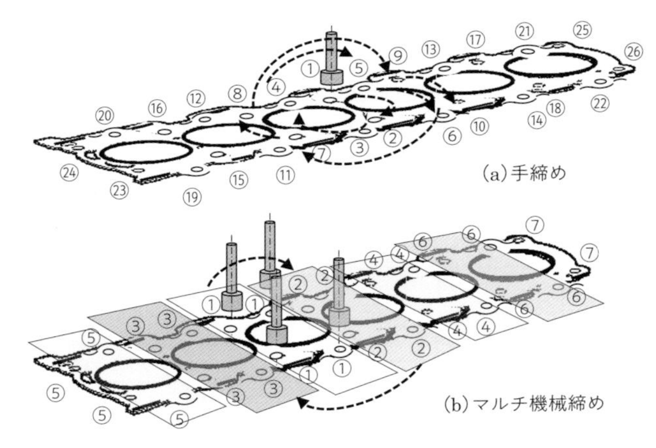

図 3-04-21　ガスケット締付順序

【原　因】 軟質材を挟む締結体の場合，**NG57** の図 3-04-20 で示すように，一巡の締付時では締付力が均一になりません。特に，スナグトルク締付は軸力が低いのでガスケット内部構造の隙間を密着させることができない部位が生じやすいのです。このように密着していない状態から回転角法締付を開始すると，軸力上昇の少ない締付が生じることによって，締結完了後の軸力が極端に低くなってしまうのです。

【対　策】 スナグトルク締付の二巡化および回転角法締付を2回に分ける（例えば120°回転で締めるときは，60°で一巡後にもう一度60°で一巡締め付ける）ことを推奨します。多軸締付機の場合も同様です。

全軸締付機の場合は，しわ伸ばしといわれていますが，各軸の回転開始に時間差を設けて中央から両端に向けて締付力が増していくようにします。そして，各軸の締付完了状態になっても，全軸が締付完了するまでトルクをかけ続けると，均一な締付ができます。

【解　説】軟質材のガスケットなどを挟んで，塑性域回転角法締付を行う場合においては，スナグトルク締付で，全ての締結部を密着できる締付方を決めることが設計者の責任です。**図 3-04-22** は，スナグトルクで締結部が密着できなかった場合（A点）と密着できた場合（C点）の，回転角締付完了後の比較（B点とD点）をしたものです。**着座しない状態からの回転角締めは，最初は空回りするような感じで軸力上昇が遅れるのです。**

回転角の値は，着座軸力後の被締結物およびボルト系のばね定数を前提に設定するので，図 3-04-22 右下のグラフのスナグトルク設定だった場合，締付ばらつき（図の塗りつぶした部分の下端）の上限側の締付はスナグ締付でE点より高い軸力のC点となり，回転角 β で締付完了がD点なので，塑性締付ができています。

しかし，下限値軸力では，密着のC点より低いA点となり，被締結物が密着しないので，そこから X 軸に示す**下限回転角** $\boldsymbol{\alpha}$ で締め付けるとB点で締付完了となり，塑性域に達することもできず**ばらつき幅**が非常に大きくなってしまいます[※42]。

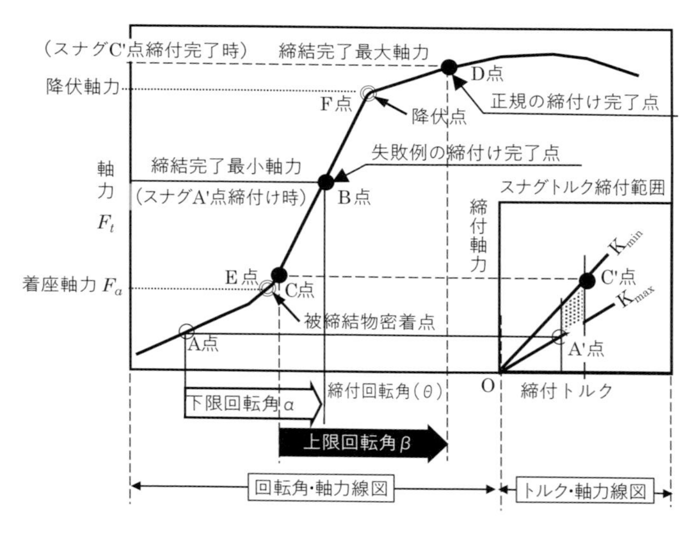

図 3-04-22　設定スナグトルクが低い例

※ 42　図 3-04-22 のグラフを理解するのが難しいときは，JIS B 1083「ねじの締付け通則」を参照してください。

【関連情報】 重要な締結部の設計に，塑性域締付は必須技術なので，要点をここに紹介します。詳細は，ねじの専門書を参照してください。

● **トルク係数 K**

トルク係数 K は，

$$K = \frac{\text{締付トルク〔N m〕}}{\text{軸力〔kN〕}\times\text{ねじの呼び径〔mm〕}} = \frac{T}{F \cdot d} \quad \cdots\cdots(a)$$

で表されます。締結技術ではよく使われる式ですので，覚えてください。

トルク係数 K は，座面摩擦係数とねじ面摩擦係数に強く影響を受ける値となります。摩擦係数が大きいと大きい値となり，一般にそのばらつきの最大値を K_{max}，最小値を K_{min} と表します。

● **下限スナグトルク決定方法**

［解説］の中で，スナグトルクで着座させることの重要性を述べました。そのための手順を以下に説明します。

a）ガスケット圧縮特性から着座軸力 F_a≦最小スナグ軸力（b 点）を決めます。

b）同一座面とねじ面による締付試験によって**トルク係数のばらつき**を求めて，被締結物密着最小スナグトルク $T_{s\ low}$ を決めます（**図 3-04-23** の a 点）[※43]。

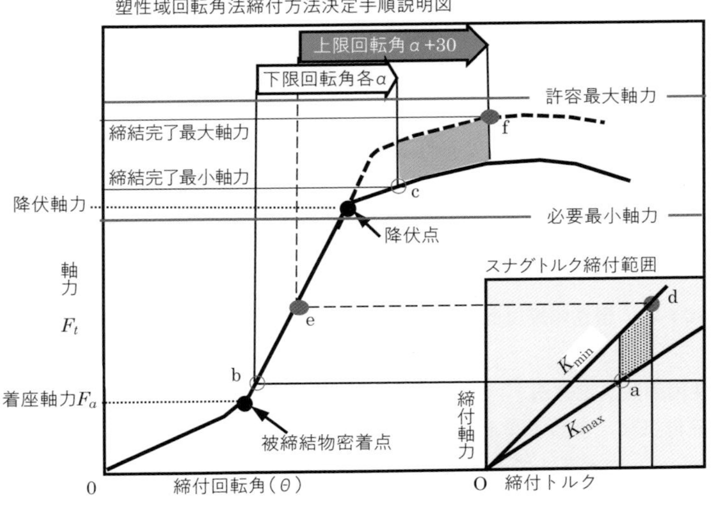

図 3-04-23 ソフトジョイント締付[※44] 試験例

※43 着座しないと，スナグ締付け後の回転角のロスが大きくなり，締結完了軸力のばらつきが大きくなります。

※44 低ばね定数の軟質剤を挟む締付けのこと。

$$T_{s\,low} > F_a \cdot d \cdot K_{max} \qquad \cdots\cdots(b)$$

ここで，F_a：接合面密着軸力，d：ねじの呼び径，K_{max}：最大トルク係数

●塑性域締付回転角法の回転角の決定方法

締付け試験機によって得られたデータ例を図 3-04-23 に示します。図の上側の x 軸の回転角値は，ボルト試験装置の治具（被締付物）と実際の被締結物で剛性（ばね定数）が異なるため，実際の被締物によるデータで補正すること。

実際の被締結物を用いて校正試験を行った硬度上下限の歪ゲージ付きボルトを用いた試験結果を，図 3-04-24 に示します。

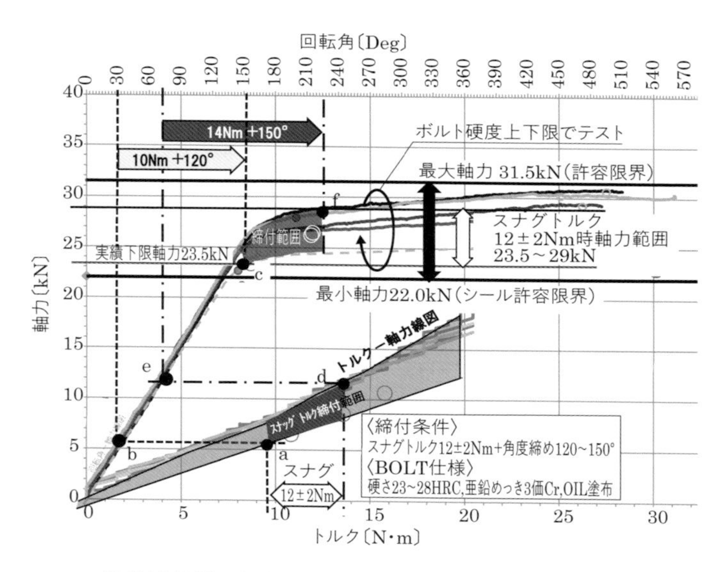

図 3-04-24　塑性域締付回転角法のトルク-軸力線図および回転角-軸力線図

●許容再使用回数決定方法

ボルト締付試験によるボルト伸び–軸力線図（**図 3-04-25**）において，最大軸力点の永久伸び（b 点）に至るまでの再使用回数を，許容再使用回数とすることを推奨します（図 3-04-25 の例だと，5 回）。

これ以上の締付回数で使用すると，ボルトの軸径が著しく細くなり，不具合が発生する可能性が増加するためです。

整備後に新品ボルトに交換するメーカーもありますが，装置の寿命期間における整備回数が想定できれば，それをボルトの再使用回数として設定すれば問題ありません。ま

た，ボルトのねじ径の変化が想定内であれば（ねじの外径が細くなり始めると破断の可能性が高まるため）再使用可能としている例もあります。

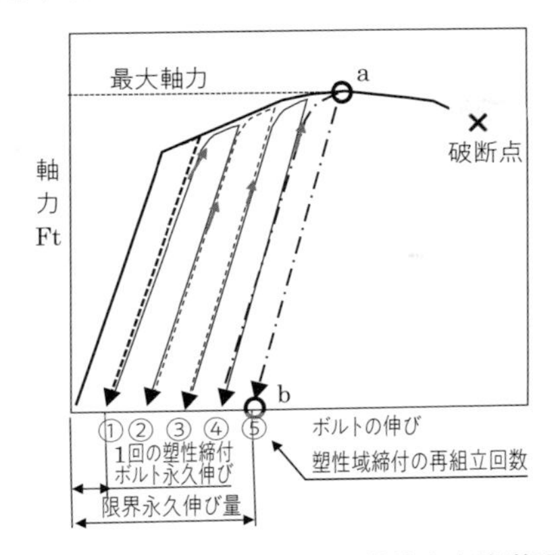

図 3-04-25　ボルトの再使用回数決定方法説明図

失敗から学び，実施すべきこと

塑性域回転角法締付で最も失敗しやすいのは，着座させるためのスナグトルクが不十分であることです。回転角法は着座後に回転角で締め付ける方法なので，着座が不十分であると想定していた軸力に達しないためです。前述のガスケットの締付時において，一巡目の締付の瞬間は着座していても，一巡完了時点に軸力が大きく低下することが多いので，スナグトルク時の二巡以上の締付が必須となります。

- **軟質ガスケットを挟む塑性域回転角法のスナグ締付時に，締結面が密着していることを検証しておくこと**
- **組立ラインにマルチ締付装置が導入できれば，全軸締付が完了するまで全軸にトルクをかけ続けることで片締りを防止できるのでマルチ締付装置の採用を推奨**
- **開発期間中は量産マルチ締付装置の評価ができないため，耐久信頼性の評価を量産前に実施できるように，量産時に用いる締付設備を開発の最終評価段階までには導入すること**

3-04-8 ボルトの水素脆性破壊

高強度ボルトは高応力で使われることが多く，「水素脆性破壊」が起こりやすくなります。機械技術者は「水素脆性破壊」について理解を深めておかなければなりません。水素脆性による破損は，一般常識的な現象になっていますが，大変重要なことなので，ここでは基礎的なことから紹介します。

● 水素脆性とは

水素脆性破壊は締付完了より時間がたってから破損することから「遅れ破壊」とも言われ，その要因は**図 3-04-26** に示す 3 要素（水素・高応力・高硬度）です[※45]。

a. 40HRC（= 390 HV）以上の高硬度材

b. 静的高応力（塑性領域など）継続負荷の状態

c. 鋼中に侵入する水素量が多い

この 3 つの条件が重なることで脆性破壊が発生するので，どれかの要素を取り除けば，破損は解消するのです。

強度区分 11.9 以上の高強度ボルトでは

「酸洗い」や「めっき行程」で水素侵入➡高応力で格子欠陥に水素が集まる➡高応力で割れる

という経過で折損する可能性が高くなります。

図 3-04-27 に，ボルト引張強さと拡散性水素量による破損危険度を示します。危険領域を避け，中間領域でも破損の可能性を考慮して防錆処理などが必要となります。

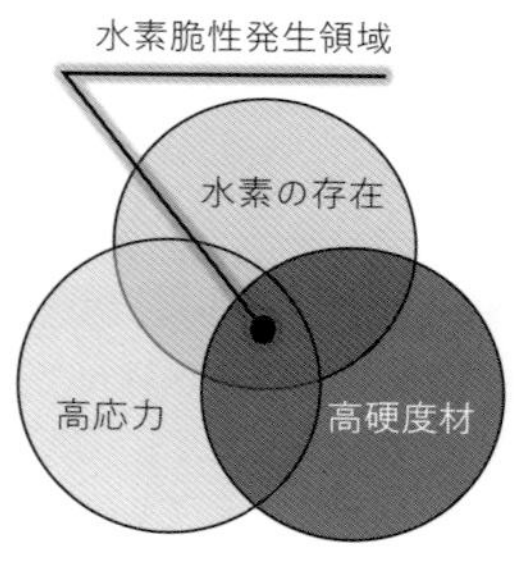

図 3-04-26
水素脆性の３つの要因

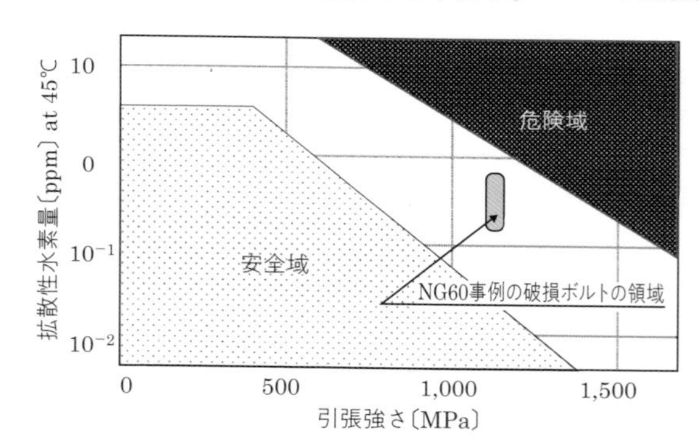

図 3-04-27　水素脆性のボルト強度と危険域

※ 45　この水素脆性の 3 要素は，実験結果により一般的となっていますが，個別のメカニズムはわかっていません。

製品検査では危険を検出できないので，製造工程の作り込み時に脆性破壊評価を行ったうえで，材質 / 強度 / 表面処理仕様を決めることが必要となります。

NG 59 エンジンフットボルトの遅れ破壊

1980 年頃に多く発生した事例です。この頃は，まだ水素脆性に関する情報が知れ渡っておらず，知識不足により発生した事故です。

【失敗内容】 筆者が設計したリアエンジンフットの高強度締結部において，組立から数時間後に完成車保管場所で，**図 3-04-28** のボルトが破損して脱落しました。エンジン脱落事故につながる可能性もありました。

【原　因】 39HRC 超えの硬度の高強度ボルトであるにもかかわらず，めっき後 4 時間以内に約 200℃のベーキング（脱水素）処理をしなかったので，ボルト内の含有水素が高応力によって金属格子欠陥に集まり，割れたのです。

【対　策】 ねじ底Rを 0.125P 以上とし，めっき直後のクロメート処理前にベーキング処理をしました。

図 3-04-28　水素脆性破壊したボルトの使用箇所

NG 60 ガス漏れ腐食によるボルトの水素脆性破壊

【失敗内容】 オーバヒートによる微小ガス漏れで，ボルトを含むヘッドガスケット周囲が腐食性の高い環境となり，ボルトの水素脆性破壊が確認されました。

【原　因】 組立直後の環境では，図 3-04-26 の条件には合致しませんが，ガス漏れによってガスが凝縮し，水分中の水素イオン（H^+）がボルト内に侵入して，脆性破損を起こしたのです。

【対　策】 ガス漏れは，各部の腐食や汚れを発生させるだけでなく，重大な破損につながるため，整備時のスナグトルクの締付の二巡化などによって，全体の締付軸力が均質になるような締付を徹底させました。

NG 61 大型車のタイロッドエンド締付ボルトの破損

【失敗内容】 図3-04-29に示すUDトラックス社の前2軸大型トラックのタイロッドエンドを固定するクランプの締付ボルトが破断することで，タイロッドが破損して操舵不能になる不具合が発生しました（平成30年リコール届番号4203）[69]。

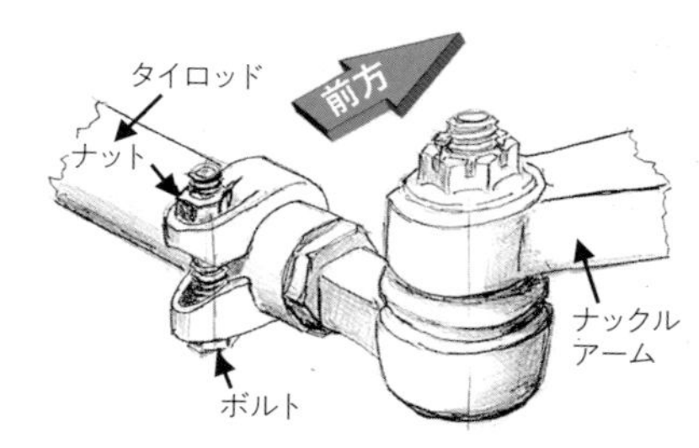

図3-04-29　破損ボルト使用箇所

【原　因】 めっき前の酸洗い工程が不適切だったため，水素がボルトに浸入しました。締付荷重によってボルトに曲げが加わる片持締結構造も破損を促進させたと思われます。

【対　策】 対策内容は報告されていませんが，まず酸の濃度を低くして酸洗いを行い，その後めっき処理，めっき後4時間以内に200℃で4時間程度保持するベーキング処理を施した後で，耐食性被膜を作るクロメート処理を行ったものと推測されます。

【解　説】

● 電気めっき……ボルトに水素が侵入しやすい工程の対策が必要

めっき溶液の電気分解などによって水素が生成されて，鋼中に水素が浸入しやすいのです。

● 四三酸化鉄皮膜……水素が侵入しやすい工程がない

アルカリ水溶液中に浸漬することで耐食性の皮膜を生成するので，耐食性に劣りますが，水素脆性対策には有効です。

● 非電解亜鉛フレーク皮膜……水素が侵入しやすい工程がない

ジオメット®処理や酸洗いなどがないため，水素脆性対策に有効です。

NG 62 低レベル放射性廃棄物容器固定ボルトの折損

【失敗内容】 原子力発電所の低レベル放射性廃棄物（Low-level (radioactive) waste，以下LLWと略称）は，LLW輸送容器（**図3-04-30**）に収納して全国の発電所から青森県六ケ所村の埋設施設に輸送されますが，2015年，点検中に蓋(ふた)固定ボルトが5本折損していることが発見され，当該容器の使用を中止しました（SCM435H M20強度区分12.9，締付トルク147 N m）[70]。

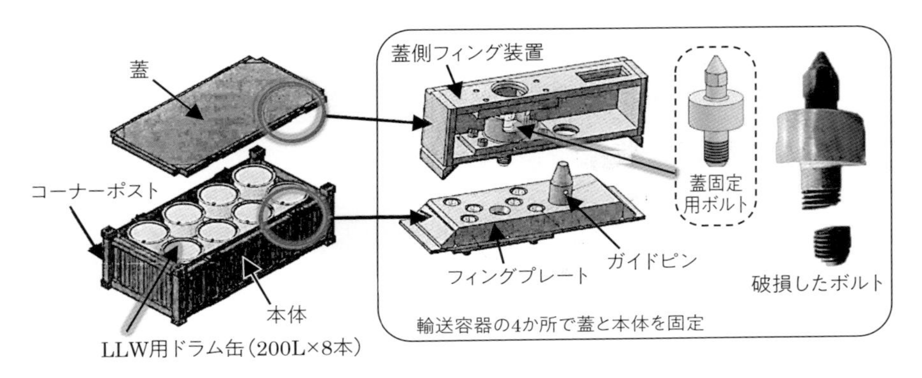

図 3-04-30　LLW 輸送容器

【原　因】 破面調査の結果,水素脆性破壊と判明しました。高強度で防錆処理がなく，錆状況から水素の大量供給状態が原因と判断されました。

腐食とは，鉄が雨水など pH0 ～ 6 の酸性域の水滴に当たると水素イオン（H^+）が働き，電子を放出して Fe^{2+} イオンになり，これが加水分解して酸化することです。このときに発生する水素がボルトに侵入するのです。

【対　策】 ボルト強度を 12.9 ⇒ 9.8 に変更し，ボルトに防錆処理を施しました。

【考　察】 容器の構造を見る限り，蓋の位置決めはガイドピンであり，当該ボルトは蓋が持ち上がらないための機能です。潤滑なしの締付なので，トルク係数を一般的な $K=0.4$ とすると，締付トルク $T=147$ Nm，ねじ呼び M20（$d=20$mm）より軸力は以下の式となります。

$$F=\frac{T}{K\cdot d}=\frac{147}{0.4\times 20}=18\ \text{kN}$$

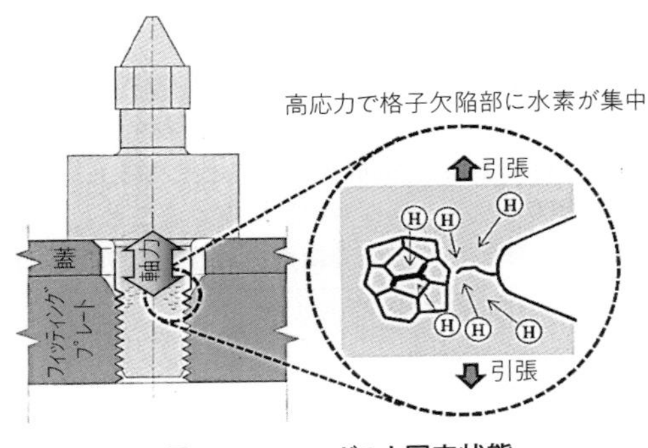

図 3-04-31　ボルト固定状態

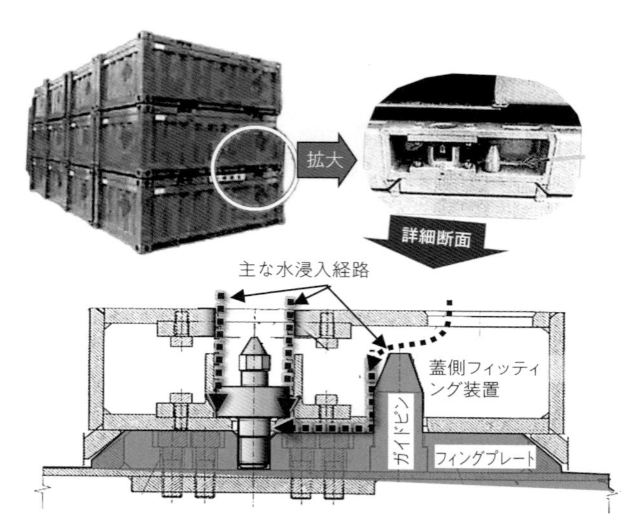

図 3-04-32　LLW 輸送容器保管状態

この軸力であれば，12.9 の強度でなく 4.8 のボルト強度で十分であり，水素脆性の心配はありません。また，9.8 の高強度ボルトを使用していても 147 Nm の低い締付トルクであれば破損はしません。したがって，本不具合は過大トルクで締め付けられていたか，おねじの谷底 R が小さすぎたことが考えられます。

失敗から学び，実施すべきこと

強度区分 10.9 以上の高強度ボルトを採用するときには，水素脆性破壊に対して以下の配慮が必要です。

- **強度区分 10.9 を超えるボルトには電気めっきをできるだけ避けること**
- **強度区分 10.9 のボルトに電気めっきをしたい場合は，めっき後すぐにベーキング処理をすること**
- **強度区分 10.9（380HV）以上のボルトの耐食性表面処理には非電解亜鉛フレーク皮膜や組立の塗装などにより，水素をチャージしない方法を選択すること**
- **応力集中しやすいボルト谷底 R は，ボルトのねじピッチの 0.125 倍以上とし，首下丸みおよびその付近の形状は JIS B 1005 の規定に準ずること**
- **ボルトはむやみに高強度材質にせず，必要軸力に合せた適切なものを選択すること**

3-04-9 座金の機能と欠点

平座金の役割は，ボルトやナットの被締付物側の座面を締付回転による傷や過大面圧による陥没から保護することです。自動車業界では，部品が小さく組立作業効率も悪くなるので座金を用いない設計が一般的です。ここでは，高強度ボルト用の座面保護のために用いた座金の失敗例を紹介します。

NG 63 座金の供回り（ともまわり）による軸力の不安定化現象　関連 NG ▸ 65, 66, 70

［失敗内容］ シリンダヘッドにおいて，試作組立では問題なかったのに，量産直前の評価にて軸力の不均一が問題になりました。

［原　因］ 一般的に座金は，両面ともプレス打抜きのままで研磨しないことが多く（**図 3-04-33**），プレス方向の影響で**締付過程で座金がボルトと一緒に回転（供回り（ともまわり））することがあります。** 座金供回りの有無でトルク係数が変化し，締付完了軸力のばらつきが大きくなったのです※46。

［対　策］ 両面研磨タイプの座金を採用しました。座付き六角ボルト（**図 3-04-34**）や座面面圧の低減にはフランジ付き六角ボルト（**図 3-04-35**）の採用も推奨します。

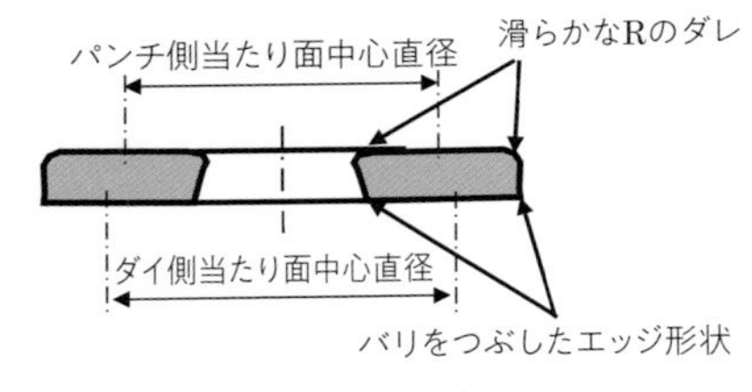

図 3-04-33　座金の表裏

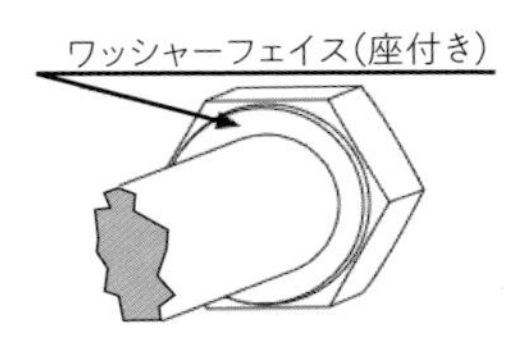

図 3-04-34　座付きボルト

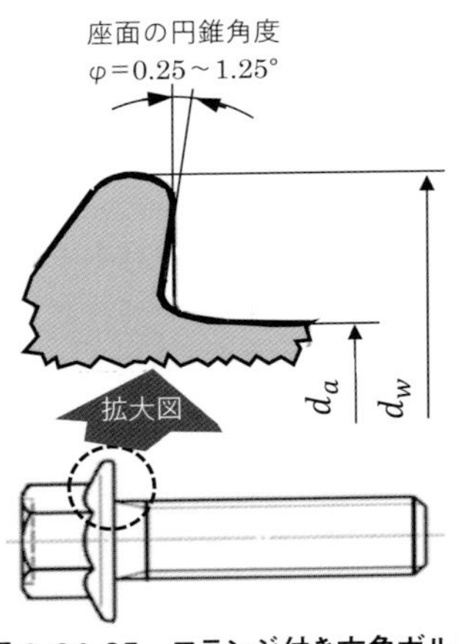

図 3-04-35　フランジ付き六角ボルト

※46　図 3-04-33 ではわかりやすく示しましたが，実際の組立作業場では忙しいので，表裏を目視で判断するのは困難でしょう。

【解　説】座金は表裏によって図3-04-33に示すとおり，「当り面の等価直径差」や「内外周のエッジ部摩擦抵抗の差」によって，座金の回転摩擦抵抗が『ボルト座面側＜被締結物側』であれば，座金は回りませんが，『ボルト座面側＞被締結物側』になると，ボルトとともに回転することになるわけです。

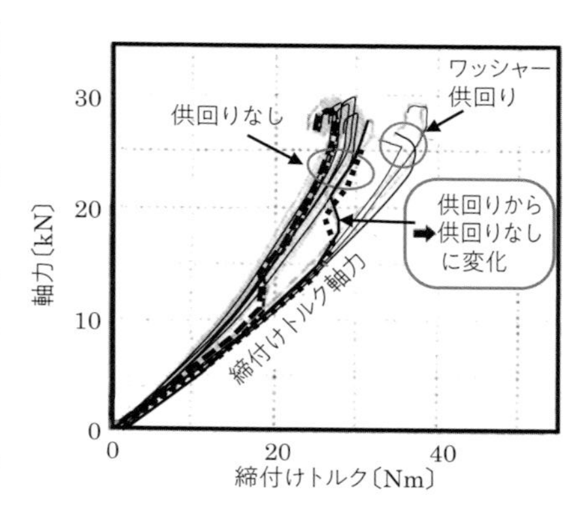

図 3-04-36　座金の供回り

● 供回りによる特性変化事例

図 3-04-36 はM8の締付試験の事例です。供回りなしの $n=18$ の群に比べて，座金が供回りした右側の2例は，締付トルク20 Nmのときの軸力が20%程度低くなっています。図3-04-36の太線で示す2つのトルク軸力線図は，締付中，最初は供回りして，途中で回転が停止し軸力が変化している様子がうかがえます。

【関連情報】

● 座面陥没

長孔でアルミなど軟質材を高軸力で締結する場合には，座面圧が限界面圧（**表 3-04-02**）※47 を超えて陥没するおそれがあるので平座金を使いますが，フランジ付六角ボルトで限界面圧以下にできれば，平座金を使わなくてもよい場合もあります※48。

表 3-04-03
被締結部材の限界面圧

材料	引張強さ〔N/mm²〕	限界面圧〔N/mm²〕
S10C	370	260
S30C	500	420
S45C	800	700
SCM440	1,000	850
SUS316	約 600	210
FC250	250	800
FC350	350	900
AC2B	-	200
A1200	160	140
A7075	450	370

● ばね座金のゆるみ低減効果は小さい

小ねじ類には，ばね座金がよく使われています。これは，ねじがゆるんできたときでも軸力が一気に低下せずに，脱落の不具合を少なくするためと思われます。しかし，種々の試験により，機械系の製品においては，その効果はほとんどない評価事例があります。

そのためか，ISOの国際規格にはばね座金は存在しませんし，自動車業界では小ねじ以外にはほとんど使われていません。

※47　表3-04-02は，日本ねじ研究協会『ねじ締結体の設計法（第2版）』（2022）のドイツ技術者協会VDI2230による表5-6を引用。

※48　座面径，必要軸力，被締付物の許容面圧にて，座金の要否を判断します。

失敗から学び，実施すべきこと

座金は，座面圧が高すぎるときの陥没や，締付の回転による引っかき傷を防止するためのものなので，①六角頭角部が直接座面となり被締結物座面を傷付けそうな場合，②座面圧が表 3-04-02 の許容座面圧を超える場合，③座面の摩擦係数安定化，などの必要性がなければ座金を使わなくても良いでしょう。

上記のような箇所に座金を使用している設計者は，廃止を検討してみましょう。ここでは，それでも座金が必要な場合の注意事項を示します。

- **座金は組立工数やコスト面でむだな要素なので，座面が軟質材や長穴などの場合を除いて基本的には用いないこと**
- **座金の表裏ではトルク係数が異なってしまう（両面研磨の座金を除く）ので，座金を用いる場合には，両面研磨の座金か表裏自動判定で座金を組み込むボルト（セムスボルト）にすること（同じ締付トルクでも，座金の表裏で軸力が変わってしまう）**
- **締付時にボルトと座金が供回りしないこと（座金とボルトの接触面が滑ることで締付特性が安定するので，座金がボルトと供回りする場合には改善を考えること）**

3-04-10 締付による変形や亀裂

ボルトで，構造物を締め付けるときに，構造物の変形まで気にして設計することは少ないでしょう。しかし，M 14 のボルト一つで 5 t もの軸力が出るので，構造物の変形量は無視できないのです。

NG 64 シリンダボア変形とボスの亀裂

関連 NG ► 27, 35, 57, 58

［失敗内容］ シリンダブロックのヘッドボルト用めねじのボス部に亀裂が入りました。

ガスケットは，ガスシールのためにボア周り（A 点）をガスケットの外周側（D 点）より厚くしているのでボルト（B 点）に曲げ応力がかかり，**図 3-04-37** 右図の点線で示すようにシリンダ内径が花びら模様のように変形するし，ボルトに曲げ応力が加わると，シリンダブロックの C 点に引張応力が加わり亀裂が起きたのです。

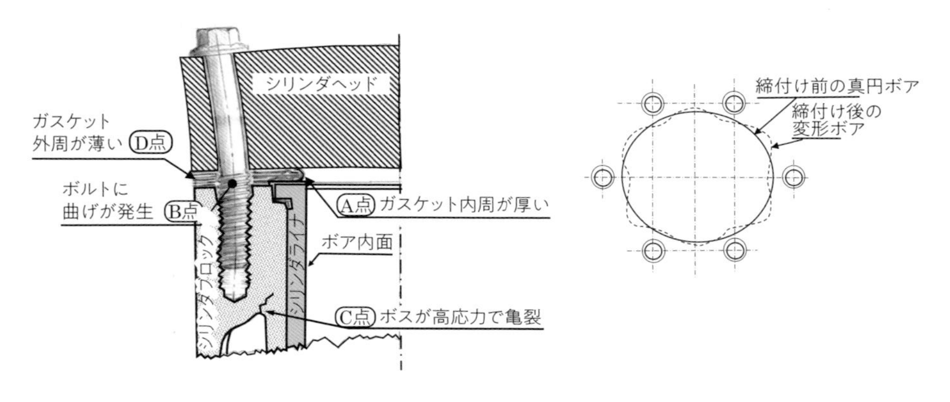

図 3-04-37　ボア変形と亀裂

［原　因］ ヘッドガスケットは，ヘッドボルトの軸荷重による面圧がシリンダボア周囲に集中する面圧分布となるように，他の部分よりシリンダ周りを厚い構造にしているので，ヘッドボルトを締め付けるだけでも図 3-04-37 の亀裂部に引張荷重が集中し，さらなる爆発荷重によって疲労亀裂に至ったのです。

ガスケット厚さのアンバランスによって，平面だったシリンダブロック上面が図 3-04-37 の模式図に示すように，シリンダ内面側の A 点に対して，ボルト穴の上面はボルトの軸力によって B 点に持ち上げられるために，亀裂部 C 点に過大な引張応力が発生するのです。

【対　策】
(1) シリンダヘッドの反りを抑えるため，バックアップシム（シリンダボア回りのガスケットと同じ厚さ）をガスケットの外側に設けることによって，ヘッドの反りとボルトにかかる曲げを抑えます（図3-04-37の左図ではバックアップシム位置のD点）。
(2) ボルトを締め付けたときに均一面圧になるように，ボルト近傍を薄く・ボルトの中間部を厚めとし，ボアシール部の厚さを可変厚さにすると真円度も是正されます。ディーゼル用としては，一般的な手法です。

【解　説】 ディーゼルの最大爆発圧力は200気圧を超す場合もあり，ボア周りのガスケットの積層厚さを外周に比べて厚くしがちですが，そうするとシリンダヘッドが反るために，外周のボルトに曲げ応力がかかってしまいます。それによって，シリンダ内壁も変形してしまうのです※49。

【関連情報】
●ダミーヘッド締付シリンダ加工法

ダミーヘッド締付シリンダ加工は，ボルトを締め付けたときの変形を加工時にも発生させることで運転中のシリンダの円筒度を向上させるのが狙いです。

しかし，失敗内容に示すように，ガスケットによる変形もあるので，ガスケットを締め付けたときと同じ程度の変形を再現できるための構造にする必要があります。ガスケットは数千円で，再使用ができませんので，ガスケットを使用しない代わりに，加工時にダミーヘッド下面を平面ではなく3次元曲面にする必要があるのです。別構造でありながら，同等のストレスになるようなダミーヘッドの設計が必要となります。この工法の採否検討なども，機械設計を行う技術者の役割となります。

失敗から学び，実施すべきこと

- **シリンダヘッドガスケットの設計には，ガス・水・油のシールだけでなく，ピストンの滑らかな運動を助けるために，シリンダライナ壁の変形を少なくするための工夫を施すこと**
- **シリンダヘッドガスケットはシリンダ周りを高面圧でシールする設計が必要となるため，シリンダヘッドの前後左右方向に曲げを発生させないように，外周にもシムを追加するなどのバランスの良い設計をすること**

※49　筆者が考える理想的なシリンダヘッドガスケットの周辺設計は，シリンダヘッドの下面とブロック上面の変形を抑えて，できる限り平面に近い状態に維持することです。

3-05 組立や整備による失敗

3-05-1 作業スペース確保の失敗

学生など，まだ業務経験が浅い場合，組立順序や工具を用いた作業への配慮不足で，組立できない設計が散見されます。

NG 65 ボルトが組立時に挿入できない

関連 NG ► 63, 66, 70

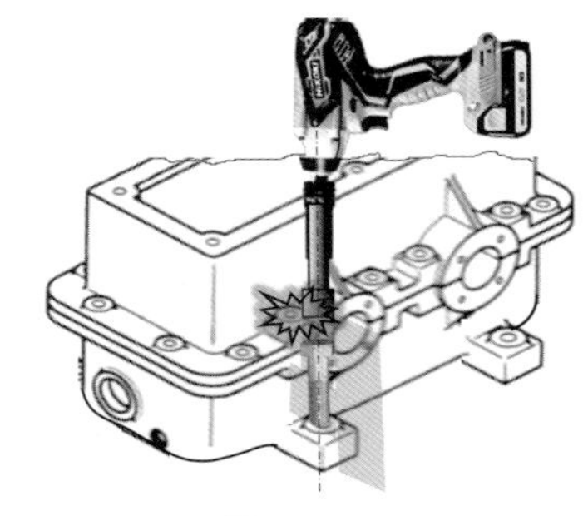

図 3-05-01
ボルト挿入スペースなし

【失敗内容】 **図 3-05-01** のように，真上に軸受けボスやフランジなどの阻害物があって，固定用のボルトが上部から挿入できない設計となってしまいました。

【原　因】 組立完了状態は想像できても，**組立作業の段取りまで意識しての設計ができていなかった**ためです。学生や業務経験が浅い技術者が陥りやすいミスです。

図 3-05-01 はわかりやすい学生設計の事例ですが，ベテラン設計者でも，複雑な装置であったり，整備作業時のスペースまでは気が回らずに，量産直前に NG となり，改善することがあります。

【対　策】 設計段階から，組立や整備作業を想定した作業評価の実施が有効です。以下にその事例を示します。

(1)　標準化された 3D モデルの手や工具標準モデルによって設計者自身で組立性をチェックしながら設計する
(2)　設計者自らが組立や整備現場を知っておく
(3)　第三者による組立分解評価を行う（VR ゴーグル※50 を用いたバーチャル作業評価※51 など）

※ 50　仮想現実（VR，Virtual Reality）を体験するためのゴーグルのこと。仮想 3D 空間の中に自分が入り，あたかも実際に工具や部品をもって組立絵作業を行うような疑似体験が可能。
※ 51　仮想空間における作業による評価。

[関連情報]

●締付工具の種類と必要スペース

ボルト類の締付には，生産ライン・検査時・整備時などがあり，それぞれ異なる工具が必要なこともあるので，それらの作業が可能なスペースを周囲に確保しておく必要があります。

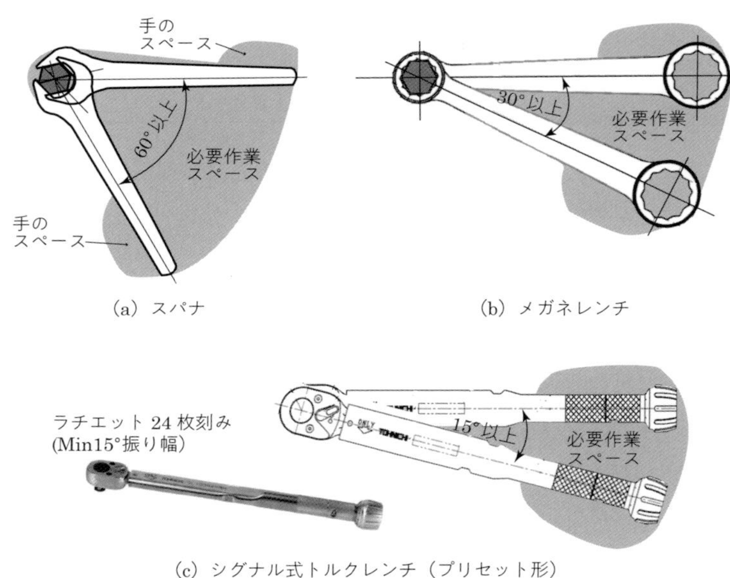

(a) スパナ　(b) メガネレンチ

(c) シグナル式トルクレンチ（プリセット形）

図 3-05-02　工具の振り角度の比較

●締付振り角度（図 3-05-02）

スパナやレンチなどの場合は，必要スペースとして

－「ボルト頭と工具とのガタ分＋締付時たわみ」（＋ 5°程度）の余分スペース

－手の握りスペース（3D-CAD 設計では手のモデルを利用）

を確保しましょう。また，各工具個別の注意点は下記になります。

・**スパナの場合**：スパナを脱着して繰返し締付などの作業を行いますので，60° 以上の締付振り角度のスペースが必要です。

・**メガネレンチ（12 角穴）の場合**：30° の作業スペースがあれば締付可能です。

・**ラチェットレンチの場合**：振り角 5° のラチェットもあり，作業スペースを小さくすることが可能。機械設計のレイアウトで苦労したときには，ラチェットレンチを工具として指定すると良いでしょう。

表 3-05-01　機械締付工具の種類と精度

分類	工具の種類	工具の特徴	工具精度（±3σ）	〔%〕0　50
電動式	電子制御式システムレンチ	トルクセンサによる制御で設定トルクに達すると停止	±10%	
	インパルスレンチ又はオイルパルスレンチ	モータの打撃力を封入オイルを介することで和らげている。	±30%	
エア式	電子制御付エア圧システムレンチ	トルクセンサによる制御で設定トルクに達すると停止	±10%	
	シャットオフ式	内部の油圧上昇を検知して設定トルクに達すると自動停止	±20%	
	インパルスレンチ又はオイルパルスレンチ	エアモータの打撃力を封入オイルを介することで和らげている。	±30%	
	インパクトレンチ	エアモータで内部ハンマを打撃する力で締付ける工具	±50%	

・**トルクレンチ**：デジタル形以外のトルクレンチは，内部に歪み増幅構造を持っているので，その増幅たわみ分などの振り角をプラスしましょう。

●**機械締付工具**

大量生産ラインでは，1秒の作業コストが約1円と作業速度が重要なので，電気やエアー圧を利用した作業効率の高いハンド工具や，複数のボルト（多いものでは30本以上）を同時に締める電動ナットランナ装置などが使われています（**表 3-05-01**）。

この中で，インパクトレンチは工具精度が悪いので推奨しません※52。なお，表中の工具精度の詳細は，各工具製品カタログにて確認してください。

失敗から学び，実施すべきこと

設計者は締付作業をイメージせずに設計してしまうことが多く，工場などでの検討後に変更を余儀なくされることがありますので，それを避けるための注意事項を示します。

- **締付順序や使用工具を想定した設計をすること**
- **部品の組付順序は，組立と整備では異なる場合があることに注意すること**
- **締付時の締付振り角度は工具によって異なることに注意すること**
- **締付速度の違いで締付完了時の軸力が変わることがあるので、工具選定や制御時に注意すること**
- **締付力は摩擦係数の影響を直接受けるので，動摩擦係数が大きく変化する場合に注意すること**

※52　インパクトレンチは操作を止めないと回転は進行してしまいます（締付トルクが高くなる）。ベテランになると，打撃音の変化を聞き分けて適度なタイミングで締結を完了させると言われています。

3-05-2 ソケットの干渉による失敗

工具が干渉していることに気づかずに締付を完了すると，工具の摩擦でボルトに加わるトルクが小さくなるため，締付不足となってしまいます。工具が干渉しない設計が重要です。

NG 66 締付工具のソケットが座ぐり加工面に干渉し軸力不足　関連 NG ▶ 63, 65, 70

［失敗内容］ 座面加工の座ぐり加工面と組立ラインのソケットが干渉して，ボルトの軸力が低くなってしまいました。

［原　因］ 生産ラインの高耐久ソケット径が JIS 標準より大きく，座ぐり径と同じだったので，工具が座ぐり加工壁と干渉したのです。ボルトにソケットを挿入できなければ気づくのですが，締付の最後の方で干渉すると，規定トルク以下の抵抗であれば締め付けられるので，作業者は気づかないのです。この状態では，ボルトに伝わるトルクが干渉の抵抗分だけ小さくなり，その分の軸力が低下します。

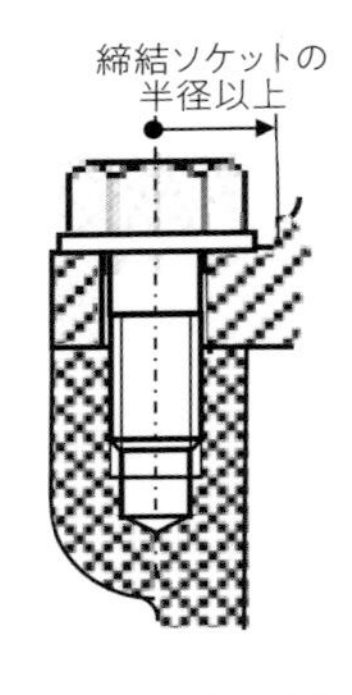

図 3-05-03　座ぐり加工径

［対　策］ 生産ラインのソケット外径を設計部署と共有化し，ボルトサイズごとの

表 3-05-02　12.7 角ドライブのソケット寸法と試験トルク

呼び（二面幅S）	六角ボルト d	フランジ付き六角ボルト d	ソケット外径最大 D〔mm〕	角ドライブ側外径最大 d_2〔mm〕	ソケット許容トルク〔Nm〕
10	M6	M8	16	24	88
13	M8	M10	21	24	177
15		M12	22	21	235
16	M10		24	25.5	265
18	M12		26	25.5	324
21		M16	31	29.2	471
24	M16		36	33	471
30	M20		44	40.5	471

（JIS B 4636-1より抜粋）　※d_2 は附属書記載の推奨値

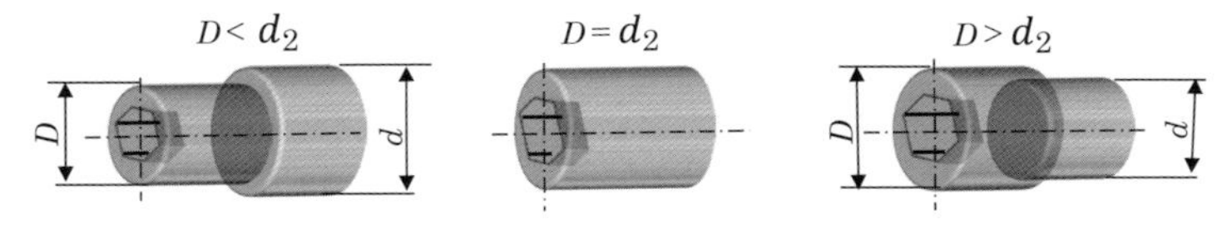

表 3-05-03　ねじとソケットの外径寸法

ボルトの頭形状の種類と規格番号	JIS B 1180		JIS B 1189			JIS B 1176	
	六角ボルト		フランジ付き六角ボルト			六角穴付きボルト	
呼び	二面幅 S	ソケット最大外径 D	二面幅 S	フランジ外径 d_c	ソケット最大外径 D	二面幅 S	頭外径 d_k
M8	13	21	10	17.0	16	6	13
M10	16	24	13	20.8	21	8	16
M12	18	26	15	24.7	22	10	18
M16	24	36	21	32.8	31	14	24

ボルトの頭形状の種類と規格番号	JIS B 1136		JIO-F116-19			
	ヘキサロビュラ穴付きボルト		ヘキサロビュラフランジ付きボルト			
呼び	穴番号	頭外径 d_k	ドライブサイズ	対角長さ A	フランジ外径 d_c	ソケット外径（参考 D）
M8	45	13	E10	9.37	13	15.5
M10	50	16	E12	11.12	16	17
M12	55	18	E14	12.85	18	20
M16	70	24	E20	18.41	24	24

（単位：mm）

座ぐり径を標準化しました。生産ラインのソケットの外径はJISと合わせて，強度アップは材料や熱処理によって実施すべきでしょう。

【関連情報】

●ソケット寸法

表 3-05-02 は，JIS B 4636-1 にて規定している最も一般的と思われる「12.7 角ドライブのソケット」の代表的呼び形状を筆者が整理したものです。別の角ドライブでは形状が異なりますし，六角ボルトの二面幅寸法も ISO 準拠でないもの（JIS 附属書）を使用している場合もあるので注意が必要です。

設計の際には，使用予定のソケットの締結環境をよく確認したうえで，ソケットメーカのカタログを事前に見ておくことを推奨します。

● **座ぐり径**

鋳物形状はばらつきが大きいので，締付ソケットの干渉防止のためにソケット（表3-05-02 参照）より大きい座ぐり径とすることを推奨します※53。

● **コンパクト化に適したボルト頭形状**

複雑な装置の場合，ボルトや締付作業スペースのコンパクト化が求められることが多いので，**表 3-05-03** を参考に機械設計の基礎知識として備えておきましょう。

・最も**工具スペースを小さく**できるのは，**六角穴付ボルト**と**ヘクサロビュラ穴付ボルト**※54 です。

・最も**軽量化**できるボルトは**ヘクサロビュラフランジ付ボルト**で，低コストでもあるため欧米自動車業界では普及率が高くなっています※55。

失敗から学び，実施すべきこと

ソケットが干渉した状態は意外に気づかないため，そのまま締め付けられてしまうことがあります。締付工具にトルクが発生しているのに，トルクの一部が干渉による摩擦に使われて軸力不足になるので，座ぐり径や周囲の部品とソケット工具との隙間を確保した設計をすることが重要です。

● **座ぐり径はソケット径の外径より約 2mm 大きくすること（ソケット形状は JIS B 4636-1 および 4636-2 を参照）**

● **締付作業スペースを縮小できる頭形状のボルト（フランジ付六角ボルト，六角穴付ボルト，ヘクサロビュラフランジボルトなど）もあるので，省スペース化が必要であれば採用を検討すること**

※ 53　スパナやメガネレンチはソケット径より大きいですが，設計基準としては，工場や市場で最も使われるソケット径の確保を推奨します。

※ 54　米国アキュメント・インテレクチュアル・プロパティズ社の登録商標。通称，トルクス（TORX®）。一般的には「トルクス」の方で呼ばれている。

※ 55　表 3-05-03 の太字になっている外径が，締付スペース必要径です。

3-05-3 チェックトルクの課題

製品の重要なポイントを最も理解している設計者が，その意志を作業手順書（あるいは基準書）に吹き込むことは非常に大切なことです。

そのため，筆者が現役のときは設計・品質管理・技術部が三位一体となって作業基準書を作製し，その内容に過不足がないことを確認・承認をしていました（同様の品質管理側とのコミュニケーションシステムの構築を推奨します）。この項では，トルクレンチにも作業の仕方によって誤差が大きくなることを紹介します。

NG 67 トルクレンチでの過締付

関連 NG ►63, 65, 70

失敗とまでは言えませんが，締付過ぎになる事例を紹介します。

量産ラインで最も使われているのは，事前に規定トルクでシグナルが鳴るようにしたプリセット式トルクレンチですが，一般的に5%程度高めに締め付けられます。過締付で問題になることは少ないですが，製品応力が過大となる場合もあるので，このことを理解したうえで，現場の状況を確認し，締付仕様の決定や設計をすることが求められます。

［失敗内容］ 組立を完了した製品のボルトの検査トルク許容上限値の2割も高くなっていました。

［原　因］ 締付作業者は，「シグナルが鳴るまで締め付ける」ことが目的になるので，勢い良く締め付け，シグナルが鳴ったのを聞いて手を止めるので，適正トルクを超えてしまうのです。

［対　策］

(1) トルクレンチはセットトルクより下で鳴ることはほぼないので，$A \pm B$〔N m〕の締付であれば，セットを下限の$A - B$〔N m〕とする

(2) 直読式トルクレンチを採用する※56

(3) 過締付防止機能が付いている2段クリップタイプのトルクレンチを採用する

(a) プリセット式

(b) 直読式

(c) 2段クリックタイプ

図 3-05-04　トルクレンチ

※56　デジタル方式では，締付完了トルクが記録されるので，締付品質を作業者にフィードバックすることで品質向上を図ることも可能です。

[考察及び関連情報]

●プリセット式トルクレンチの注意点

プリセット式トルクレンチは，設定トルクに達すると「カチン」という音が鳴り，その音と「クリック感」で作業者は締付を完了しますす。しかし，筆者の経験では，作業者は「音鳴らし」が目的になり，高トルク（筆者データでは設定トルクでは＋5% 程度）傾向となるので，作業者の教育が重要です。重要部位は，直読式トルクレンチの使用を推奨します。

●オーバトルク防止用のトルクレンチ

プリセット式トルクレンチは検査時に増締めになってしまう可能性があるので，それを防止するのに有効なレンチです。設定トルクで最初のクリック感があり，さらに締めると約10° 以上空転するオーバトルク防止構造を持つタイプです(2段クリックタイプ)。

●締付完了トルクの管理方法

締付トルクの管理は動摩擦状態でのトルクが基本ですが，検査は締付完了状態から行うので，静摩擦トルク（起動トルク）値を用いることも一般的です。しかし，静摩擦と動摩擦には差があるので，その差を把握した上で管理値を決める必要があります。

静摩擦係数と動摩擦係数の比は一定ではありません。摩擦係数安定剤を用いている場合に，起動トルクが静摩擦係数より少し下から動き始める傾向も経験していますので，起動トルクによる管理には注意が必要です。

そのため，「動摩擦トルク値」か「静摩擦トルク値」かを明記しておくなど，管理方法を統一して，常に同じ方法で測定することが大切です[※57]。

失敗から学び，実施すべきこと

摩擦係数には，静摩擦と動摩擦があります。締付完了時は動摩擦で，検査時は停止状態から起動するので静摩擦となり，動摩擦より高いトルクとなることを理解して検査することが必要です。

- **締付品質を高くするには，トルクを検出して記録する工具とすること（記録が残るので検査工程が不要となる）**
- **シグナル音付きのプリセット型トルクレンチは，トルクが大きめになる傾向があることを理解すること（作業者は音を鳴らす＝締付完了と思い込み，締付トルクがオーバシュート気味になる）**
- **シグナル式よりも，直読式トルクレンチにすること（過締めつけはなくなる）**

※57　耐久試験後の残存トルクを確認する方法として，マーキングをしておいて，一度少しゆるめてから締付中のマーキング通過時のトルクを読み取る方法もあります。

3-05-4 高トルク締付の課題

ここでは一人では締付けできない高トルクでの締付が必要な箇所の事故について取り上げてみました。このような事故を減らすために，設計者として何をすべきかを考えることが大切です。

NG 68 締付不良によるタイヤ脱落事故

関連 NG ► 01, 02, 04, 09, 49

非常事態が発生し，路上でタイヤ交換を行わなければならなくなった場合に備え，大型車はタイヤ交換用のレンチを搭載しています。しかし，一般男性が締付可能なトルクは最大でも 500 N m 程度ですから，正規トルクの約 600 N m で締め付けることはできません。そのため，路上での締付はあくまでも仮となります（一般的には，JAF や販売会社の救急整備隊がタイヤ交換作業をするようです)。

ここで扱う事故事例は，路上故障の整備というよりは運送事業者による整備不良が原因なのですが，「約 600 N m」という高い締付トルクの管理の難しさも影響していると考えて，取り上げました。

［失敗内容］ **NG02** で紹介した大型車のホイールボルト折損によるタイヤ脱落事故が，令和以降，年間 100 台以上発生しています。

［原　因］ 国交省による整備事業者へのヒアリング調査結果を要約すると，タイヤ脱落事故を起こした事業者の傾向として以下の事例を示しており，多くは整備時の問題だと指摘しています。

・締結部の錆，汚れ，損傷の点検，清掃，潤滑を適切に実施していない

・トルク管理を遵守していない傾向が強い

・タイヤ整備時にナットが円滑に回転するかを確認項目にしていない傾向が強い

［対　策］ すぐに近くの整備工場に駆け込み，再締付をすること。

日本自動車整備振興会では,「タイヤ交換後,近隣の整備工場にて再締付を行うこと」と指導しています。高速道路や山奥での事故発生・タイヤ交換を考えると,ドライバーが正規締付をできるようにすべきと考えます※58。

路上の仮締めでタイヤ交換後整備工場に行くまでの間に事故が起こらないとは限らないので，車載可能な高トルク締付工具の開発を期待したいところです。

※ 58　筆者は乗用車を運転中に，タイヤの減圧警告が出たので空気を充填した経験がありますが，現状，ほとんどの大型車にはこのシステムが搭載されていません。大型車こそタイヤの圧力不足や異常振動を検出して，パンク防止やナットのゆるみ検出を行うシステムを開発・採用すべきではないかと考えます（現在，開発が進められているようです)。

【関連情報】 図 3-05-05 は，1人作業用大型車ホイールボルト締付用工具（東日製作所のTW2 モデル）での作業写真です。支点固定ができ，トルク3倍増力機構付きなので，1人でも容易に作業ができるのですが，価格が17万円程度と高価ですし，かさばるため車載工具には向いていません。やはり，タイヤを交換したらすぐに整備工場に行くことが必要です。

図 3-05-05
ホイールボルト締付作業

NG 69 船舶用プロペラ軸継手ボルトの折損

関連 NG ► 09

NG09 で扱った失敗事故ですが，本項では工具に特化して記述します。

船舶業界においては，プロペラの駆動トルクが大きすぎるので，リーマボルト[※59]をしまりばめとする「せん断力」に期待した設計をしています。国際的な検査協会である国際船級会連合（IACS）においても締めしろの規定はあるものの，締付トルクの規定はされていないのです。

【失敗内容】 船舶のプロペラ軸継手の折損事故は，毎年1件前後発生しています。少ないようですが，船舶において当該部の破損は自航不能となるので，重大事故の扱いとなります。

【原　因】 ボルト締付不良が原因の一つでした（本項では他要因を省略）。

締付トルクは上記の通り検査協会で規定されておらず，重視されていないことが問題だと考えます。

【対　策】 締付トルクの重点管理が最も有効な対策となります。造船所にも油圧トルクレンチを広く普及させ，トルク管理の重要性を整備マニュアルに記載することで業界の品質向上に努めることも設計者の役目だと考えます。

【解　説】 事故例では，M90 のボルトに対し 35,000 Nm 前後の高い締付トルクでした。事故の調査報告においても「船の整備工場に油圧トルクレンチで管理している造船所は少なく，ほとんどはハンマーによる叩き締め作業である」としたうえで，そ

※59 加工精度の高いリーマ加工穴に用いるボルトで，位置決めや合わせ面が相対的にすべらないようにするための構造体として使われています。ねじ外径よりわずかに太い外径の高精度加工の軸部を備えています。

れでも「ボルトのせん断力に頼っているので通常問題になることはない」と言及し，船舶業界では締付力管理を重要視していないことに驚くばかりです。

しかし，事故船において継手のリーマ部は穴が変形しているし，継手取付面には摩擦が発生しているので，微少な相対すべりは起きているのです。リーマ部が変形すると，せん断力だけではなく，ボルトに曲げ応力も加わるので疲労破損しやすくなります。締付トルクも重点管理するようにしてもらいたいものです。

失敗から学び，実施すべきこと

通常の工具で締付可能なトルクは300 Nm 程度であり，それを超える締付には１m以上のトルクレンチや２人での作業が必要になるので，専門の整備業者に依頼することになります。

大型トラックの路上でのタイヤ交換は、仮締めにすぎません。

- **整備要領書やユーザマニュアルに『路上におけるタイヤ交換は専門整備業者にお願いすること』と記載をすること**
- **船舶用プロペラシャフト用軸継手の締付部は，油圧式締付機などによって，締付力管理を徹底すること**

3-05-5 締付方向指定の失敗

ボルトとナットで締め付けると，締付側でないほうが供回り（回転）するのを防止するために両手作業になるので，機械装置の場合，基本的にボルトとナットによる締付作業は避けるべきです（構造物にめねじ加工を推奨）。

しかし，建築関係ではボルトとナット締付が一般的ですし，機械設計でもナットを用いることがあるでしょう。その場合に，ボルトとナットのどちらを締め付けるべきかを，以下の失敗事例で紹介します。

NG 70 ボルト穴干渉による軸力不足

読者の皆様も，ボルトとナットによる締付時に，２つの穴位置が合わずにボルトが入りにくかったり，それを無理に差し込んで締め付けた経験があると思います。

［失敗内容］ 図 3-05-06(a) の不具合例では，ボルト側を規定のトルクで締め付けても，軸力がほとんど出ずに，被締結物間が滑り，ボルトが脱落しました。

［原　因］ ボルトと穴の干渉で，締付トルクの大半が干渉摩擦に消費されて，軸力が出ていなかったのです。

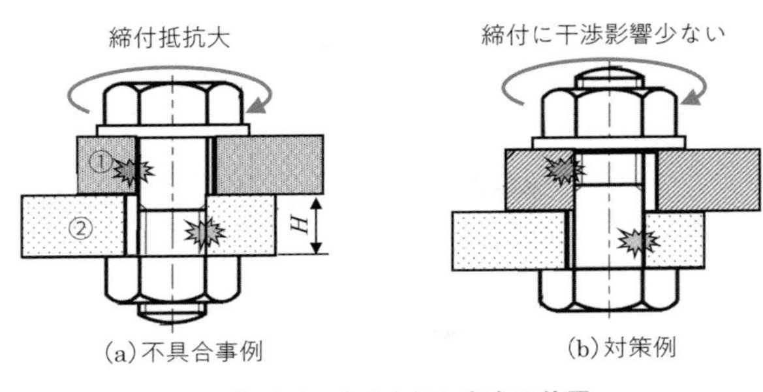

図 3-05-06　ボルトナットの向きと座金の位置

【対　策】

(1) ナット締付に変更する（図 3-05-06(b)。干渉摩擦抵抗が影響しない）

(2) 組立図や作業基準書に「ボルトとナットの向き」および「ナット側を締め付ける」ことを明記する

【解　説】 図 3-05-06(b)の②の板の厚さ H がねじのはめあい長さ以上であれば，②に直接めねじ加工を施せば締付時にナットの供回りがなくなります。その場合，①と②の位置が合わなくてボルトが入りにくいようであれば①を少し大き目の穴にする必要があります。

失敗から学び，実施すべきこと

ボルト用の 2 つの穴が空いたフランジをボルトとナットを用いて締め付ける場合，穴のずれによって締め付けるボルトと穴が干渉していると，その干渉部分の摩擦によって締付トルクを食われてしまい，目標とする軸力を確保することができません。

- **締付は回転させるナット側で行うこと**
- **締付擦り傷防止用として座金を使う場合は，ボルト側ではなく回転させるナット座面側に挟むこと**

3-05-6 締付順序指定の失敗

機械設計における締結は，互いの部品の平面を合わせるばかりではありません。多くの部品を介する場合や段差，締付方向が異なる場合には，締付順序や組付方法を間違えると，締結面に隙間が生じて組立時に不具合につながることがあります。

NG 71 二段面締付によるボルト脱落事故

関連 NG ► 57, 58, 75

【失敗内容】 オイルフィルタの取付において，取付面に段差のある締結構造になっていたため，製品に亀裂が入りボルトが脱落し，フィルタが破損しました。

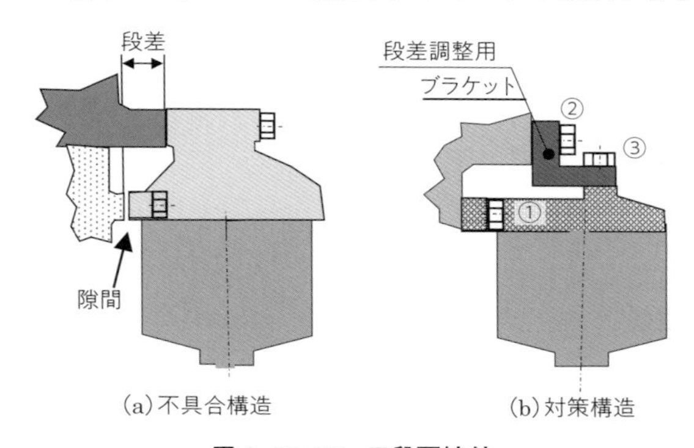

図 3-05-07 二段面締付

【原　因】 取付面に段差がある場合，**NG72** の事例の二方向締付と同様に，部品のばらつきと組付方により着座が不十分となり，結合力不足となります。それにより，座面に相対微細振動が発生し，ボルトが回転してゆるみ，脱落しました。

【対　策】 **誤差吸収構造**のL字型ブラケットを追加し，下記手順で締め付けます。

a）まず①のボルトを50%程度で**仮締め**する

b）L字型ブラケットを上下左右にスライドし，②③を**着座仮締め**※60 する

c）②③を約10%のトルクで交互に**密着仮締め**※61 する

d）②③を本締め後，①を**本締め**して取付完了

※60　ボルト面付の際，空転後にトルクの上昇を感じると思いますが，これは部品が取付面に設置した状態になったことを表しています。ここでは，その状態を「着座仮締め」と呼ぶことにします。この状態では，取付面に微少な隙間が存在します。

※61　密着仮締めは，L字型ブラケットの二方向の取付面の微少隙間を密着させるための工程です。締付トルクが低いので，締付力によって他方側の取付面をスライドさせることができ，取付による応力の発生を抑制できます。

上記は一例ですので，実際には，軸力や応力を測定しながら，最適締付順序やトルクなどを決めることを推奨します。

【解 説】二段面取付製品は，必ず寸法にばらつきがあるので，どちらかの面が面圧不足によって結合剛性の低下と初期締付応力の過大を引き起こします。ミクロ的密着不良のため結合剛性低下にもつながり，共振点低下や大きな振動によって，軸力低下でゆるみが起き，ボルト脱落に至るのです。

NG 72 二方向締付のボルト脱落事例❶

関連 NG ▸ 57, 58, 75

【失敗内容】ハイブリッド車の小型トラックにおいて，モータ支持用のブラケット締結構造のフレームとクロスメンバーの間に隙間が生じ，走行中の振動による過大応力でボルトの折損やモータ脱落のおそれがあるため，2011 年にリコールされました（リコール届出番号：2847）。

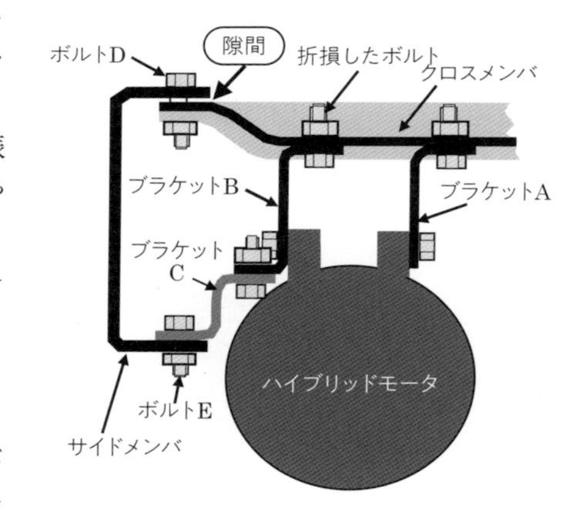

図 3-05-08
ハイブリッドモータ取付構造

【原 因】このハイブリッドモータのケースでは，**図 3-05-08** のモータとブラケット A，B，C とクロスメンバを先に組み立て，最後に D，E のボルトを締め付けて車両に搭載します。

そのとき，D 部に隙間が存在することで，D 部に働く加振力が全てボルトの変動荷重となり，許容疲労強度を超えてボルトが折損したのです※62。

【対 策】組立時に，図 3-05-08 の D 部サイドメンバーとクロスメンバーの隙間の有無を確認し，隙間を最小にする**調整シムをこの間に挟み**，D 部ボルトを締め付けました※63。

※62 正常な締結構造（座面密着）ならば，締付三角形の負荷外力が加わったときに，ボルトの荷重負担は数分の一になります。しかし，隙間があると全荷重変動をボルトが負担することになり，ボルトが疲労破壊します（締付三角形については，『ねじ締結の原理と設計』（養賢堂），『ねじの話』（日本規格協会）などで確認してください）。

※63 クロスメンバー形状は，フレーム強度部材としての制約や，モータを他社と共通化するための制約条件などがあり，理想的な取付構造の設計は困難なのかもしれません。しかし，使用するブラケットが多く，累積バラツキが大きくなることも推測されますので，構造の簡素化も考えるべきでしょう。

NG 73 二方向締付ボルトの脱落事例❷

【失敗内容】 エンジン部において，**図 3-05-09** 左に示すフライホイールハウジングの結合剛性を高めるためのブラケットを締め付ける②③のボルトが，運転中に脱落しました。そのため，ハウジングの結合剛性の低下により応力振幅が大きくなり，ハウジングが破断しました。

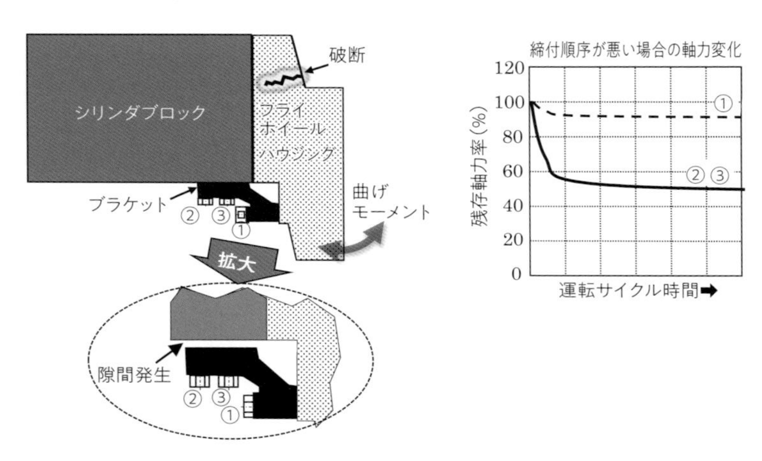

図 3-05-09　二方向締付事例

【原　因】 組立の最初に図 3-05-09 の①のボルトをしっかり締め付けてしまうと，②③側に隙間が発生し，その状態で②③を締め付けても①の部分は動かないので，②③の密着力（結合剛性）が低くなります。その状態で，運転中に②③の取付面に微振動が発生し，へたりやなじみなどの応力緩和（図 3-05-09 右図グラフ）によってボルトがゆるみ脱落したことで，ハウジングに亀裂が発生したのです。

【対　策】 仮締めと本締めの二度締めとしました。

約 10% の**密着仮締め**（**NG71** 参照）にて，①②③の順に両面を**着座**させてから，本来の 100% の締付トルクで①②③の順で**本締め**するようにしました。

失敗から学び，実施すべきこと

複数部品を取り付けた場合や，取付位置の精度が悪いと，締付順序によってそれぞれの締結面が密着しにくくなることがあります。その場合，締付順序を工夫することで是正できるので，作業基準書などに指定することが重要です。また，そもそも取付面の位置精度が悪くならないような設計を心掛けることが大切です。

- **締付面は原則として同一面とすること**
- **複数の段差がある取付面においては，部品を増やしてでも段差の誤差を吸収できる構造にすること**
- **複数の部品を経由して固定する場合や構造は誤差が積算されるので，最後に締め付ける部品で誤差を吸収できるように締付順序を考えること**
- **直角な二方向にボルトで固定する部品は，最初は小さいトルクで締め付けて両面を着座させてから，二巡目となる本締めで再度締め付けること**

3-05-7 ゴムホースクリップの取付失敗による漏れ

機械製品はホースを多く使いますが，以下の課題があります。

- **ホースの抜け**：ホースは内圧で膨らむと長さ方向の収縮力が働き，クリップ（またはクランプ）で締め付けていても，ホースには抜ける力が働きます。

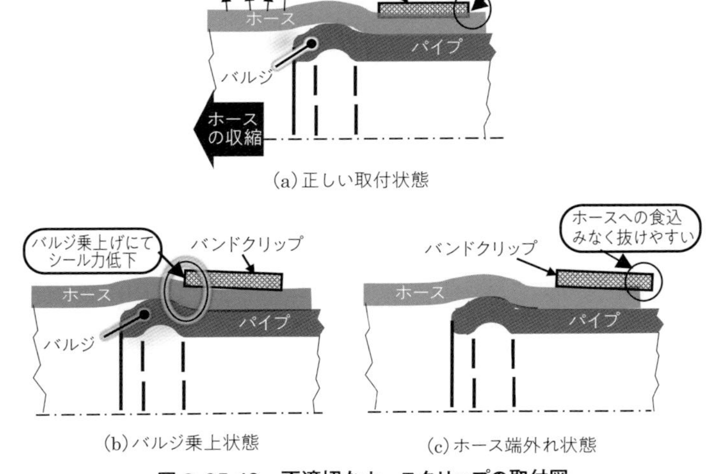

図 3-05-10　不適切なホースクリップの取付図

● **組立ミス**：ホース挿入後はバルジ位置は見えないので，組立作業スピードの速い量産作業においては，**図 3-05-10** の（b）や（c）の状態で取り付けるミスが発生します。

NG 74 ゴムホースクリップ組付位置のミス

【失敗内容】 数十年前の車では，ゴムホースを固定するグリップ付近から水やオイルが漏れて，周囲を汚すことがありました。

【原　因】 図 3-05-10 の（b）場合，バンドクリップの締付が弱く，漏れやすくなります。 また，（c）の場合は，ホース端部への食込みが浅いため，ホースが抜けやすくなります。

【対　策】 多くのメーカが標準設計法として，**図 3-05-11** に示すストッパ付きパイプ，取付位置マーキング付ホースなどを採用し，組立作業者や検査員が「正常取付」を判断しやすくしています。

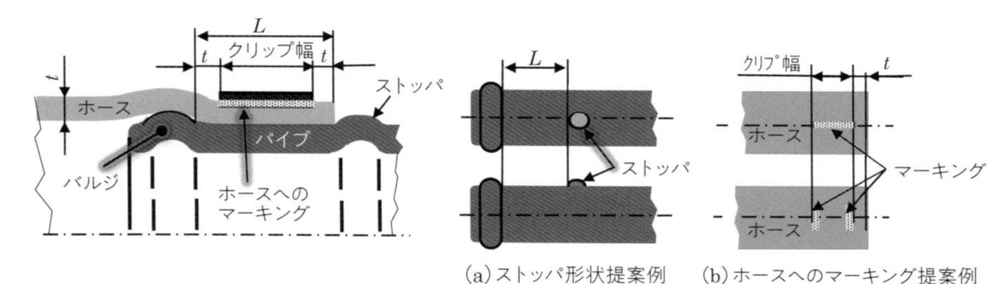

図 3-05-11　ホースの正規取付補助用のマーキング

【関連情報】 荷主の食品会社にトラックを停車しているときに，「トラックからオイルが滴下したことで，そこの会社への出入り禁止となった」とのクレームがメーカーに届くことがありました。オイル滴下はともかく，にじみによって周囲が汚れることには，設計者も神経質になっています。

失敗から学び，実施すべきこと

ゴムホースは，にじみ漏れ程度でも，内部流体が外部に漏れればクレームとなります。

- **ホースの挿入長さ位置にストッパーを設けること**
- **クリップ取付位置は，ホースにマーキングしておくこと**
- **漏れチェックの重点部位は，不連続部となるクリップの合わせ部分に注意すること**

3-05-8 フランジ継手からの漏れ

フランジ継手には，動力伝達用の軸継手と配管や容器などの継手がありますが，どちらも機械設計の基本です。ここでは，後者について記載します。

NG 75 高圧ガス設備のフランジ締結部の事故

関連 NG ▸ 57, 58, 71～73

【失敗内容】 高圧ガス保安協会によると，高圧ガス設備におけるフランジ締結部の事故が毎年 10 件以上の高い水準で起きています[73]。

【原　因】 **図 3-05-12** は，高圧ガス設備におけるフランジ事故の 5 年間の事故要因分析結果です。半分以上がフランジ部の締結とシール管理不良となっており，表はその詳細を示しています。

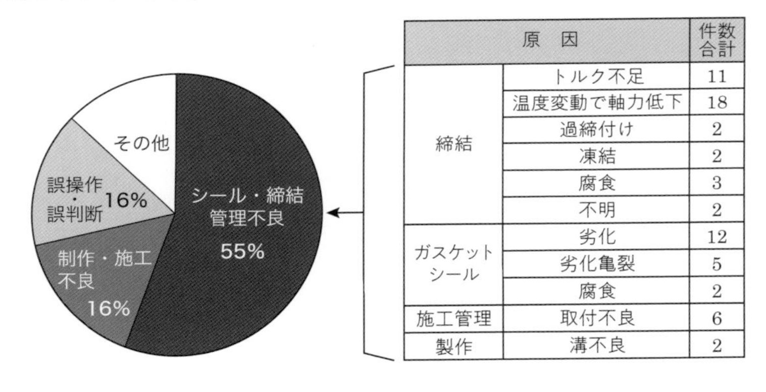

原　因		件数合計
締結	トルク不足	11
	温度変動で軸力低下	18
	過締付け	2
	凍結	2
	腐食	3
	不明	2
ガスケットシール	劣化	12
	劣化亀裂	5
	腐食	2
施工管理	取付不良	6
製作	溝不良	2

図 3-05-12　高圧ガス設備フランジ事故原因

【対　策】 以下に，調査分析結果による主な要因を示します。

- 急激な温度変化によるボルト軸力変化
- 片締り，過締付，締付不足
- 炭素鋼ガスケットの腐食

大規模火災や命に関わる事故なのに，基礎的技術不足が事故の原因であることが残念です。現場や整備技術者などへの安全締結技術の教育が望まれます。

【関連情報】

● **フランジ継手の締付順序**（JIS B 2251）［米国機械学会（ASME）も同様規格］※64

a. **締付準備**：ボルトナットを挿入し，手締めで部品をフランジに軽く密着させる

b. **仮締付**

1）締付順序は対角とする

2）目標の 20%⇒ 60% ⇒ 100% と段階的に締め付ける

3）フランジ面間の 4 方向の隙間が均等であることを確認し，仮締めを完了

c. **本締め**（**確認トルク**）：目標トルクをセットしたトルクレンチにより，以下の順序で行う

1）4 本の場合は，対角締付（JIS では 8 本以上は周回締付，ASME は周回締め未認可）

2）締付完了後，フランジ面間に隙間がないことを確認

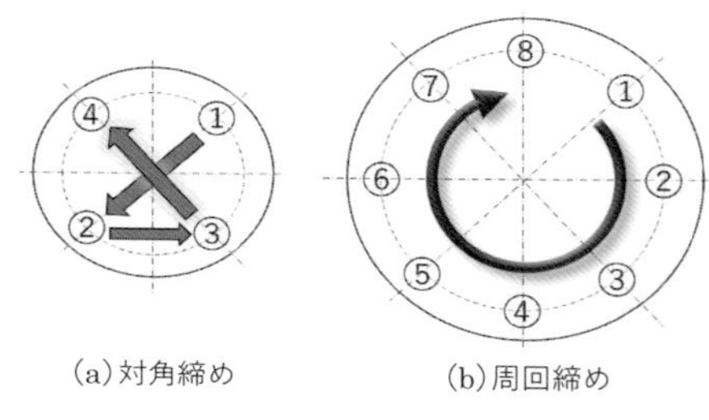

図 3-05-13　フランジ継手の締付順序

● **増し締めの必要性**

ガスケットによる応力緩和（＝軸力低下）を補う場合，本締めから数時間経過後に本締めをもう一度繰り返します。

初期なじみによる軸力低下が大きい場合，その是正のため，増し締めを行います。ただし，熱や圧力による軸力低下時は，増し締めをしても，再度の温度変化で再び軸力低下が起こるため効果がなく，ボルトの塑性伸びを助長する可能性があります。

※64　高圧ガスを扱う業界にとって，フランジ継手の締付は重要であることから，JIS B 2251 と ASME に締付方法規定がされていますので，**図 3-05-13** に紹介します。対象装置でなくても，締付方法の考え方を参考にして，設計時に役立ててください。

失敗から学び，実施すべきこと

NG57 で述べたように，軟質材のガスケットを挟むのでシール部の均一な締付は難しく，高圧ガス設備のガス漏れ解消が課題になっています。

- **ガスケットの耐熱性や耐食性を把握して設計すること**
- **ボルトとフランジの穴が干渉していないことを確認しながら，正規トルクの数分の1で一巡仮締めしてから二巡で本締めをすること（軸力測定をしながら締付手順を決めるのであればこの限りではない）**
- **運転時に温度変化が大きい場合などには，一定期間運転後に増し締めを検討すること**

3-05-9 点検整備作業の失敗

大型バスの平均車齢は約12年（最大30年以上）もあり，走行距離が100万kmを超えることもめずらしくありません。また，大型車の目標寿命は走行距離150～200万km以上とも言われており，定期整備や日常点検が重要となります。

NG 76 バス火災事故の多発[7・8]

関連 NG ► 05, 80, 82

近頃，整備不良によるバス火災事故が多く発生していますが，設計者としても，以下のことを心掛けるべきです。

［失敗内容］ バス火災は，年間平均17件発生しています（国交省報告[7・8]）。

［原　因］ 火災原因の60%以上は整備点検作業ミスによるもので，そのうち「油や燃料の漏れ，ホースや電線類の劣化による火災」が目立ちます（**図3-05-14**）。

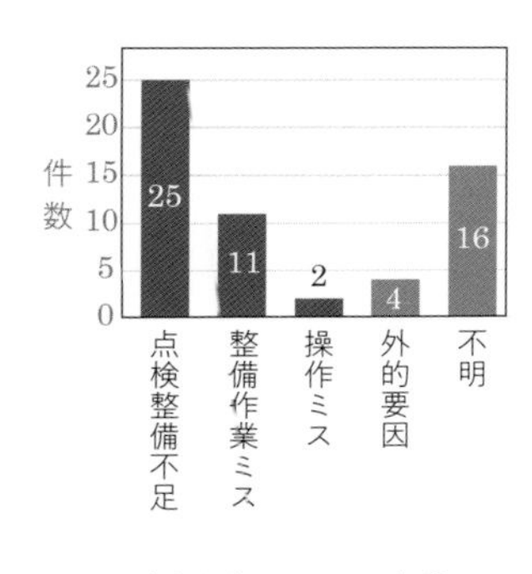

(a) 事業用バスの3年間の出火事故件数（N=58）

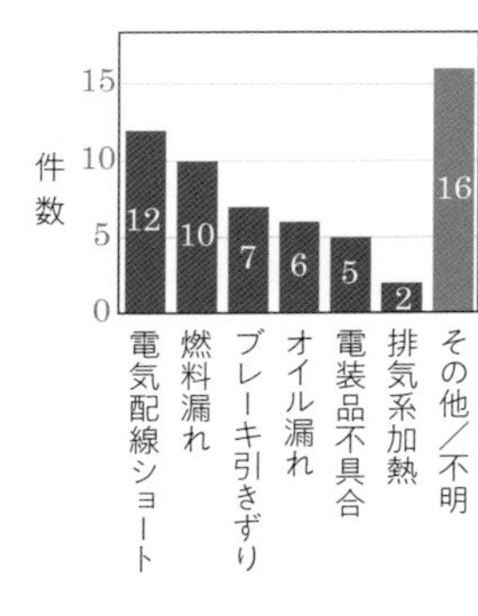

(b) 出火状況内訳（N=58）

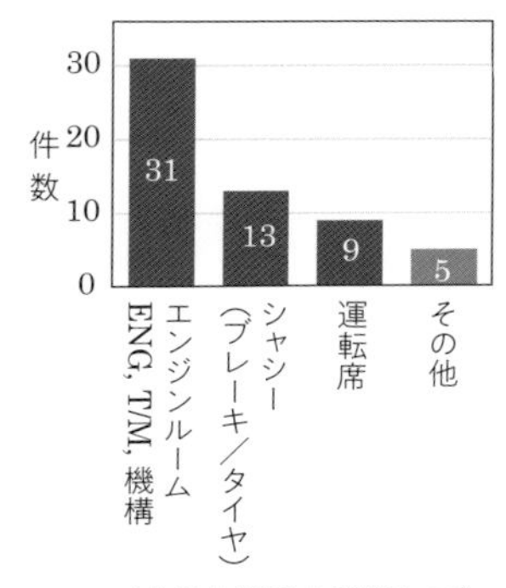

(c) 出火箇所内訳（N=58）

図 3-05-14　出火原因分析結果

【対　策】 設計者は，環境に応じた適正材質の選定（表 3-07-01，表 3-07-03 参照）と，部品劣化を考慮した定期点検や交換時期（表 3-05-04，表 3-07-02）を，最悪の使用条件などを考慮して指定することが求められます。また，ホース破損時などに，高熱部品に可燃物が直撃しないレイアウト設計（遮蔽物の設置など）も必要でしょう。

表 3-05-04　エンジン回りの法定点検※65，指定点検項目※66，定期交換部品※67 一覧

点検装置	点検箇所	指定点検項目	定期点検期間	運行前点検	メーカ指定点検	定期交換
燃料装置	燃料フィルタ・ホース	燃料漏れ	3 か月ごと			要
潤滑装置	オイル・フィルタ・ホース	オイル量		要		要
		オイル漏れ	3 か月ごと			
冷却装置	冷却水	冷却水量		要		要
	ホース・ラジエータ	水漏れ	12 か月ごと			要
排気装置	排気ガス後処理装置				要	
	ターボ				要	
その他	パワステホース					要

※網掛け欄は対象外を示します。

失敗から学び，実施すべきこと

10 年以上などの長期間運転される機械装置の耐久性は，点検整備によって保証されます。例えばトラックは始業点検，3 か月点検などが行われ，ゴムホースやベルトは指定された期間での定期的な交換が義務付けられています。

- **ゴムホースはできる限り鋼管化に努力すること**
- **高熱源の近くにゴムを用いざるを得ない場合は遮熱板などを設置して，漏れた可燃液が高温部を直撃しない設計を行うこと**
- **ゴム製品には，温度履歴の最悪環境を想定して定期交換時期を設定すること**

※ 65　道路運送車両方で定められ車の使用者が定期的に行わなければいけない点検。
※ 66　メーカが車の良好な状態を維持するために指定する点検。
※ 67　メーカが車の安全を確保するために，走行距離や年数によって交換を指定している部品。

3-06 シール部の失敗

3-06-1 液状ガスケット選択の失敗

従来，構造物間の流体シールにはシート状のガスケットを用いるのが一般的でした。

しかし，種類が多く，かさばるため保管場所に困るなど，取扱いが面倒でした。そのため，液状ガスケットが出現してからは，ほとんどのガスケットが液状ガスケットに置き換わりました。

図 3-06-01　液状ガスケット塗布作業

NG 77 液状ガスケットの破片による潤滑系の詰まり

［失敗内容］ クランクケース合わせ面部から，固化した液状ガスケットの破片がエンジン内部に脱落し，細いオイル穴やピストン冷却用オイルジェットなどに詰まり，カムおよび動弁機構への給油やピストン冷却が止まり，焼付きが発生しました。

［原　因］ オイルパンシール部液状ガスケットは接着面からはみ出すことを前提としますが，薄膜で弱いので，内側に脱落するのです。本来，異物はオイルポンプに吸われてもフィルタで除去されますが，冬場の始動直後の高油圧時はフィルタバイパスバルブ※68が作動し，異物が下流に流出して末端が目詰まりし，潤滑不良によって焼き付いたのです（**図 3-06-02**）。

※68　寒冷地エンジン始動時に高粘度油によってフィルタ紙が破れないための逃し弁。

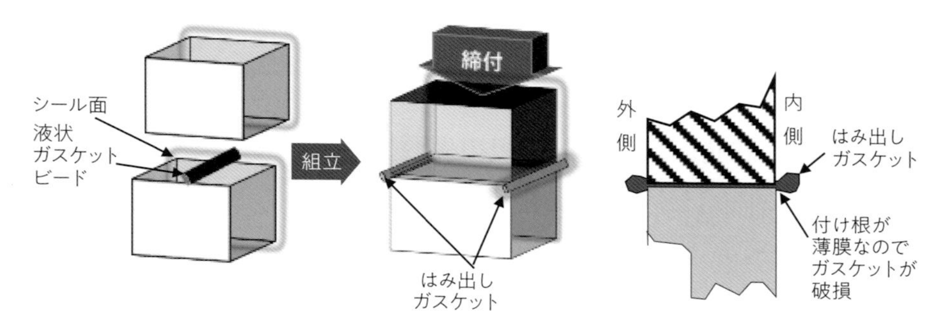

図 3-06-02　鋳物シール部の不具合箇所

［ 対　策 ］

(1) 内側にテーパ面取りを追加することで，はみ出し量を小さくしつつ，面取り部上下面にも液状ガスケットはみ出し部分が接着することで，脱落の防止が期待できる

(2) フィルタバイパスバルブ開弁圧をフィルタ耐圧限界まで上げ，バイパス部に目の粗い金属メッシュフィルタ※69を設ける

(3) 幅3 mm，深さ1 mm くらいのシール溝を設け，溝底にビード径ϕ2 ～ 3 mm（溝を充満できるビード径）の液状ガスケットを塗布する（**図 3-06-03**）

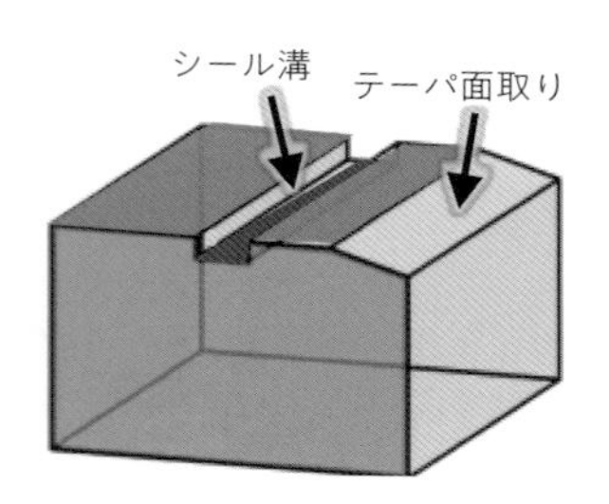

図 3-06-03
シール部にシール溝とテーパ面取りを設けた形状説明図

表 3-06-01　液状ガスケットの特性例

特性		単位	Three Bond 1200 シリーズ製品名										備考
			1207B	1207F	1209	1216B	1216C	1216E	1217J	1217G	1217H	1217M	
硬化形態		—	湿気硬化										
色		—	黒	アルミ	黒	黒	薄赤褐色	灰	赤褐色	灰	灰	黒	
見掛け粘度		Pa・s	100	170	140	120	170	215	95	300	330	280	低い値は塗布性が良い
指触乾燥時間		min	3	5	5	20	5	6	13	5	5	7	低い値は速乾性が良い
硬化後の物性	硬さ（ショア）	—	A30	A56	A42	A50	A48	A57	A61	A60	A51	A45	低い値は軟らかい
	引張強さ	MPa	1.9	3.7	2.1	2	2.1	3.3	1.8	2.6	2.6	2.5	大きい値は接着面の相対振動に強い
	伸び率	%	400	190	270	500	470	300	250	430	470	500	
	せん断接着強さ（アルミ）	MPa	1.1	2.2	1.7	1.7	1.3	2.5	1.1	2.0	2.3	1.6	

※69　バイパスさせた油中の大きなごみを除去するためのフィルタ。

【解　説】 液状ガスケットは締付によって数 μm の膜厚となって強力に両面を接着しますが，線膨張率差や温度変化，微細振動などにより接着面が移動することで，面の相対位置が数十 μm 程度ずれ，シール剤破断に至ることがあるので，シール溝を設けることが望まれます※70。

【関連情報】 **液状ガスケット剤の選択**

液状ガスケット剤の特性例を**表 3-06-01** に示します。手塗りの場合は，高粘度製品は作業性が落ちるため好まれません。せん断接着力は整備時の剥離性との相反関係にあるので，実際に試しながら状況に合う液状ガスケット材を選択することを推奨します。

失敗から学び，実施すべきこと

相対運動のない部分のシール部品のことをガスケットと呼びます。また，相対運動部のシール部品はパッキンと呼びます。

- **液状ガスケットには多くの種類があるので，用途に合わせ適切なガスケット剤を各メーカと相談しながら選定すること（表 3-06-01 参照）**
- **頻繁に整備で脱着する部分は接着力が強すぎると剥がし難いので注意すること（表中にはない指標なので自ら確認が必要）**
- **ボルトの締結間隔が広い場合は微振動でも剥がれにくい（高伸び率）ガスケット剤が良い（表 3-06-01 では製品番号 1216B）**
- **液状ガスケットのマニュアルに沿った設計をすること（スリーボンド社やヘンケルジャパン社の Web ページ参照）**
- **耐久試験後は，冷却系や潤滑系に液状ガスケットの破片がないかを確認し，破片が見つかった場合は発生場所を特定して塗布方法を見直すこと**

※70　例：10 μm 膜厚のシール剤が 0.04 mm 動けば，約 400% 以上の伸びが求められることになり，伸びが 200% の液状ガスケットは破断することになります。

3-06-2 管用(くだよう)ねじの漏れ

理解を深めてもらうために，まず管用ねじとメートルねじの違いを説明します。

管用ねじには，管用平行ねじと管用テーパねじがあり，どちらも配管継手部分に用いられます。管用ねじは，**図 3-06-04（a）**のとおり，メートルねじと比べてねじ隙間が少ないため，ガスや水道などの流体部の締結に使われています。また，隙間が少ないので，摩擦力のばらつきが大きくなり軸力がばらつくところも，強度重視のメートルねじとは大きく異なります。

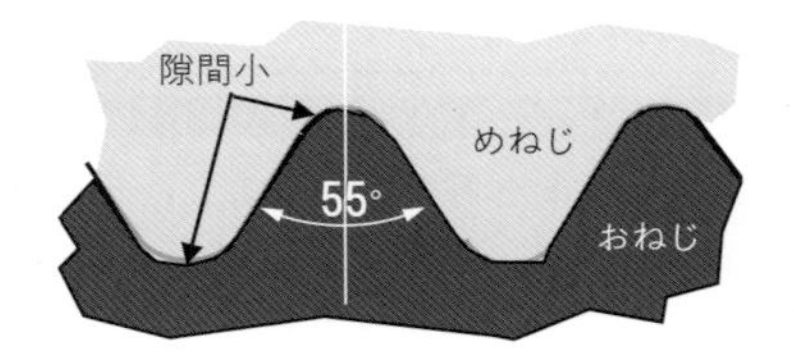

(a) JIS B 0202 管用平行ねじ

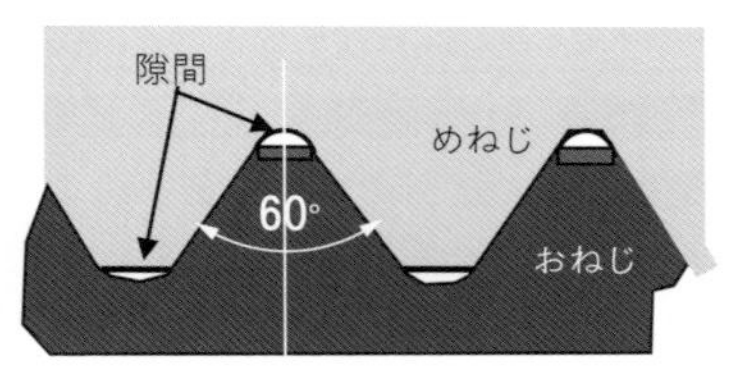

(b) JIS B 0205 一般用メートルねじ

ねじの種類	メートル	管用
特　性	高強度	シート性
寸法単位	メートル	インチ
山角度	60°	55°

図 3-06-04　ねじ山形状比較

NG 78 管用テーパねじからの漏れ

どのようなねじも，ねじ面に沿って微細隙間があります。管用テーパおねじ（ねじ記号R）は，ねじ込むと平行めねじ（ねじ記号 Rc）を押し広げることでくさび効果により隙間がなくなり，強い局部面圧でシールするねじです。面粗度や形状などにより金属間のシールは難しく，プラグ周辺ににじむ程度の漏れや汚れが発生するので，少しの漏れも許さない設計にはメートルねじを用いて座面にガスケットを用いた面シールがよいでしょう（**表 3-06-03**）。

【失敗内容】 熱影響によるシール部の失敗事例です。シール剤付きプラグ（**図 3-06-05**）でオイルクーラのオイル穴を塞ぎましたが，にじみ漏れが発生しました（**図 3-06-06**）。

図 3-06-05
プリコートシール例

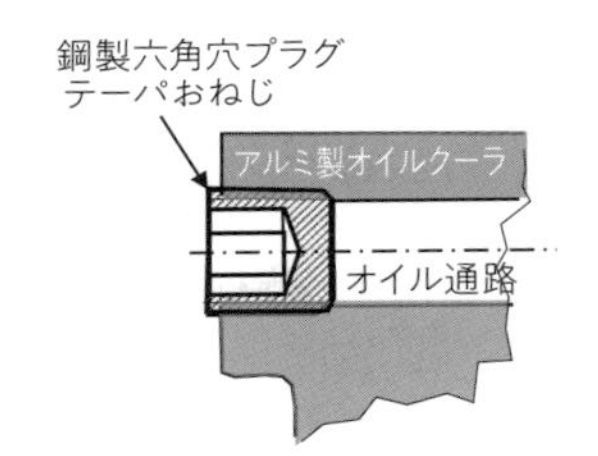

図 3-06-06
オイルクーラのプラグ

【原　因】 温度変化のある使用環境下で，めねじがアルミ製，おねじが鋼製だったため，熱膨張差により面圧低下やミクロの隙間が発生し，漏れが起きました※71。

【対　策】 シール剤付きではなく，平行ねじプラグの座面にOリングを用いることでシール構造にしました※72。

【解　説】 仮にプラグ径 $D = \phi 20$，最高油温 130℃（$\Delta t = 110$℃）とした場合，アルミのクーラと鋼プラグの相対的膨張差は，以下の式により 21.3 μm 開き，隙間が発生します。

$$\Delta D = (\alpha_a - \alpha_p)\Delta t \cdot D = (21 - 11.3) \times 10^{-6} \times 110 \times 20 = 0.02134\ \mathrm{mm} = 21.3\ \mu\mathrm{m}$$

したがって，テーパによるくさび効果があったとしても，線膨張差で拡張してシール剤（接着剤）部分が剥離し，漏れに至ったと推測され ます。

表 3-06-02　使用材料の線膨張係数

製　品	材　質	線膨張係数
オイルクーラ	アルミ	21×10^{-6}/℃
プラグ	鋼	11.3×10^{-6}/℃

【関連情報】

●管用平行ねじの継手部シール

管用平行ねじの座面は，ガスケットやOリングを介して端面を押し当てることでシールします（JIS B 2355：油空圧および一般用途用金属製管継手）※73。

※71　熱膨張差がない材質どうしでも，管用テーパねじにおけるシール剤による高圧部のねじシールはむずかしい（苦労しました）。

※72　テーパねじ製品（センサやスイッチ類）使用時は，同等の線膨張率を持つ部材の組合せとすることに留意しましょう。また，シール剤の選定にも注意し，最悪条件での評価をすることで信頼性を確認することが望ましいです。

※73　平行ねじの面シールは一般的なので説明を省略します。

●管用テーパねじのシール

テーパおねじ（ねじ記号R）はテーパめねじ（ねじ記号Rc）またはテーパ平行めねじ（ねじ記号Rp）と組み合わせて使います。テーパおねじを食い込ませるくさび効果による高面圧シール構造です。しかし，金属間シールは不完全なので，ねじ間の隙間を埋めるシールテープ（**図 3-06-07**）やプリコートシール剤（図 3-06-05）などが用いられます。

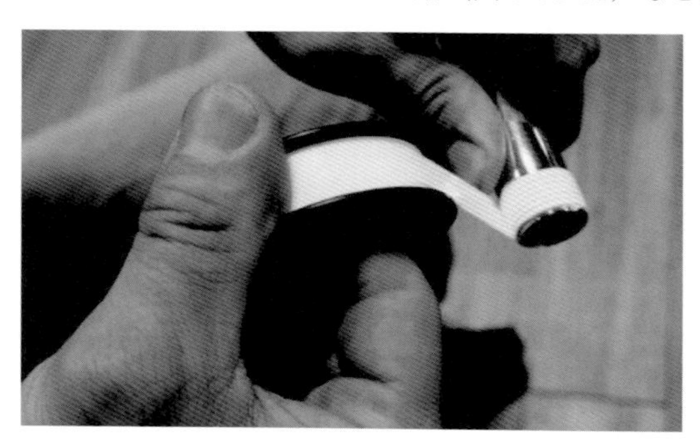

図 3-06-07　シールテープ巻（ニチアス社製）

表 3-06-03　2 種 B 形メートルねじプラグとガスケット（JIS D 2101）

	2種B形つば付き六角頭プラグ									2種B形相当ガスケット		
d ねじ呼び径	1系列 ℓ（基準）	2系列	k （基準）	s	e （最小）	d_k 約	d_c （最小）	c （基準）	z 約	d_1	D （最大）	t （基準）
M8	8	6	7	10	10.95	9.5	13	2	1	8.2	13	2.5
M10X1.25	10	7	7	12	13.14	11.5	16		1.3	10.2	16	
M10												3
M12X1.25	12	8	8	14	15.38	13.5	18			12.2	18	2.5
M12X1.25												3.5
M16X1.5	14	10	9	17	18.74	16.5	22	3	1.5	16.2	22	3
M20X1.5	14	11	11	19	20.91	18	26			20.2	26	
M24X1.5	16						32			24.3	32	
材質	SWCH43K~SWCH48K，またはS43C~S48C 焼入れ･焼戻し（硬度は当事者間の規定による） 表面処理:Ep-Fe/Zn5/CM2									JIS規定ではないが以下を推奨 C1020（60HV以下） A1050-O（50HV以下）		

（単位：mm）

● **メートルねじプラグ**

管用ねじからの漏れの課題解決法として，JIS 規定のメートルねじプラグ（**表 3-06-03**）の使用を推奨します。この表は自動車のオイルパン用のプラグに使われているもので，右欄の銅などのガスケットと組み合せて使います。

失敗から学び，実施すべきこと

管用テーパねじは，おねじのテーパ面がくさび効果により穴側を拡張させる張力によってシールする構造なので，めねじ側とプラグ側材料の線膨張率差が大きい場合には注意が必要です。

- **100℃程度であっても，高温部に管用テーパプラグを用いる場合は，おねじとめねじに線膨張率が近い材料を使うこと**

  例：めねじがアルミならばプラグもアルミ製テーパプラグを使用すること
- **高温部のねじプラグには，メートルねじプラグ（JIS D2101 の 2 種 B 形つば付き六角頭プラグなど）と銅ガスケットとの組合せ使用を推奨**

3章 起こしやすい失敗と克服技術

3-06-3 線膨張差によるオイル漏れ

アルミと鋳鉄のような線膨張率の異なる製品の三面シール部（三つの部品が重なる部分（交線）のシール）の設計は，温度差による段差が発生しやすいので注意が必要です。

NG 79 アルミと鋳鉄による三面シール部のオイル漏れ　関連 NG ▶ 35, 36, 54, 77, 78

構造物の三面シール部とは，**図 3-06-08** に示すブロック A，クランクケース B，ハウジング C の接合点のシール部のことです。特に，C と D の部品で挟まれているブロック A と B の線膨張率が異なる場合には，強い締結力で締め付けていても，その接合点にミクロ的な隙間ができやすいので，当該部のシール設計には注意を要します。

［失敗内容］ **図 3-06-08** で示す箇所に温度変化でミクロ的な隙間ができて，オイル漏れが発生しました。

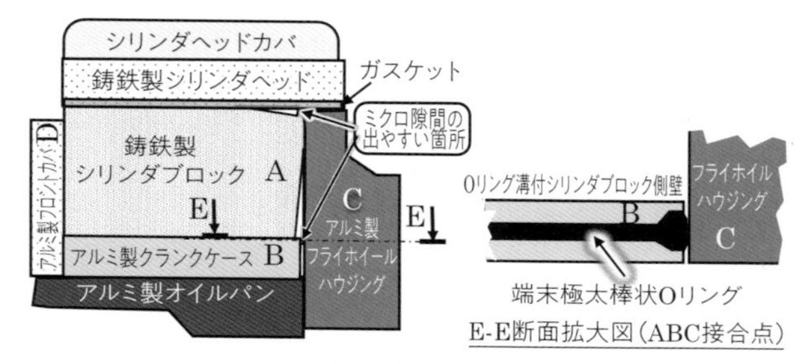

図 3-06-08　材質が異なる構造物のシール失敗例

［原　因］ 温度変化によって線膨張率の異なる金属間で隙間が発生するためです。

［対　策］

(1) 段差部に弾力性の高いシール材を用いる（部位による）

(2) 段差部に特殊な O リングを採用し，微小な浮き部をシールをする（**図 3-06-08 右図**）

(3) 段差の起きやすい箇所のボルト間距離を短くすることで段差部を高面圧で締結する

失敗から学び，実施すべきこと

- **三面シール構造は，関係部品の寸法のばらつきや温度差による線膨張差を吸収しづらいため，できる限り避けること**
- **やむを得ず三面シール構造部に液状ガスケットを用いる場合には，塗布部に適切な溝の深さを確保すること（溝なしは厳禁）**
- **三面シールの交差部をまたぐボルト間の距離は，相対挙動を抑制するために他の箇所よりも短くすること**

3-07 ゴム・樹脂製品の失敗

3-07-1 各種ゴムの耐寒・耐熱・耐薬品性と電気劣化

各種ゴムの耐熱・耐寒・耐薬品性は，配合や材料メーカなどにもよりますが，筆者が独自で調査した事例を**表 3-07-01** に示しますので，参考にしてください。ポイントは，以下のとおりです。

・耐熱・耐寒・耐薬品性の全てを備えた材質はない
・耐熱温度が上がるとともに，価格も上昇する
・△と×記号の薬品耐性材質は避ける

表 3-07-01　ゴムの耐熱・耐寒・耐薬品性

ゴム名称	記号	耐熱温度	瞬時耐熱	耐寒温度	耐薬品性					
		(℃)		TR10(℃)	燃料	エンジンオイル	ギアオイル	ブレーキ液	不凍液(LLC)	オゾン
天然ゴム	NR	80	100	−50	×	×	×	○	○	×
合成天然ゴム	IR	80	100	−50	×	×	×	○	○	×
ブタジエンゴム	BR	80	100	−50	×	×	×	◎	◎	×
ウレタンゴム	U	80	100	−40	×	×	×	×	×	○
スチレンブタジエンゴム	SBR	100	120	−40	×	×	×	◎	◎	×
ニトリルゴム	NBR	100	120	−30	◎	◎	○	×	◎	×
クロロプレンゴム	CR	100	120	−30	▲	▲	▲	○	○	○
ブチルゴム	IIR	120	140	−40	×	×	×	○	▲	○
クロロスルフォン化ポリエチレン	CSM	125	145	−40	▲	▲	▲	▲	▲	◎
塩素化ポリエチレン	CM (CPE)	125	145	−40	◎	◎	○	▲	○	◎
ヒドリンゴム	ECO	130	150	−25	◎	◎	◎	×	◎	▲
エチレンプロピレンゴム	EPDM	135	155	−50	×	×	×	◎	◎	◎
水素添加ニトリルゴム	HNBR	150	170	−30	◎	◎	◎	×	◎	▲
アクリルゴム	ACM	150	170	−25	▲	◎	◎	▲	×	◎
エチレンアクリルゴム	AEM	160	180	−25	▲	◎	◎	▲	×	◎
シリコンゴム	VMQ	200	220	−60	×	▲	▲	○	○	◎
フロロシリコンゴム	FVMQ	200	220	−50	◎	○	◎	○	○	◎
フッ素ゴム	FKM	230	250	−15	◎	◎	◎	▲	▲	◎
		網色が濃いほど性能が劣る			◎優、○良、▲可、×不可					

NG 80 スペースシャトル空中分解事故　関連 NG ► 13, 91, 92

NG13 でマネジメントの問題として紹介した事故ですが，3 章では構造設計上の問題点に絞って記載します。

［失敗内容］ 1986 年 1 月，フロリダではめずらしい寒波（気温 −2℃）の中，ケネディ宇宙センターから打ち上げられたスペースシャトルが，73 秒後にブースタロケット

結合部からのガス漏れによって燃料タンク結合部が焼損し，ブースタと液体燃料タンクの衝突で超音速下の軌道変化が起き，空力抵抗の急増で機体が空中分解・爆発しました。この事故で，搭乗員 7 名が犠牲となっています。

つまり，ブースタロケット結合部のOリング部からのガス洩れがきっかけの事故でした。

【原　因】

以下は，ロジャース委員会調査による事故原因です。

a）ガス漏れ原因はＯリングの低温硬化によるもの

過去に行われた打上時のＯリング部温度を調べると，大事に至らなかったものの，気温 11.5 ～ 24℃の範囲で 10 件のガス漏れが確認されました。実績上で漏れがない温度は 18.5 ～ 27.5℃で，それに対し当該事故は今までにない－13℃の低温でした。

事故後に調査実験を行い

①Ｏリングのゴムの低温硬化による追従復元性低下

②打上げの燃焼圧力急増で接合部が変形（ギャップ大）

③Ｏリングの動的弾力性で追従不良

が原因と結論付けられました[※74]。

b）タングの膨張によるＯリングつぶし率の低下

事故機は何度か飛行を行ってきた機体で，再利用を重ねたためタング外径が塑性膨張し，燃焼圧変形で 1 次側シールギャップが 0.736 mm 開いていた（**図 3-07-01**）ことな

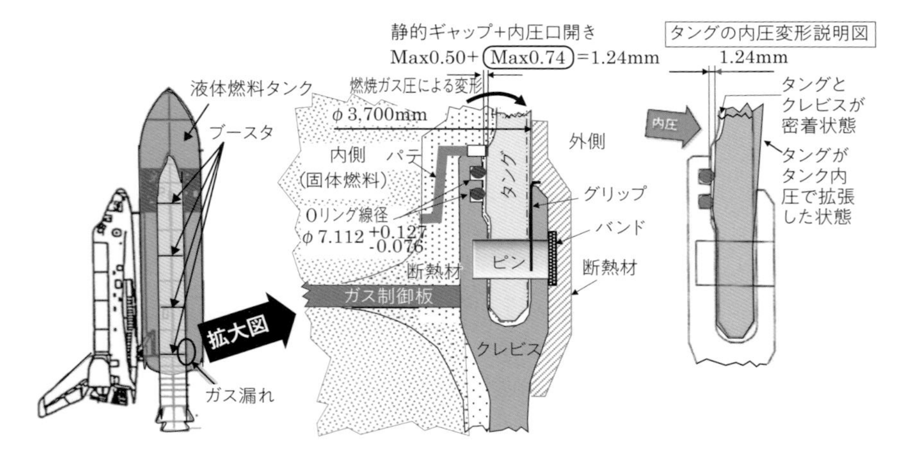

図 3-07-01　スペースシャトルのタング部の変形

※ 74　－13℃の低温が原因での漏れは納得できますが，24℃でも漏れる例もあるので，他の影響も大きかったのではないかと筆者は考えます。

どによって，O リング潰し率（**図 3-07-02**）が 7.5%（メーカ推奨は 8 ～ 25%[※75]）まで低下していたとの報告があり，O リングの弾性が低温により低下し，内圧急増による動的隙間変化に追従できなかったためと結論付けています。

［ 対　策 ］

a）ロジャース委員会報告の対策内容

① O リング上流側のパテ（図 3-07-01 参照）を粘着シール剤に変更

② O リングの本数を 2 本から 3 本にして，ヒータを追加

b）筆者の追加対策案

すでにスペースシャトルは廃止されていますので，机上の空論とはなりますが，筆者だったらどうするかという観点での追加対策案です。

③ O リングの材質をフロロシリコン（材料記号 FVMQ）に変更

事故機は NBR を使用していたようですが，表 3-07-01 の耐寒温度（TRI0 値），燃料系への適合性および耐熱性を考慮して，FVMQ 材質への変更，あるいは金属ガスケット化を提案します。

④ O リング線形を ϕ 7.1 から ϕ 12 へと太くし適正化

JIS B 2401 の内径と線形の関係プロットを事故機のブースタ外径 3,700 mm で外挿すると，線形は ϕ12 mm が適切であり，事故機の O リング線形 ϕ7.1 mm は外乱に対して敏感な設計だったと言えます（**図 3-07-03**）。

線形を太くすると，溝寸法のばらつきや動的な動きによる圧縮率の変化が少なくなり，冗長化設計として良い方向と思います。

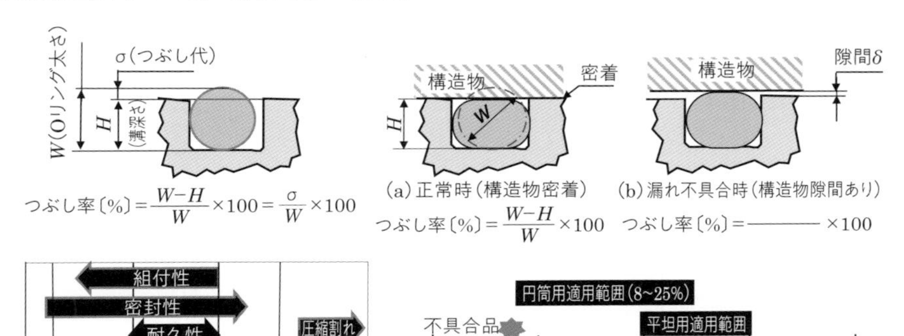

図 3-07-02　O リング許容つぶし率

※ 75　筆者が設計していたときの O リングつぶし率の設計基準範囲は，カタログの推奨範囲よりかなり狭く，20 ～ 30% であったと記憶しています。

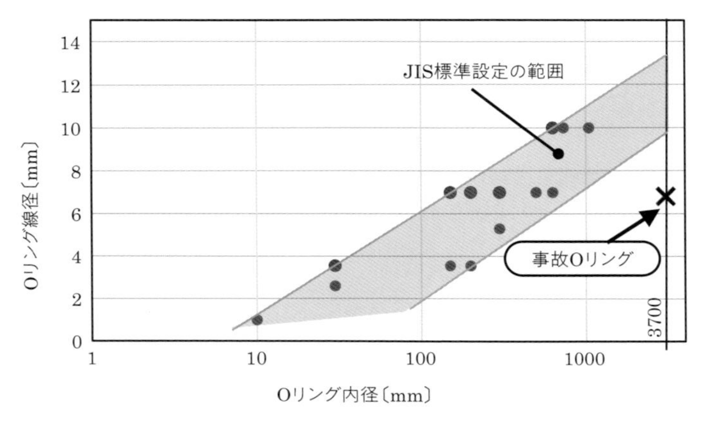

図 3-07-03　O リングの内径と線形の関係

【解　説】

●ゴムの耐寒性

ゴムの復元力（耐寒性指標，**図 3-07-04**）は，一般的に縦軸の復元力 10% がシールできる限界と言われ，これを TR10（Temperature Retraction）と呼んでいます。図中の VMQ などの記号はゴム材質で，左側ほど耐寒性が強い材質を示します。つまり，TR10 の温度が耐寒温度（表 3-07-01）となります。

事故機の O リングは，報告書からニトリルゴム（NBR，図 3-07-03 より TR10＝－25℃）と思われ，当該接合部の －13℃ならば問題ないレベルです。しかし，NBR は耐寒性が強い方ではないので，このグラフには記載されていませんが，表 3-07-01 に示すように，耐熱・耐寒に強く，燃料成分にも強いフロロシリコン（FVMQ，TR10＝－50℃）への変更を推奨します。

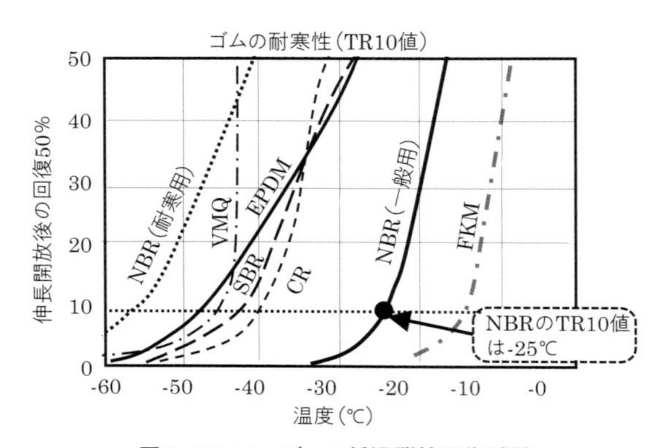

図 3-07-04　ゴムの低温弾性回復試験

● **そもそも O リングが最適か**？

パテの断熱効果を期待して O リングシールを採用したと思われますが，高温燃焼ガスが漏れるとパテのブローホールを通じてゴムを焼失させるので，非常事態に配慮するならば金属ガスケットを選択すべきだったと考えます。また，シールを徹底するのであれば，接着性の強い液状ガスケットがよかったようにも思われます。

スペースシャトルは再利用を前提とした機種でしたから，ブースターロケットの回収や再利用を考慮し，分解・組立作業性を重要視したのかもしれません。

NG 81 バキュームポンプの O リング膨潤漏れ

関連 NG ▶ 86

ゴムは液体中の薬品との相性が悪いと，液体と反応して膨張する性質があります。これを**膨潤**といい，ゴムの架橋網目鎖の間に油類や薬剤が浸透し膨れる現象で，さまざまな事故の原因となります。

【失敗内容】 ギア室のフランジに用いる耐油アクリルゴム（ACM）製 O リングが膨潤して，およそ数万 km の走行でオイル漏れが発生しました。

【原　因】 昔は潤滑油中に含まれる軽油の量は微量でしたので，軽油による影響は少なく，潤滑油対応の O リングを選べば問題ありませんでした。しかし，排気ガス規制によって，後処理装置の燃焼用に，燃焼後の排気工程に軽油を筒内噴射した一部が潤滑油中に落ちるため，燃料に弱いアクリルゴム（ACM）の膨潤でシール面圧の低下が起こり，オイル漏れとなりました（表 3-07-01 参照。オイルパン内のオイルに 20％以上の含有率で軽油が混入した例もあります）。

【対　策】 O リングを燃料とオイルにも強い HNBR 材に変更しました。

【解　説】 排気ガス規制対応で，後噴射やポスト噴射（**図 3-07-05** 参照）によりオイル中に燃料が蓄積し，燃料に弱い ACM（表 3-07-01 で▲）が膨潤しました。O リングが溝を埋め尽くすほど膨潤し四角状になり，線圧によるシールができずに漏れた

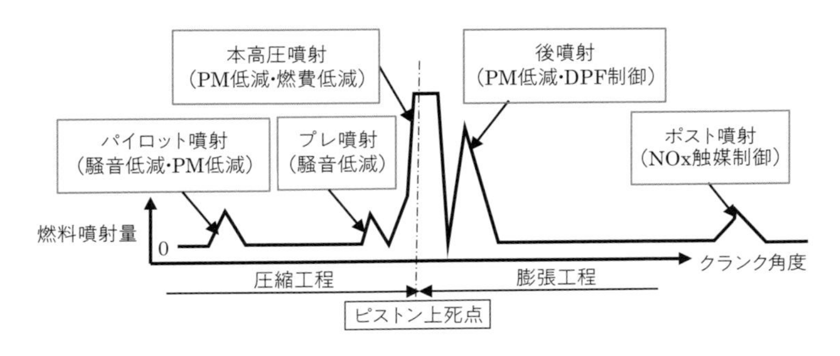

図 3-07-05　ディーゼル燃料の噴射パターン

のです（**図 3-07-06**）。

当該部のOリングは，協力企業が設計したバキュームポンプでした。そもそも，協力企業への設計要件に「オイル中に燃料が含まれること」を通知しておけば発生しなかった事故と思われます。

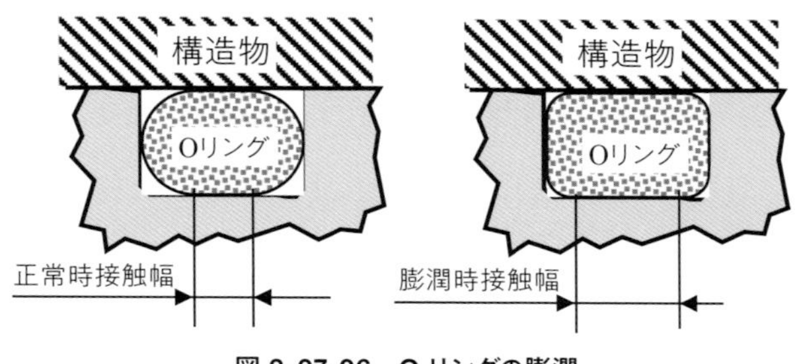

図 3-07-06　Oリングの膨潤

失敗から学び，実施すべきこと

宇宙工学や機械工学などの技術者は，高分子系の材料に関する知識に疎いように思います。材料の専門家が設計に直接関与することはないので，設計者が材料に関する基礎的な知識・技術を持っていないと，まともな設計はできないのです。また，ゴム・樹脂などの高分子系材料だけではなく，電気系や制御系の知識・技術についても求められるので，それらに関係する設計の機会があれば積極的に取り組んでください。

- **樹脂やゴムは環境条件に適合した材質を選択すること**
- **Oリングおよび溝側の設計においては，製造上のばらつきや，使用環境における変形，環境温度変化などを考慮して，適正なつぶし率を確保すること**
- **シール材質の選定には，流体の劣化および別流体の混入などの変化を考慮すること**

3-07-2 ゴムや樹脂の寿命による失敗

ゴムや樹脂は，酸素・熱・水・オゾン・光・ガス・塩素・その他の化学薬品・放射線・微生物・電気などのさまざまな要因で劣化するので，使用環境を把握した寿命評価が大切です。

NG 82 ホース破損によるバス火災事故多発

関連 NG ▸ 83～87

整備の重要性を **3-05** で紹介しましたが，ここでは交換寿命に言及します。

自動車用ホースなどのゴム部品は，定期点検時の交換時期を指定することが必要です。その指定は，温度環境とゴム材質によって設計者が計算して決めるのです。

【失敗内容】 燃料および潤滑油系のホースの破損が原因で，毎年 8 ～ 19 件のバス火災事故が発生しています[※76]。

【原　因】 点検整備ミスによる事故が 58 件中 36 件（62%，図 3-05-14）もあり，日常整備の重要性が浮き彫りとなりました。また，ロバスト性（頑健性）の弱い設計だった可能性もあり，設計者の技量が問われます。

【対　策】 整備ミスに対して，機械設計者が行うべきことは「適正な定期交換時期の指示」と「ホース破損時でも火災になりにくいレイアウト設計」です。

● 定期点検と定期交換の徹底

商品開発現場では，最悪条件での使用環境温度を推測し，アレニウスプロット[※77]による寿命予測評価（評価換算表を含む）を行います。その結果，目標を満足できなければ耐熱対策（材料変更や遮熱）を講じます。

表 3-07-02　大型車定期交換部品の例

定期交換部品		交換時期	交換距離
ゴムホース	パワーステアリング用	04 年	ー
	ブレーキ用	02 年	ー
	燃料用	04 年	ー
	エアコンプレッサ用	02 年	ー
ベルト	ファン用	03 年	30 万 km
	オルターネータ用	03 年	30 万 km

※車両によって異なっています。

● 遮熱などの検討

輻射熱の影響を避けるためのプロテクタ設置は，遮熱効果だけでなく，ホース破裂時に内部の可燃液体が高温部を直撃しない効果も期待できます。

※ 76　平成 23 年からの 4 年間で 58 件のバス火災事故が発生，うち 16 件が燃料やオイル漏れによるもの（H28 年 2 月 19 日，国自報第 370 号）。

※ 77　ゴムなどの有機材料は，分解や酸化，重合などの化学反応によって，異なる速度で劣化します。アレニウスプロットは，その材料固有の温度と寿命の関係の試験データから寿命を予測する方法です。

【関連情報1】

●想定最高温度によるゴム材質の選定（社内の経験値を用いる）

想定の上限環境条件と運転条件による最高温度の測定結果から，目標寿命に適合できる材質を選定します。

●アレニウスの法則による予測

式(a) に示す化学反応の速度を予測する「アレニウスの式」を利用して，高温加速試験により短時間で寿命を予測する方法が一般的です（**図3-07-08**）。

アレニウスの式 $k = A\exp\left(-\frac{E_a}{R \cdot T}\right)$ ……(a)

ここで，

k ：反応速度定数

（ゴムの硬化量 / 経過時間）

A ：温度に無関係な定数（頻度因子）

E_a：活性化エネルギー〔J/mol〕

R ：気体定数（8，314 J/(K･mol)）

T ：絶対温度〔K〕

式(b) を変形すると

$\ln(k) = -\frac{E_a}{R} \cdot \frac{1}{T} + \ln A$ ……(b)

すなわち，k の対数と温度の逆数が一次関数（傾き $-E_a/R$ の直線）となるので，このメカニズムを用いれば数十年の寿命を数十日で評価することが可能です。つまり，開発段階で評価する際にこの特性を利用して，寿命を予想したい環境温度より高い温度でゴム劣化特性を調査することにより，評価期間を数十分の一に短縮するのです。

材料劣化は化学反応によって進み，活性化エネルギー E_a は材料固有値なので，反応

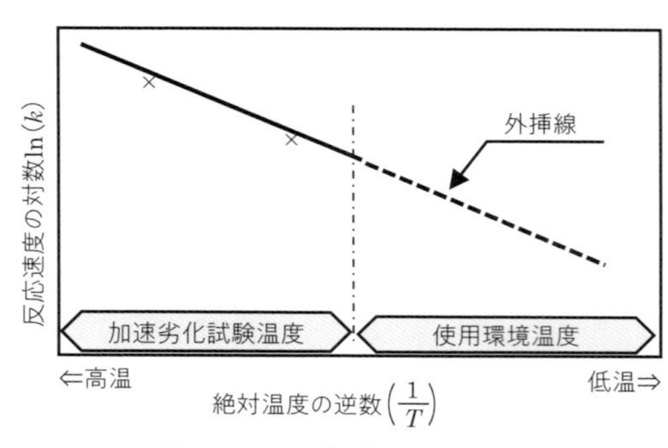

図3-07-07　加速試験イメージ

速度は温度に依存することがわかります。**図 3-07-07** に示すように，予想したい温度より高温で試験すると，短時間の試験で目標温度での寿命予測が可能となります（これを加速試験と呼びます）。

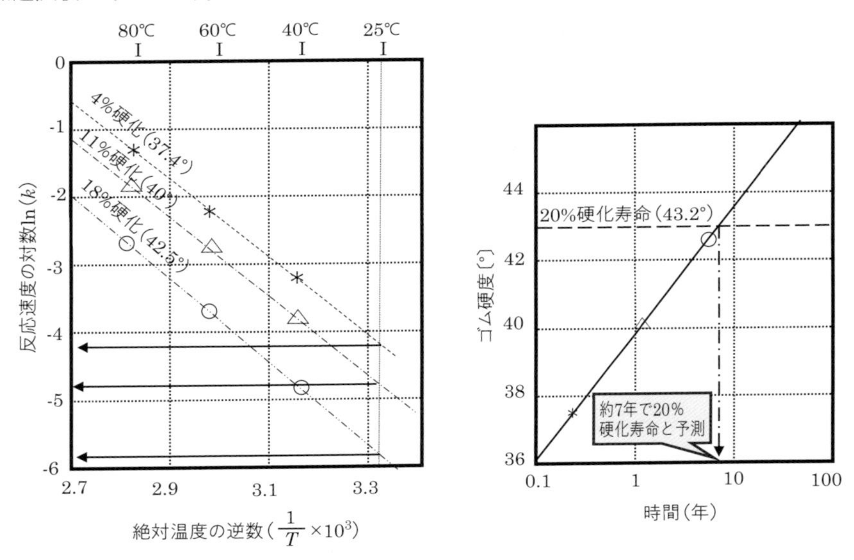

図 3-07-08 材料試験からのゴムの寿命予測例

● 簡易寿命予測評価法（10℃ 2 倍則）

化学的反応が劣化速度に支配される場合，E_a（活性化エネルギー）は 20 ～ 30 kcal/mol で「温度が 10℃上昇で劣化速度がおよそ 2 倍（寿命 1/2）」になります※78。

実務でアレニウスプロットがない場合には，経験的に 10℃ 2 倍則（＝10℃半減則）として「被熱温度を 10℃下げれば寿命を 2 倍延ばせる」などとして使われることがあります。厳密ではありませんが，おおまかな対策の検討には有効です。

・**予測事例**：ゴム温度 T_2 の寿命が L_2 で，目標寿命 L_1 に達しない場合，「遮熱板の追加で温度を T_1 に下げれば目標達成できる」などと簡易的に予測する

$$\frac{L_1}{L_2}=2^{(T_2-T_1)/10} \quad \cdots\cdots(c)$$

【関連情報 2】 自動車用ゴムホースの種類

内部媒体，圧力，温度，動きなどにより，適用ホースの事例を**表 3-07-03** に示します。

※ 78　拡散現象支配の場合，E_a = 10 kcal/mol 程度に小さくなり，この法則は成り立ちません。

表 3-07-03　ホースの種類および用途と材質

ホース区分	材料と構成	要求性能
燃料	NBR//CR	ディーゼル燃料
	NBR//GECR	ディーゼル燃料，耐オゾン
	HNBR//GECO	耐熱
	FKM/NBR//GECO	ガソリン不浸透性，耐サワーガソリン
	FKM/ECO//GECO	
空気	NBR//CR	汎用
	GECO	耐熱
	ACM	
	VMQ	
	FKM/VMQ//VMQ	耐熱，耐油
ブレーキ油	EPDM	耐ブレーキ油
パワステ高圧	NBR//CR	汎用
	CSM//CSM	耐熱
	CM//CM	
水	EPDM//EPDM	汎用
	po-EPDM//po-EPDM	耐熱

// は補強層

多層ホースや補強層を設けているホースが多いですが，内面は高価な耐薬品性の薄膜ゴムを用いて補強層（糸巻き）で圧力や屈曲性に耐えて，外層は安価な適性耐熱ゴムとするのが一般的でしょう。また，圧力が加わらず100℃以下で使用するオイルドレンホースであれば，表にはありませんが，理論的にNBRの１層ゴムホースで良いわけです。

失敗から学び，実施すべきこと

- **ゴムや樹脂部品永久寿命ではないので，定期交換期間の検討を含めて設計すること。**
- **ゴムや樹脂の耐熱性・耐寒性・耐薬品性などの特性を理解して，材料選定をすること**
- **アレニウス法則を理解し，ゴムや樹脂の加速試験や寿命予測に活用すること**

3-07-3 高圧内ホース設計の失敗

NG83〜NG87は，今から40年ほど前にインタクーラターボ付エンジンを開発中の初期に発生した不具合で，以下の環境条件下の使用に耐えられずに起きてしまった失敗です。

① 内圧：約1.5気圧
② 車両とエンジン相対運動：全方向20 mm
③ 温度：200℃
④ 吸気にブローバイ再循環でオイルが混入

NG 83 膨張によるホース抜け　関連NG ► 82

［失敗内容］ ベローズ部が樽形に変形したことにより自在性がなくなり，ホースが抜けたうえに，クリップ部から引きちぎられました。

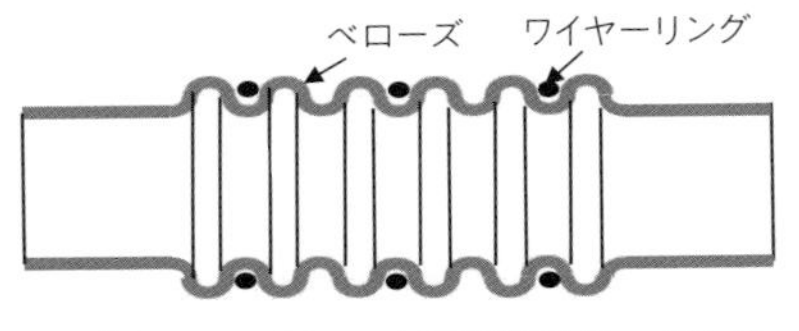

(a) ベローズホースと耐圧用ワイヤーリング

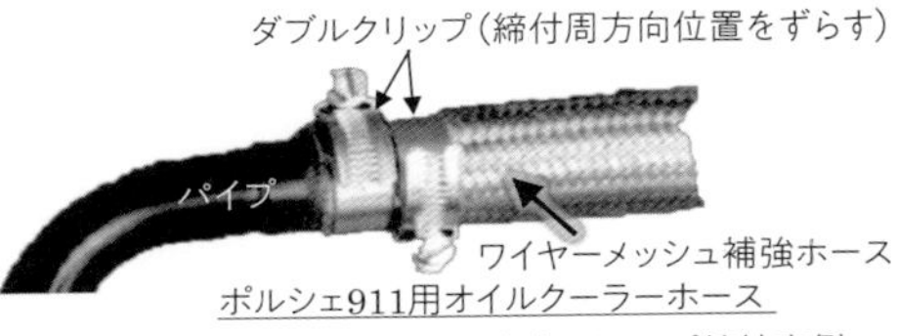

(b) ワイヤーメッシュ補強とダブルクリップ締結事例

(c) クリップ端部形状

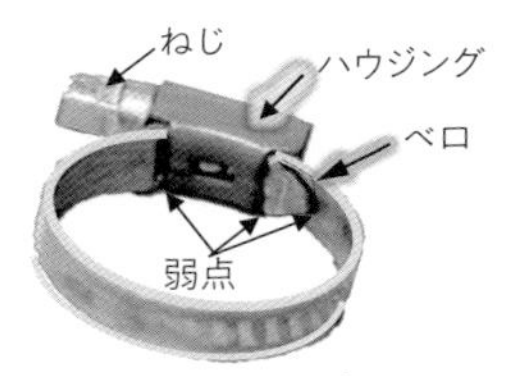

(d) ねじ式クリップ

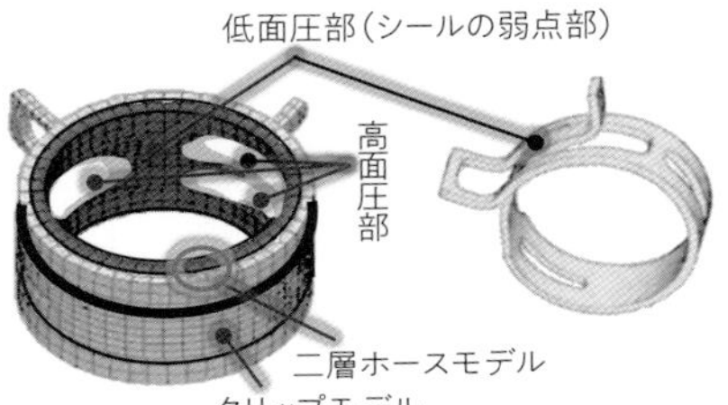

(e) ワンタッチクリップの面圧分布解析事例

図 3-07-09　ホース設計上の注意事項

【原　因】高温・高圧のために膨張状態で永久変形し，ベローズの山の高さが低くなってしまったためです。径方向に太くなるので，長さ方向は縮むのです。

【対　策】鉄リングやワイヤメッシュによる補強で，径の膨張を阻害する構造にするなどの対策があります（**図 3-07-09（a），（b）**）。

NG 84 ホースの引張り抜け

関連 NG ► 82

【失敗内容】相対運動と内圧で，ホースの長手が収縮して抜けたり，クリップの端部から亀裂破損することがあります。

【原　因】振動などによる車体とエンジン部との相対位置の変動と，径の膨張によりホースに引張力が作用し，ホースが引き抜けました。

【対　策】**NG83** と同様に，鉄リングやワイヤメッシュによる補強で膨張を抑制することや，片側をダブルクリップ化（図 3-07-09（b））するなどの対策があります。また，高価になりますが，フランジ付きのホースに代えてボルト締めにする方法が，抜け防止対策としては絶対的に有効です。

ホースの亀裂対策としては図 3-07-09（c）に記載しているように，クリップ断面形状を工夫するなどが一般的です。

NG 85 バンドクリップの低面圧部からの漏れ

関連 NG ► 82

【失敗内容】板金製バンドクリップ合わせ部の不連続部分（図 3-07-09（d），（e）の弱点部最低面圧）から漏れました。

【原　因】ホースのバンドグリップは国内外メーカによって多くの種類が開発されていますが，全周均一な面圧にできるものはなく，内圧が高すぎるために最弱部から漏れたのです。

【対　策】図 3-07-09（b）に示すように，ダブルクリップ化によって円周方向の位置をずらして取り付けるのが有効です[※79]。

※ 79　バンドクリップは，図 3-07-03(e)のように製造各社でいろいろ工夫を凝らしていますが，今のところどれも合わせ部が弱い傾向があります。

NG 86 ホースの外周面からのオイルにじみ

関連 NG ▶ 81, 82

【失敗内容】 ターボで加熱された空気は200℃近い高温となるので，表3-07-01よりシリコンゴムを採用しましたが，ホース外面がオイルにじみで黒く汚れました。

【原　因】 シリコンゴムは耐油性が▲であることと微少の通気性があるため，オイルがホースの壁面からにじみ出たのです。

【対　策】 シリコンゴム（VMQ）の内面にフッ素ゴム層（FKM）を追加した二層ゴムにして耐油性を向上させました。

NG 87 ラジエータホースの電気劣化

関連 NG ▶ 82

【失敗内容】 ラジエータホースに亀裂が生じる不具合が散発しました[81]。

【原　因】 エンジンとラジエータとの間には電位差があり，ホース中のカーボンブラックとポリマー間の擬似結合力が低下することで，冷却液（＝電解質）が電位により移動してホース内に入り込むために亀裂が発生します。**図3-7-10**は実際の使用条件で6か月運転後の亀裂状態です。

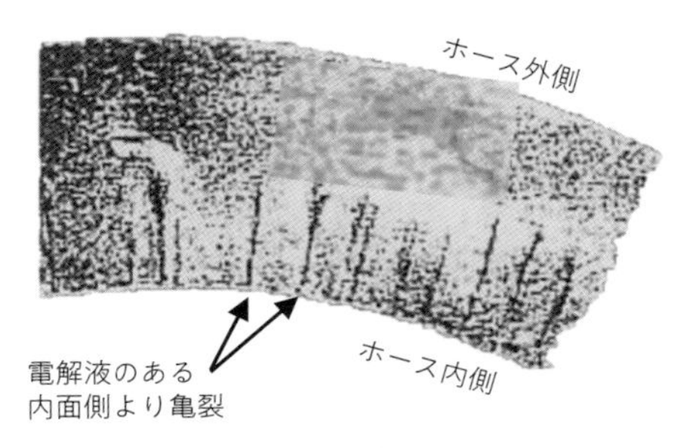

図3-07-10　電気劣化によるホース内面の亀裂

【対　策】 ゴム配合中のカーボンブラック充填量の削減・白色充填量の増加および加硫を硫黄系から過酸化物加硫系への変更などにより，電気抵抗を高めること（例えば10^4 Ω・cm以上など）が有効です。

【解　説】 ホースに結合するパイプがアルミ材の場合，不凍液（LLC；Long Life Coolant）冷却液中に金属イオンAl_3^+やLLC中の陽イオン（Na^+）が溶出してゴムに侵入し，反応することで亀裂が発生したのです。

ゴム製品の強度や硬度を高めることや，耐紫外線性を高めるためにカーボンブラックの充填剤が広く使用されています。カーボンブラックは導電性が高く，静電気除去に有効ですが，LLCなどの電解液を流すホースに用いると電解液中の陽イオンがゴムに侵入しやすくなり，劣化するのです。

白色充填剤（無機充填剤）は，電気抵抗を高くする場合に有効な，シリカ，炭酸カルシウム，クレー（粘土）などで，カーボンブラックを削減したときに低下する強度・弾性・硬度などを調整するために用いられます。

失敗から学び，実施すべきこと

- 高内圧ホースは，径方向に膨らむことで長手方向に縮む力が働くので，①抜けにくい，②径方向の膨張の抑制，③クリップ部の破損対策などを設計段階で検討すること
- バンドクリップは，どのようなタイプでも合わせ部分の面圧分布が低くなるので，高圧ホースに使用する場合は当該部のシール性向上に心掛けること
- シリコンゴムなど通気性がある材質のホースは，内部の流体がにじみ出てくることがあるので，実質的な被害がない場合でも，二層化などを検討すること
- ゴムは通電性があり，それによって劣化するので，アース回路などで通電の可能性があればゴム製品の配合に，注意すること

3-08 潤滑や摩耗関連の失敗

機械設備の可動部分は，滑らかに運動させることが必要となります。大きな力の伝達部は，ちょっとしたミスで焼き付いて破損するので，特に適切な潤滑設計が必要です。

3-08-1 スラスト面潤滑設計の失敗

NG 88 ヘリカルギアのスラスト面焼付

関連 NG ▸ 89, 90, 93, 94

【失敗内容】 騒音対策で平歯車をヘリカル歯車にしたことで，スラストワッシャ※80が歯車の間で焼き付きました。

【原　因】 平歯車はスラスト（推力）が発生しないので，ジャーナル部の潤滑オイルがスラスト面に流れ込み十分に潤滑されますが，ヘリカル歯車は推力によってスラスト面に押し付けられ，平面に油膜形成ができずに焼き付いたのです。

【対　策】 歯車のスラスト面に放射状の台形溝を設けて，給油通路と台形のテーパ面による油膜の巻込みによるくさび効果によって油膜を形成できる構造としました（図 3-08-01）。

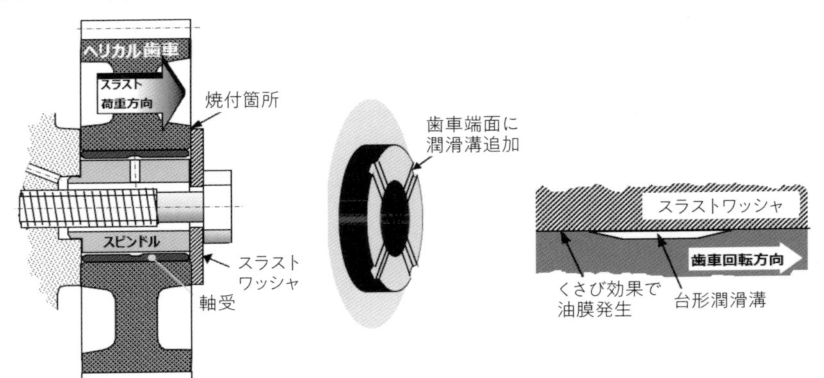

図 3-08-01　ヘリカル歯車のスラスト焼付と対策溝

【解　説】 平行する平面間には流体油膜圧が発生しないので，焼き付いたのです。

ジャーナル部は，軸の回転につられて潤滑油が狭い隙間に引きずり込まれ，圧力が

※80　スラスト荷重とは軸受の中心線に対し平行な方向（回転体の軸方向）にかかる荷重のことで，スラストワッシャ（Thrust Washer）はこの圧力を受けるための座金。

発生します。この圧力によって形成された油膜によって軸を浮かせて摩擦力を減らすのです。潤滑油の浸入場所がくさび形状であることから，これを**くさび効果**と呼んでいます。

3-08-2 長期保管時の失敗

機械装置を長期保管した場合,運転をしなくても劣化していきます。というよりは「運転をしないままでいるからこそ劣化する」のです。しかも，長時間の輸送や，野外に設置されているなどで昼夜の寒暖差が大きい場合は内部に結露が生じ，錆の発生も問題になります。

NG 89 長期保管エンジンのスクリュー歯車の異常摩耗

関連 NG ► 88, 90, 93, 94

[失敗内容] アフリカでノックダウン生産※81を行っていた車両で，エンジンのオイルポンプギアが異常摩耗（歯欠けするほどの大きな摩耗）する不具合が頻発しました。

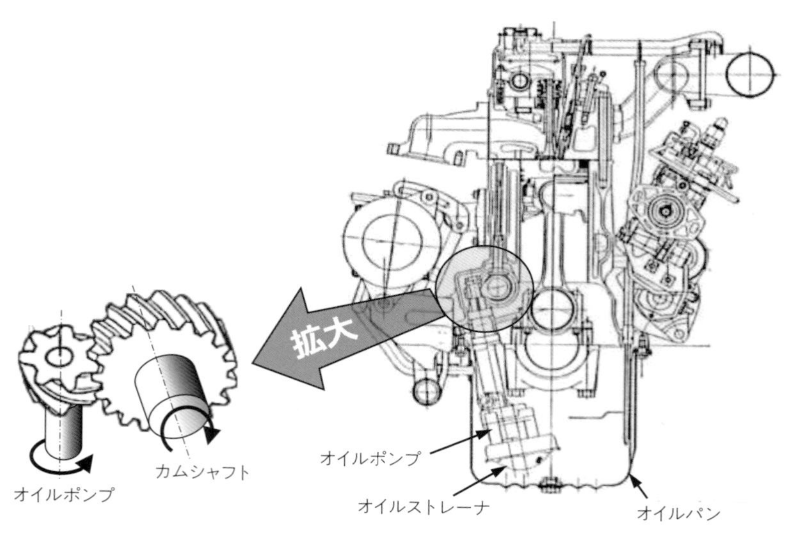

図 3-08-02　スクリューギアの異常摩耗

※81　ノックダウン生産とは，輸出部品を現地で組み立てる生産方法で，当事例のエンジンは，日本で完成状態にして，現地で車両に搭載していました。

しかしこの現象は，他の地域では発生しませんでした。

【原　因】不具合が発生したエンジンを追跡調査してみたところ，おり悪く，{日本でクリスマスと正月期間，横浜港で出航待ち}＋{現地で車両組立待ち}＋{販売待ち}の期間が8か月を超えるものだけが不具合を起こしていました。

当該歯車に二硫化モリブデンを塗布して組み立てた後に完成運転試験で両歯車がオイルで潤滑された状態ではありましたが，数か月でかなり潤滑剤が落下してドライに近い状態となり，潤滑不良による摩耗があったことが推察できます。

【対　策】

(1) 特殊専用治具を作成し，ノックダウン生産地に到着した車両用エンジンを，開梱直後にスクリュー歯車へオイルを塗布するよう手順書にて指示

(2) 世界各地向けに，現地販売店在庫車は，定期的にエンジンを回し，車両を少しでも動かすことを標準作業として指示

【解　説】スクリュー（ねじ）歯車の特徴は，コンパクトに大きな速度比を得ることができますが，歯面が点接触で滑り摩擦が大きいことです（一般的なヘリカル歯車などは，転がりなので摩耗が少ない）。潤滑が乾燥状態では，エンジンを始動から当該部へのオイル給油までに20秒程度かかります。本件では，「正規組立品」と「乾燥品（新品）」を比較運転したところ，乾燥品ではミクロなひっかき傷の発生が確認され，オイル潤滑状態の差が異常摩耗の原因だと判断しました。

この失敗例は，設計上の問題ではないように見えると思います。しかし，これらの故障が起きないように整備マニュアルやノックダウン組立作業基準書に記載すべきことを考える役割が設計者にはあるのです。

【関連情報】かなり昔の話ですが，北海道の自衛隊駐屯地で，半年以上野外に放置されていた車両が，運転直後にエンジンが焼き付き破損しました。これも，オイルが数か月の放置で落ちてしまった（ドライ化した）事例かと思います。寒暖差による内部結露で錆が発生しやすかったと考えられますが，長期保管時のメンテナンスや，保管途中での給油や定期的運転などの配慮が必要です。

3-08-3 異常運転時に最悪状態となる失敗

想定できないような異常運転による故障は個々の運転者の責任であり，避けられないとしても，路上での故障や故障による大破は何としても避けたいところです。そのために，設計者が配慮すべき点について述べます。

NG 90 オイルパンヒットによるエンジン焼付

関連 NG ▸ 88, 89, 93, 94

【失敗内容】 エンジンは，登坂・降坂・加減速時でもエアを吸い込まないように，オイルパン最深部分からオイルを吸い込む設計をしています。そして，車両の最低地上高とほぼ同等の高さにオイルパン底部位置が設定される（極限までエンジンの位置を下げる）ため，悪路や雪道を走行中にオイルパンが地面や雪面に衝突※82 して変形し，エンジンが焼き付く不具合が発生しています。

【原　因】 悪路などではオイルパンヒットが発生しやすく，変形によりオイルパン底面とオイルストレーナ吸入口が狭まり閉塞状態となり（**図 3-08-03**），潤滑不良を引き起こしエンジンが焼き付くのです。

【対　策】

（1）新興国向けなど，悪路での使用が想定される輸出車には，アンダガードを標準装備とした

（2）吸口部周りを補強して，オイルパン底部がストレーナの入口に押し付けられても閉塞しない構造とした（**図 3-08-04**，本箇所の不具合に関しては各社でさまざまな工

降坂路Max油面
オイルポンプ
平坦路Max油面
オイルパン
登坂路Min油面
オイルストレーナ吸込み口
オイルポンプ
オイルストレーナ
吸込み口閉塞
オイルパン底面
路面と衝突で陥没

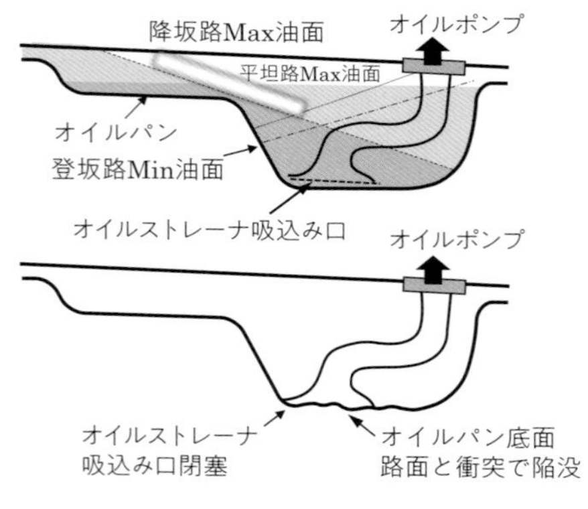

図 3-08-03
オイルパンヒットによるオイルストレーナ閉塞

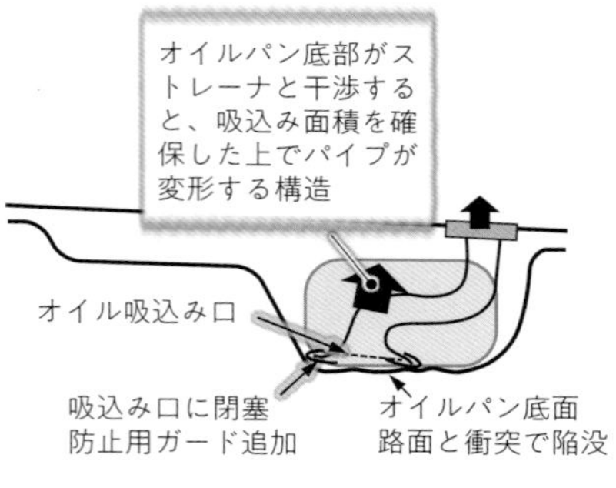

オイルパン底部がストレーナと干渉すると、吸込み面積を確保した上でパイプが変形する構造
オイル吸込み口
吸込み口に閉塞
防止用ガード追加
オイルパン底面
路面と衝突で陥没

図 3-08-04
ストレーナ閉塞対策例

※82　これを，オイルパンヒットと呼びます。

夫をしており，特許がとられている場合も多く見受けられます）

【関連情報】

●最低地上高

最低地上高は，一つの車両においては目標値を守って設計する必要があり，オイルパン底面もその一つとなります。

・車両総重量 2.8 トン以下の普通自動車および小型車の保安基準では，最低地上高 90mm 以上

・その他の車種の一例では，RV 車では低いものでも 225 mm 程度，2 トントラックでは 155 mm 程度

皆様も未舗装道路や雪道で，車体の底を道路に当ててしまった経験があると思います。運転者がオイルパンヒットの衝撃を感じたときには，すぐに点検整備する必要があります。オイルパンヒットで車両底面に穴が空くことは少ないですが，変形で内部のオイルストレーナが曲がり，コンロッドと干渉して大破する可能性もあります。変形があるものと想定して設計するとともに，前述のようにオイルストレーナが閉塞しない工夫も重要です。

●オイルパンヒットの評価

オイルパンヒットについて標準的な試験はありませんが，下記のような方法で，オイルパンヒット後の影響を確認するとよいと考えます。

・急坂の下に大きな鉄柱を置き，車両がバウンス後に鉄柱に乗り上げる試験[※83]

・縁石乗上げ試験

さすがにこのような状況まで通常運転を保証する必要はありませんが，せめてエンジン破損などにつながらないよう工夫するべきでしょう。

失敗から学び，実施すべきこと

- **スラスト荷重のある回転物のスラスト潤滑面は，平面ではなく，油膜形成を助けるための溝を設けること**
- **長期保管によって摺動部のオイルが乾くことのないように，整備マニュアルや使用手順書に定期的な運転の必要性を記載すること（設計者が関係部署に連絡しなければならない）**
- **保証を超えるような想定可能な乱用稼動においても装置の大破を避ける工夫を検討し，機能低下してでも装置が稼動できる程度の安全設計とすること**

※ 83　こんな状況はありえない，ばかげた試験ですが，これほどまでに市場不具合の再現は難しいのです。

3-09 寒冷地対応の失敗

世界には－45℃以下になる国も多く（**表 3-09-01**），これらの地域に輸出する場合には，現地の状況を把握したうえで適切な設計をすることが求められます。寒冷対策のために，既製品の暖機装置の取付，場合によっては純正部品としての設定が必要かもしれません。

また，ある程度対処はしていても，実際に運用してみると想定外のトラブルが起きることもあります。本項では，そのトラブルの一部を紹介します。

表 3-09-01　－45℃以下を記録した各国の地域

国	地　域	最低気温〔℃〕
中国	内モンゴル自治区	－58
カザフスタン	アトバサル	－57
アメリカ	モンタナ州ロジャース峠	－56.7
モンゴル	ズンゴビ地区	－55.3
オーストリア	シンクホール	－52.6
スウェーデン	ヴォッガチョルメ	－52.6
アフガン	シャルク地区	－52.2
ノルウェイ	カラショーク	－51.4
イタリア	フラドゥスタ	－49.6
トルコ	チャルドゥラン	－46.4
ドイツ	フンテン湖	－45.9
インド	カルギス地区ドラス	－45

【極寒地向けの一般装備例】

- 断熱材で排気系以外のエンジン表面を包む
- ヒータ類：ブロックヒータ，オイルパンヒータ，吸気ヒータ，燃料ヒータ，ブローバイヒータ
- バーナ：吸気バーナ

NG 91 ブローバイガスの吸気合流部凍結片によるターボ破損　関連 NG ► 80

［失敗内容］ 極寒地（北欧・シベリア・アラスカ・中国北部など）では，ターボが吸気の際に凍結成長した氷片を吸い込んでしまい，破損することがあります。

［原　因］ 吸気系の保温やヒータが不十分だったために不具合が発生しました。

［対　策］ ヘッドカバーやホースの保温や，冷気との合流部にブローバイ電気ヒータを設置するなどの凍結防止を施しました。

【解　説】極寒地では，ブローバイガス※84が冷気との合流部で凍結し，氷片が下流のターボに吸われ，インペラーがばらばらに破損したのです。

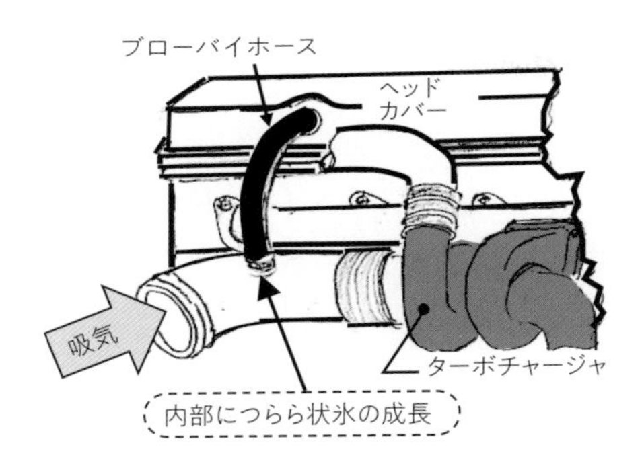

図 3-09-01　ブローバイホース部凍結

NG 92 ブローバイホース凍結による閉塞

関連 NG ► 80

NG91 と似ていますが，本件は何十年も前にブローバイホース内で起きた失敗です。

【失敗内容】極寒地にてブローバイガスがヘッドカバーのガスケット面からオイルとともに吹き出し，排気系の熱源に飛散して煙が発生しました。

【原　因】ブローバイホースの配策において，中たるみ部分が存在したため結露水がたるみ部に溜まり凍結，ホースが閉塞しブローバイガスの逃げ場がなくなることでクランクケース内圧が上がり，エンジンシール各部からガスが噴き出したのです。

【対　策】

(1) ヘッドカバーやブローバイホースの保温

(2) ブローバイホースに中だるみ部をなくし，結露水が溜まらない構造とした

【解　説】極寒地の低温は，日本ではとても想像できないものです。**NG91**，**NG92** とも，運転中にもかかわらずブローバイガス中の水分が凍結したために発生した不具合です。極寒地ではヒーターの設置など，その対策が必要となります。

※84　ブローバイガスとは，エンジンのシリンダとピストンの隙間を通ってクランクケースへ漏れ出した未燃焼ガスおよび混合気のことです。ヘッドカバー経由でターボチャージャ吸込み口側に漏れ出します（**図 3-09-01**）。

3-09 の関連情報

NG91，92 からもわかるように，環境温度によって，使う軽油やオイルおよび冷却水を変えなければいけません。

●寒冷地用エンジンオイル

米国自動車技術者協会では，エンジンオイルの粘度を **SAE 粘度**として規定しています。**図 3-09-02** に，SAE 粘度の読み方と各オイルの環境温度範囲を紹介します。

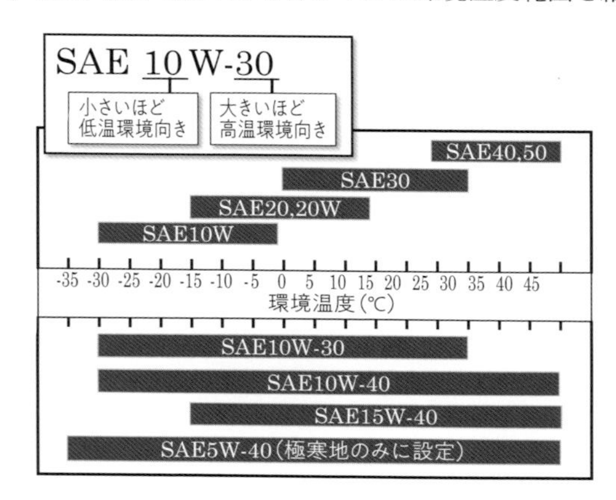

図 3-09-02　エンジンオイルグレードと環境温度範囲

●寒冷地向け不凍液（LLC；Long Life Coolant）

自動車の冷却水は，冬季の凍結防止と防錆のために LLC を使用するのが標準です。

しかし，**図 03-09-03** のグラフを見るとわかるように，最低気温－30℃程度の国内であれば LLC 濃度は 40％で良いようです。－40℃以下のシベリアなどの地域では 50％

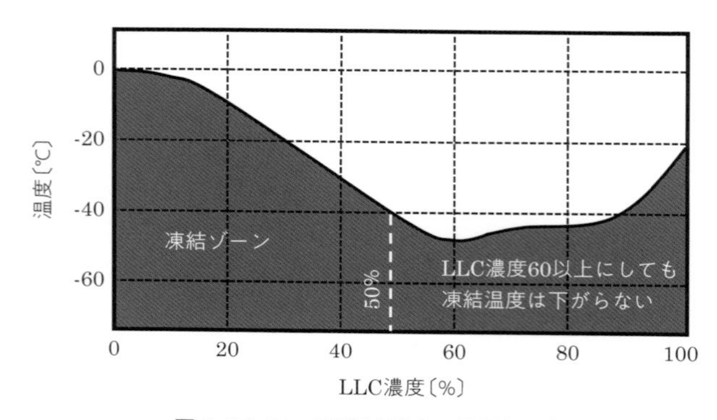

図 3-09-03　不凍液濃度と凝固温度例

以上のLLCでも凍るので，ブロックヒータなど別の暖機装置が必要となります。

● 寒冷地用ディーゼル燃料

通常の1号軽油では，低温時にワキシング化（高粘度化）してフィルタを通過できなくなりエンストします※85。そのため北海道などでは，その寒さに応じて2号，3号，特3号の軽油が準備されています。その指標となるのが**表3-09-02**の目詰り点であり，関東地区では夏は特1号，冬は2号軽油，北海道地区では夏は特1号，冬は特3号，沖縄では一年中特1号が販売されています。

表3-09-02　軽油の種類

項目	種類				
	特1号	1号	2号	3号	特3号
引火点℃	50以上	50以上	50以上	45以上	45以上
蒸留性状90% 留出温度℃	360以下		350以下	330以下	
流動点℃	+5以下	−2.5以下	−7.5以下	−20以下	−30以下
目詰まり点℃	−	−1以下	−5以下	−12以下	−19以下
10%残油の 残留炭素分質量%	0.1以下				
セタン指数	50以上		45以上		
動粘度(30℃)mm²/ s{cSt}	2.7以上		2.5以上	2.0以上	1.7以上
硫黄分質量%	0.0010以下				
密度(15℃) g/cm³	0.86以下				
用途	夏季用		冬季用	寒冷地用	

● 始動性と寒冷地用補助装置

トラックは標準仕様で−25℃程度までは問題なく始動できますが，表3-09-01のような極端な低温時には，何らかの補助装置が必要となります。極低温下では，始動不能となると命の危険にもつながるので，ブロックヒータ，オイルパンヒータ，吸気ヒータ，ブローバイヒータなどの寒地用の特殊装置が必須であり，これらの多くは不具合経験からその必要性が強く求められてできたものです※86。

- **ブロックヒータ，オイルパンヒータ**：運転しないときに，電気ヒータを電源につなぎ，冷却水やオイルが凍結しないように温めます※87。

※85　極寒地では，燃料変更だけではワキシングを避けられず，フィルタヒータや断熱材使用などが必要となります。

※86　シベリアでは，上記対策のほか，車両を車庫などに格納し，エンジンを止めない地域もあるようです（止めると二度と始動できなくなるため）。

※87　オイルパンヒータは，国内の消防車にも始動用として使われており，オイルを常に温めて，暖機せずにフルアクセル出動を可能にします。

・**吸気ヒータ（またはバーナ）**：極寒での始動性を向上させます。
・**ブローバイヒータ**：ブローバイ中の水分の凍結を防止します。水分が凍結するとパイプが閉塞し，オイルが燃焼室に混入してエンジンの暴走を引き起こします。
・**アイドル時排気ブレーキバルブ作動装置**：これを作動させるとエンジンの出力損失が大きくなり，排気損失による熱が冷却水に逃げて暖機されます。しかし，ブローバイガス中のカーボンがオイルに大量に溶けることにもなるので，バルブを少しだけ絞る工夫が必要です※88。
・**その他**：オイルフィルタや燃料フィルタ，ヘッドカバーなどを保温材で包み込む仕様をオプション設定することもあります。

失敗から学び，実施すべきこと

● **極寒地においては，通常環境では想定できないことが起こるので，まずは現地での機器の使われ方や，その地域限定の特別な装置の有無を調査すること**
● **極寒地では，吸気中の水分，冷却水，潤滑油が全て凍るので，それらを温める装置の取付を検討すること（現地装置の活用を含む）**
● **吸気やブローバイガスも，それらに含まれる水分が凍結すると，管路を塞いだり，成長した氷の破片がターボやエンジンの内部に衝突して機器を破損することもあるので，事前の対策と実機での極低温試験による評価をすること**

※88　筆者が排気閉じシステムを考案した際，閉じすぎてオイルの高粘度化を引き起こす失敗をしたことがあります。

3-10 オーバフィル（オイル過多）による失敗

皆様は，自分の車のオイルレベルをチェックされていますか？

オイルレベルゲージを一度見てみてください。MAX と MIN のマークが入っているはずです。給油時にその範囲になるよう調整する目安です。オイルが多すぎると，クランクシャフトと油面が干渉することで燃費が悪化しますし，少なすぎると急な加減速や急坂走行，急カーブでオイルにエアーを吸い込み潤滑性能が悪化するので，これらの状況下に配慮した設計が求められます。

3-10-1 オイル運転によるオーバラン

オイル運転とは，ブローバイ中に大量のオイルが混入し，吸気と一緒に燃焼室にオイルが流れて，アクセル操作とは無関係にオイルが燃焼することでエンジンが制御できずにオーバランに至る現象で，非常に危険です。

NG 93 オイル運転によるオーバランでエンジン破損　関連 NG ▶ 88～90

ディーゼル車では後処理装置内の燃焼を促進するためシリンダ内に燃料を吹く（ポスト噴射※89）ものがあり，その場合，一部の燃料がオイル内に落下・混入して，運転中にオイルが減らずに増えること（オーバフィル※90）があります。

ここでは，オイル量が増えすぎたときの失敗について述べます。

［失敗内容］ 運転中にアクセル操作に関係なく加速したので，ブレーキで停止してニュートラルポジションにしたところ，エンジン回転が急上昇してオーバランとなり，エンジンが破損しました。

［原　因］ ディーゼルパティキュレートフィルタ（DPF）内の煤を定期的に燃やすためのポスト噴射燃料のオイルパンへの落下量が予想外に多いことでオイルパン内の油量が増加し，ブローバイガスとともにオイルが大量に流れ，吸い込まれたオイルが軽油とともに燃焼してオーバランとなったのです。

［対　策］ 短期的には，使われ方に配慮した燃料噴射制御ロジックに変更。長期的

※89　ポスト噴射とは，シリンダ内燃焼が終わった後に，DPF にたまったススを燃焼させるためにシリンダ内で燃料を噴射すること。

※90　規定範囲以下の油量の場合をアンダーフィル，以上をオーバフィルと呼びます。

には，排気管噴射として，燃料によるオイル希釈を防止。

【解　説】 事故を起こしたのは，毎日車庫から出すために数 m だけ暖機せずに動かすことを繰り返した顧客の車両や，同様の使われ方をしていた販社の展示用車両でした。このような使われ方が繰り返されると，DPF 内の煤の温度が低いことや，燃焼時間が十分でないために，運転時間の割にはポスト噴射が多くなってしまったのです。ポスト噴射による未燃焼燃料の一部はシリンダ内面に付着してクランクケース内に落下し，オイル内に混入してしまうのです。

このような故障モードは，開発時の試験で確認することは非常に難しいです。しかし，設計者や制御技術者はこのような運転パターンが存在することを想定して制御方法を考えなければならないのです。

3-10-2 オイル量過多による燃費悪化

運送会社などの車両は，一般と比べて走行距離が長くオイル消費量も多くなるので，オイル量の日常点検が義務付けられています。

オイル補給は，オイルレベルゲージの MIN と MAX マークの間となるようにします。MIN より少ないと登坂・カーブ・急加速時などでオイルポンプがエアを吸い込むことで潤滑不良になり，最悪の場合エンジンが焼き付きます。逆に，MAX を大きく超えると，**NG93** のようにオーバランとなるか，そこまでに至らなくても不具合が発生します。「多ければよいだろう」という考えは危険です。

そもそもエンジンの設計においては，オイルパンのスペース確保（最低地上高やフロントアクスルとのスペースの取合い）に苦慮しており，多くの場合，Max 油面はゆとりを持った設計となっていないので，オイルレベルゲージの目盛りを厳守することは重要です。

NG 94 オイルオーバフィルと油面乱れによる燃費悪化　関連 NG ▸ 88～90

【失敗内容】 オイル量が多すぎることで，シリンダ間の通気抵抗が増して燃費が急激に悪化しました。

【原　因】 原因として，以下のことが考えられます。

- オイルパン内でオイルが暴れすぎる
- ピストンの上下動によるガスの移動通路が狭すぎる
- 車両が平坦な状態で油量点検をしていなかった
- 給油中，オイルが落ち切らないうちに油量確認したため油量不足と思い，さらに給

油を続けたため，入れすぎてしまった

【対　策】

(1) オイルパン内のオイル（**図 3-10-1**）の撹拌を抑えるためのバッフル板を追加

(2) 気筒間のブロックに通気口を追加

(3) ヘッドカバーの上面およびマニュアルに，オイル点検時の注意事項を強調して記載

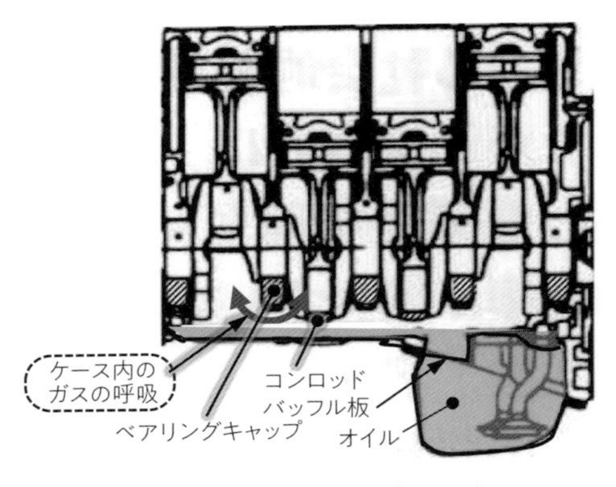

図 3-10-01　オイルパン内のオイル

【関連情報】 オイルレベルセンサ付きの車両も存在しますが，運転中はオイルが各部への給油で徐々に油面が下がり，また振動で撹拌され測定できないので，キーオフの数分後に計測し表示する機構となっています。手動のレベルゲージにおいても，数分経過しなければレベルが安定しないのです。

筆者も，透明のオイルパンを作製して内部を観察する機会が何度もありましたが，高速運転中は油面が暴れすぎて，ほとんど見えなくなります。運転中にカムや動弁系給油でヘッド上面にオイルが多く上がり，ギア室などを落下します。ブローバイガスが下方から逆流してくるところにオイルを落下させるので，オイルが落下しやすい設計（通路面積の確保）が求められます。

落下性が悪いと，アンダーフィルと同様にオイルパン内のオイルが不足して潤滑不良が起きるので，オイル落下性設計も重要です。

失敗から学び，実施すべきこと

- **オイルパンの設計は，最低必要油量と最大油量及び車両の前後左右の傾斜でもオイルストレーナが常に油中に存在するようにし，油圧の低下を生じさせないこと**
- **オーバラン時に吸気スロットルを絞る，排気ブレーキを作動させるなど，オイル運転防止制御を考えること**
- **始動直後にアンダフィルおよびオーバフィルなどの異状油量を検出して，エンジンを始動できない制御設計を目指すこと**
- **ヘッドからオイルパンへのオイル落下性とブローバイガスの流れを考慮した通路断面積を確保すること**

3-11 電気関連の失敗

機械製品においても，電気配線がないことは少ない。最近は数十のセンサやアクチュエータによる制御が一般的で，それらの知識も求められます。

NG 95 カシメ加工部の通電不良

【失敗内容】 1980年頃に採用した世界初の電子ガバナ（燃料噴射制御）のエンジンにおいて，走行中に突然，エンジンストール現象が発生しました。エンジンを切って再始動すると復帰しますが，再現性がないため原因がわからず，対応に苦労しました。

【原　因】 正常にカシメていても，銅の芯線表面に酸化被膜ができて，電気抵抗が増し，制御信号が正しく伝わらなかったのです。

【対　策】 芯線とハーネス端子をカシメたうえに，はんだ付けを追加し，冶金的に接合しました（**図 3-11-01**）。

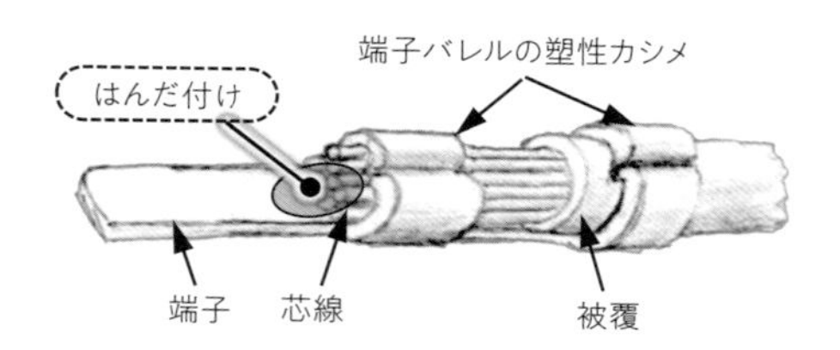

図 3-11-01　ハーネス端子のカシメ部

【解　説】 電圧が高いと，通電 ON/OFF で酸化被膜が破れて通電するのですが，センサ信号の極低電圧変化では，高面圧接触部でさえも酸化被膜が成長して，電気抵抗が増すのです。それでも運転時のキーON/OFFで，酸化被膜が破れて正常に戻るので，原因究明に苦労しました。皆様もご注意ください。

NG 96 ノイズによる湘南モノレール暴走事故

電気信号の無作為な雑音は全ての電気回路に存在するので，状況に応じて発生源側と受信側に対策を施すことが必要となります[85]。

【失敗内容】 2008年，湘南モノレールが湘南深沢駅を出発時に運転士の操作に反して急加速・暴走し，ブレーキが間に合わず分岐器に衝突しました（対向列車は19 m 手前で停車）。

図 3-11-02　湘南モノレール事故直後

【原　因】 直流電流を交流に変換するVVVFインバータ内のゲート電源装置の高周波ノイズがモニタ伝送回路の信号に重畳して，受信データと認識することで制御不能となったのです。

【対　策】

(1) 非常ブレーキを優先するプログラムに変更

(2) 電磁両立性（EMC）として，電磁的干渉を受けないように変更

失敗から学び，実施すべきこと

- 制御系のコネクタ端子は金めっきを施したものを用いること（酸化被膜生成の防止）
- 制御系のカシメ部であっても，はんだ付けで確実な通電を確保をすること
- 接続部（コネクタ）の設置場所や専用防水構造に配慮すること
- 制御信号系のハーネスにはノイズ対策のためにシールド線を用いること
- 配線振動によるハーネスの被覆摩耗によるショートを避ける設計をすること

3-12 鋳造技術上の失敗

鋳造品の型割りは，幅木や押し湯位置を考慮し鋳造技術者が決めます。型割りへの配慮がないと，鋳造方案が複雑（＝高価，低品質）になるので，型割り位置を意識して設計することが大切です。「型割りを考慮しない設計はありえない」といっても過言ではありません。

NG 97 型割りを考慮しない実用性のない設計

ここで紹介するのは，学生による設計事例です。一般に，大学の授業では強度設計や加工法に重点を置いており，型割りへの配慮は重要視しておらず，減点対象にもなっていません。しかし，型割りを考慮しない設計には実用性がなく，無駄な労力が発生するので，実際の商品設計では許されないのです。

本書では深く踏み込んだ解説はしませんが，実務に携わっている設計者でさえ型割り構造が苦手な方が多いので，別途専門書などで勉強するためのさわりとしてください。

［失敗内容］ 図 3-12-01（a）は学生が設計した減速機用ロアーケースの型割り図です。中央と両壁に軸受部があり，中子が必要となるため，実際に製作すると生産性が悪く高価となります。

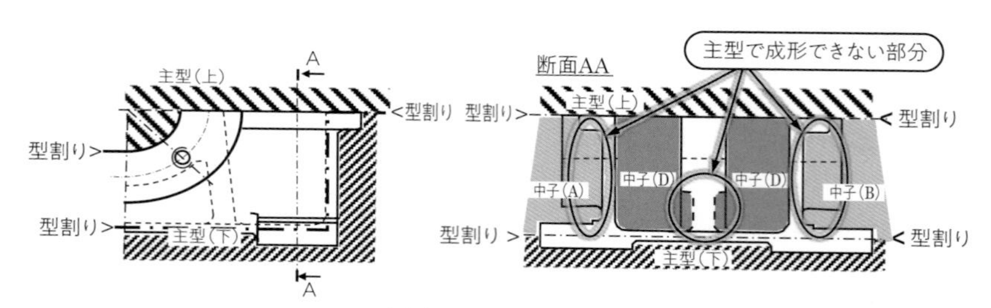

(a)良くない設計例

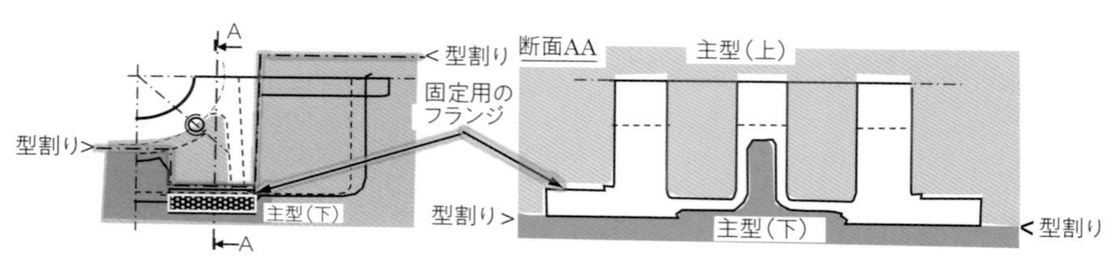

(b)改良設計案

図 3-12-01　減速機用ロアーケースの型割り図

【対　策】中子不要となる形状案を**図 3-12-01(b)** に示します。一部に余分な材料であるダ肉部分が発生しますが中子不要で，総合的に安価で良い設計となります。

【解　説】現在の鋳造技術は大変優れており，どんなに悪い設計の鋳物部品でも，だいたい作れてしまいます。特に，外注で鋳造を頼むと，不都合があっても設計への形状変更要請をせずに，良くも悪くも図面に忠実に作ってくれます。したがって，最初の基本設計が悪いと，生産性が良くない製品ができてしまい，その後の大きな改良もできなくなります。だから最初に鋳物の型割りを考慮した構造設計が重要なのです。

【関連情報】

● **鋳型の分類**

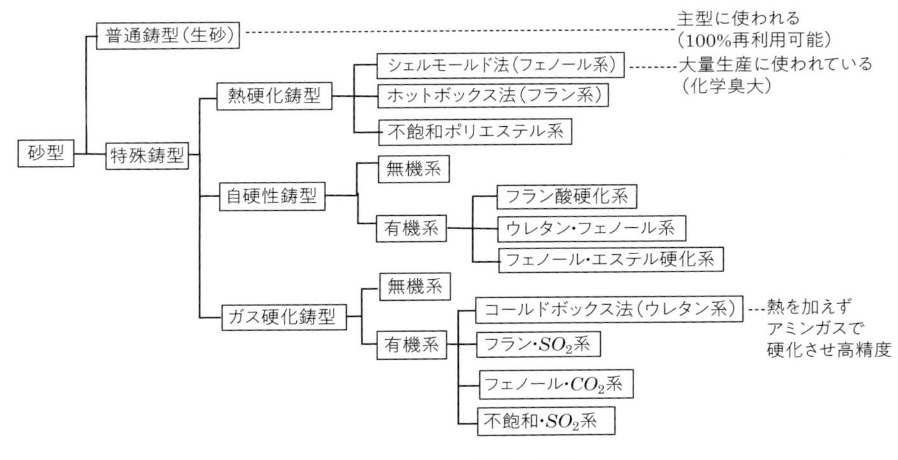

図 3-12-02　鋳型の分類

● **主　型**

生砂※91 を用いるので，ほとんどを再循環利用できます。

主型に生砂を投入して圧力をかけるだけで砂型が完成します。

● **中　子**

・中子砂は，約 1,800℃（鋳鉄）に耐える強度を出すために樹脂や無機系のバインダで砂を固めるので，**再利用できません**。

・中子成形装置に加熱機構が必要な**シェルモールド法**と，熱源は不要ですが有毒なアミンガスで砂を硬化させる**コールドボックス法**があります。

・主型に**位置決め用の幅木が必要**です。

※91　山砂・川砂など，主型には天然砂が用いられます。中子も主に天然砂を用いますが，一部にはガラスビーズなどの人工砂を用いることもあります。

また，**幅木構造の形状を製品に反映することが必要**です。

・高強度なので，中子を細くすることも可能です。

●幅　木

中子は主型で支えるために幅木が必要になります。幅木が製品形状に影響を与えることを考慮し，鋳造技術者に相談しましょう。

図 3-12-03 に幅木の一例を示します。細いL字ダクトにおいて，A-B両端の幅木のみで強度が保てない場合には，中間のC部にも幅木が必要になり，製品に不要な穴Cが追加され，プラグで塞ぐ設計が必要となります。

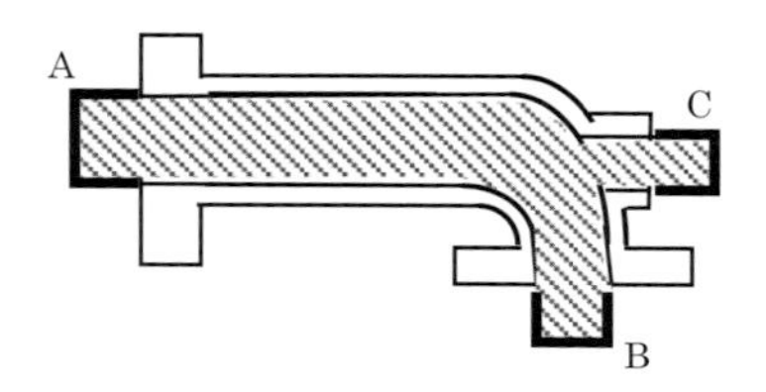

図 3-12-03　中子の幅木例

●ば　り

型割り部には必ずばりが発生するので，鋳造工程の最後には全ての型割り部のバリを除去する工程があります。ばり除去は，自動ばり取り装置やショットブラストなどもありますが，手作業で行うことも多い工程です。したがって，ばりが見えない部分にできたり，除去が不可能なばりができる設計は許されません。

失敗から学び，実施すべきこと

- **基本設計段階で，割り位置によって構造物の基本構造が大きく変わることを意識し，主型主体の型割りで構造設計を行い，中子の使用を極力少なくすること**
- **中子は支えるために幅木が必要となり，幅木の形状が鋳物に影響することもあるので，設計の際には鋳造部門に相談しながら基本構造を考えること**

3-13 コスト・投資による失敗

生産台数が50個/月の場合と1,000個/月の場合では，例えばアルミダイキャストにするのか鋳鉄にするのかなど，基本設計から異なってきます。製品設計は，生産量や目標価格により，製品形状を量産工法に適した形に変えるなど，コスト意識が重要です。

3-13-1 コスト意識不足による失敗

使用する材料や工法の価格を知り，製造コストへの影響を意識しなければ良い設計はできません。以下に記載する価格はケースバイケースなので，参考程度に読み取っていただければと思います。

NG 98 製造工法の選択ミス

【失敗内容】 図3-13-01（a）に示す鋳鉄のブラケットで量産を開始しましたが，コストダウンを検討した結果，図3-13-01（b）のプレス加工でも同様の製品を作ることができることがわかりました。

【対　策】 鋳型費は無駄になりましたが，プレス化に設計変更することで機械加工の工程を削減し，価格を半額以下にできました。

【解　説】 鋳造は形状の制約が少なく設計しやすいので，機械装置に鋳物製品が多く用いられます。しかし，砂で鋳型を造り，そこに溶けた鉄を流して造るため，機械加工と塗装の工程が必要となります。それに対してプレス品は，加工を省略してプレ

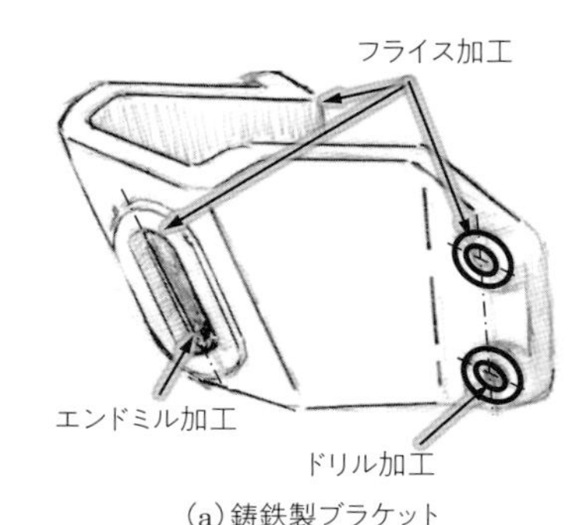

(a)鋳鉄製ブラケット

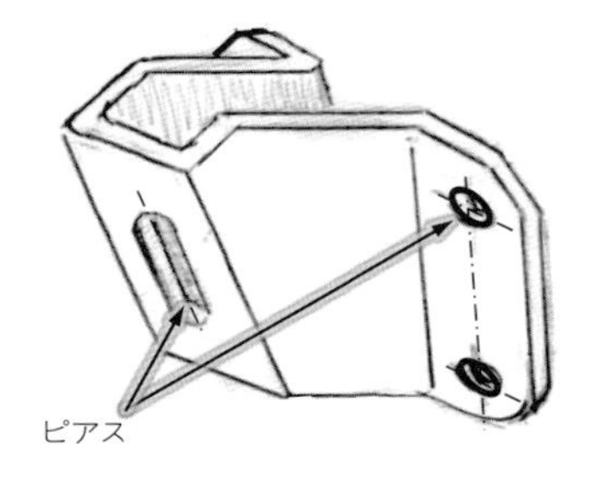

(b)鋼板プレス製ブラケット

図3-13-01 ブラケットを鋳造品からプレス品へ変更した事例

スとメッキ処理だけで完成さることが可能で，生産性に優れています。その違いによる投資とコストの概算を予測することが重要となります。

最初からそのような知見が身に付かないので，専門家の知見を共有・継承することをお勧めします。

［関連情報］

●型　費

型費の商品価格への影響は，**型の寿命による償却費**になります（経理上は規定年数で計算）。

例）10万個生産のダイキャスト型が1,000万円なら，償却費は**100円/個**です。総生産数が1万個なら償却費は**1,000円/個**，1,000個なら**10,000円/個**となります。

一方，100万円の木型で限定1,000個の生産ができれば，償却費は**1,000円/個**ですむことになります。

また，数十万個/年を生産する製品ともなると，複数個の型で生産することもあるので，形状の同一性のためにもデジタル化は重要です。

●型の寿命

型の寿命は工法により異なり，修復をしながら寿命を延長させることもあります。

・樹脂製造用金型：ほぼ半永久的で，100万ショット以上
・ダイキャスト，鋳造用金型：10万ショット以上
・砂型鋳造用木型：数百ショット程度
・砂型鋳造用樹脂/アルミ型：1万ショット以上
・プレス用金型：約10万ショット以上

●板物 v.s. 鋳物

板物・鋳物のどちらでも設計可能な製品ならば，一般的には（プレスや溶接を含んでも）板物の方が軽量で安価です。

●加工方法

加工において，例えば「フライス加工かブローチ加工か」など，生産台数などによって工法を選択すべき場合があります。また，形状により複数同時加工が可能なのに，配慮不足で単品加工となってしまい高価となる場合もあり（複数個の歯車の合わせ歯切りなど），設計時にどのように加工するかを意識することは重要です。

●材質の選択

材質や工法による価格影響の概算値を**表3-13-01**に示します。

表 3-13-01　金属材料系の主要特性と価格比

金属材料		参考材料記号	縦弾性係数 E〔GPa =kN/mm^2〕	密度 ρ〔g/cm^3〕	線膨張係数 α〔10−6/℃〕		熱伝導率〔W/m·K〕	鉄鋼材に対する価格比（製品状態の目安）形状や加工程度で変化に注意
					20~100℃	20~500℃	室温	
軟鋼（C0.1~0.2%）		S10C, S20C, SPCC, SPHC, SS400	207~208	7.87	11.6	14.2	58	加工費を除く　1
高鋼（C0.2~0.5%）		S22C, S50C, SS540	205~207	7.84~7.86	11.3	13.9	44	
ねずみ鋳鉄		FC200	98~123	7.1~7.3	10~11	13	50	型償却費を除く　2
強靭鋳鉄		FCD, FCMP, FCMW	157~177	7.1~7.44			34	型償却費を除く　3
SUS	オーステナイト系	SUS304, SUS316	193~207	7.9~8.0	14.4~17.3	16.9~18.4	15	加工費を除く　6
	フェライト・マルテン系	SUS430, SUS420, SUS431	200	7.7	10.3~11.0	11.3~13.0	25	加工費を除く　3.5
銅		C1100（純度 99.95% 以上）	119~121	8.89	16.8	-	402	加工費を除く　7
アルミダイキャスト材		ADC12	72	2.7	21	-	204	型償却費を除く 5.5
鋳造アルミ合金		AC2A, AC4A	69~75	2.66~2.81	20.4~25	-	241	型償却費を除く 10
α - βチタン合金		Ti-6Al-4V	110	4.43	8.8	-	7.5	-

● VE 手法による構想設計

VE（Value Engineering）は，最小のライフサイクルコストで，必要な機能を確実に達成する設計手法です。単にコストダウンを図るのではなく，あくまで機能とコストの両面から，価値の向上を図ることを目的としています。ここでいう「価値」は以下の式で定義しています。

$$価値(Value) = \frac{機能(Function)}{原価(Cost)} = \frac{品質(Quality)}{原価(Cost)} \quad \cdots\cdots(a)$$

既成概念にとらわれず,機能優先で「部品構成や構造のアイデア出し」に重点をおき，新技術に挑戦するときに有効と思います。品質とコストはトレードオフの関係になりがちですが，この関係を打破しないと良い商品開発は難しく，リスクを含めた総合評価と企画および設計の判断が求められます。

【VE 事例】レーザーポインタ発明時の構想設計事例

普通の設計法では，ポインタ（指示棒）の商品化は，30 年前当時であれば現行品にとらわれて，握り部・シャフト部・先端部材質・表面処理や加工法の見直しなど，改善程度に終わるでしょう。レーザーポインタの場合，「会場の自由な位置で大きな画面を指せる」など，指示棒では実現できない機能を持たせた画期的な発明であったと言えます。

VE 手法により，必要機能を達成させるためのアイデアをいくつも考えたうえで，現状を打破した改革的なアイデアがレーザーポインタです。

【VE の 5 原則】

1）使用者優先……………顧客の視点を出発点とする
2）機能本位………………「何のためか」という目的追究の発想
3）創造による変更………現状の固定観念にとらわれない創造的思考

4）チームデザイン……… 異なる立場の人・他部署などと協力して作り出す（コラボレーション）など

5）価値向上……………… 価値(V)＝機能(F)/原価(C)

前例にとらわれずに新技術や新構造などを考える場合，高機能で大きなコストダウンが見込まれるので，VE 手法の積極的活用を推奨します※92。

失敗から学び，実施すべきこと

- **製品設計は生産量や目標価格によって最適な工法が変わり，それによって製品形状も変わるので，工法とコストを意識して設計すること**
- **少し複雑な形状だと鋳鉄構造を選択しがちだが，ダイキャストにできないか，プレス構造や溶接構造では可能かなど，まずは生産性の高い工法を検討すること**
- **新技術開発の構想段階の場合は，最初に VE 手法による前例にとらわれない「機能本位のアイデア出し」をチームで行うこと**

3-13-2 設備投資額の妥当性判断の失敗

設備投資については，業種や開発規模などにより，何を重視するかの判断基準※93が異なります。しかし，どの業界においても高額設備投資は経営資源と活動の長期拘束で，企業の収益構造に大きな影響を与え続けます。したがって，さまざまな角度から複数の投資案の比較検討が求められます。

高額設備投資は，先見性とトレンドの読み，あるいは戦略的技術の牽引など，将来の売れ筋の読みが重要です。ここでの失敗事例は，プロジェクトの読みの失敗例です。

NG 99 大排気量自然吸気エンジンの失敗

初めて製品開発の企画・立案に携わる設計技術者の方もいるかと思いますので，筆者が過去に関わった新製品開発での失敗を紹介します。

［失敗内容］ 1990 年代に筆者が在籍していた頃，いすゞには企画専門の部署はなく，設計者自身が企画提案して設計をしていました。一般的には，企画部がプロジェクトの生産台数の最小～最大の見込み幅において，さまざまな条件を予測・加味し，最悪

※92 ここでの詳細記述は困難なので，割愛します。興味のある方は，専門講座の受講をお奨めします。

※93 投資の判断法には，回収期間法 PBP，正味現在価値法 NPV，内部利益率法 IRR などがあります。

の条件下でも採算性が合うか進捗審査会議で企画推進の可否を判断しているものと思います。

当時開発していたトラックのフラグシップ車両はトラクタで，高い低速トルクが求められました。しかし，30 年前のいすゞは高速軽量エンジンが主流であったため低速が比較的低いトルクで，トラクタ分野に弱かったのです。そこで筆者らは，既存車両に搭載可能な世界最大級排気量の自然吸気 80° V10-30L（600PS）エンジンを V6・V8 とともに量産しました。

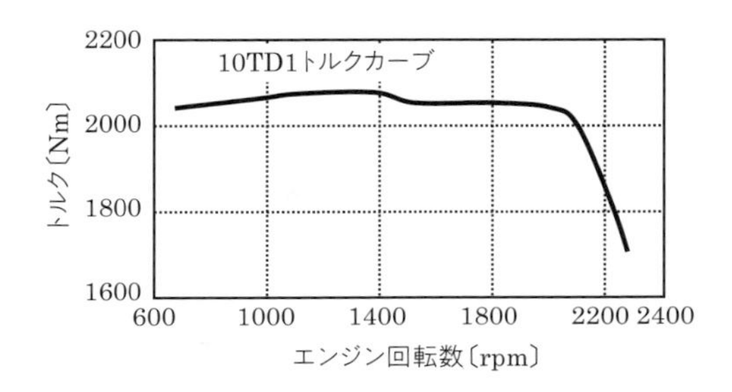

図 3-13-02　10TD1 エンジンのトルクカーブ

しかし，当該エンジンの量産化直後に，当時の都知事である石原慎太郎氏による政策でディーゼルバッシング※94 が強まりました。これにより，今までの燃費優先から一気に排ガス規制が強化され，ディーゼルエンジン開発の潮目が変わったのです。

この規制強化により，排気ガス規制対応技術に膨大な開発リソースを投入せざるをえなくなり，自然吸気エンジンの生産中止が決定され，短寿命となりました。ウン百億円の投資回収ができなかったプロジェクトとなったのです。

【対　策】 設計と企画を分離し，企画者は規制の動向や市場のニーズを冷静につかみプロジェクトの推進を行い，設計者と分離しました。

図 3-13-03　10TD1 エンジンと筆者

※94　石原慎太郎氏はディーゼルのすすが入ったペットボトルを振り回すというパフォーマンスで，ディーゼルの規制を強くアピールしました。

［解　説］ 自らプロジェクトを提案した設計者は，そのプロジェクトを盲目的に重要視し，プロジェクト推進のために都合の良い未来をだけを強調しがちです。

組織として，ずっと先の未来まで見据えた上で，冷静かつ俯瞰的にエンジンシリーズ展開を検証する視点が不十分だったのでしょう。他社に勝つために「こういうエンジンが欲しい」という気持ちが先走っていたのです※95。それでも，設計者としては，この魅力的なエンジンが短命に終ったことは，残念でなりません。

［関連情報］

●ペイバック（PBP）法（回収期間法）

PBP（Pay Back Point）とは，投資資金の回収期間のことです。つまり，PBP法は，キャッシュフローが何年で投資金額を上回るかを計算することで，投資の意思決定を行う方法のことです。

モデルチェンジが短いと，次の投資がまた発生するので，それまでに資金を回収できる計画でなければなりません。経営判断は，プロジェクトの妥当性を「初期投資は多額だが長期安定収益を生み続けられる案」や，「初期投資が少額で投資回収は短期だが，その後のリターンは小さい案」などを，回収期間や収益性から検討します※96。

$$\text{PBP〔年〕} = \frac{\text{投資額}}{\text{毎年のキャッシュフロー}}$$

※（キャッシュフロー）＝（収入）－（支出）

したがって，例えば目標回収期間を4年とすれば，4年間の予測下限総生産台数にて得られる利益で投資額を回収できるかにより，採否を判断することになります。

ただし，例えば

A案：4年間にわたって毎年のキャッシュフローが4億円で投資12億円（PBP＝3）

B案：4年間にわたって毎年のキャッシュフローが1億円で投資2億円（PBP＝2）

のとき，B案は投資額が小さくPBP＝2ですが，4年目以降の利益性はA案が魅力ですから，動向や設備投資回収後の流用性などを考慮した総合的な判断が求められます。

※95　プロジェクト推進者は前のめりで盲目になりやすく，市場の変化に応じて方針の転換や開発の中断を判断することほど難しいことはありません（筆者は今でも最高のエンジンだったと思っているくらいですから）。政治的判断による市場の変化の予測は不可能で不可抗力？　そんなことはありません。

※96　もちろん販売台数は読みの下限の値となります。

● トレンドと先見性

PBPなどの採算性以前に，もっと重要なことは法規的な流れや世の中の方向性を読むことでしょう。まさに現時点も，自動車業界はカーボンニュートラルに向けて，脱エンジンでEV化の流れになっています※97。

将来の方向性を見誤ると，プロジェクトが失敗となるし，商品が短命になる危険性が常に付きまといます。

失敗から学び，実施すべきこと

- **プロジェクト推進者は，自身のプロジェクトをひいき目で評価しがちなので，設計者は俯瞰的視点で議論できるよう心掛けること**
- **世の中のトレンドが変化する一瞬の兆しがあれば，プロジェクトの推進計画に意見することも辞さないこと**
- **自分が設計した商品が市場に適合しないことがわかれば，既投資規模にとらわれず（投資回収を待たずに），躊躇なく早期撤退を進言すること。そのためにも設計者は，商品化後も市場動向を把握して，市場の評価状況を分析すること**

※97 カーボンニュートラル（Carbon Neutrality）とは，二酸化炭素の排出量と吸収量を均衡させ，実質的に排出量をゼロにする概念です。確かに，電気自動車（EV）は排気ガスを出しません。しかし，日本では発電の70％以上を火力発電で賄っているため，結局発電時にCO_2を排出しており，カーボンニュートラルとは程遠いのが現状です。併せて太陽光・風力・地熱などの代替エネルギーの活用を促進していくことが重要です。

引用・参考文献一覧

［1］ 失敗百選：中尾政之，森北出版（2009）
［2］ 続々・実際の設計：畑村洋太郎，日刊工業新聞社（2016）
［3］ 失敗に学ぶものづくり：畑村洋太郎，講談社（2005）
［4］ MAIDE-IN-COUNTRY-INDEX(MIC1)201：NEWSPHERE STATISTA（2017.04.07）
［5］ MRJ 開発遅延の真相　治験不足で 8 年を浪費直面した 900 件以上の設計変更：日経 XTECH，日経 BP（2019.12.26）
［6］ OECD 諸国の労働生産性の国際比較 2020：公益財団法人日本生産性本部（2020）
［7］ バス火災事故防止整備のポイント：一般社団法人日本自動車工業会（2016.04）
［8］ バス火災事故防止のための点検整備のポイント（別添 1）：国土交通省（2016）
［9］ 事業用自動車の車両火災事故防止に向けた保守管理の徹底について：国土交通省自動車局，国自整第 370 号，国土交通省（2016）
［10］ 航空事故調査報告書：国土交通省運輸安全委員会，AA2020-2，国土交通省（2020）
［11］ 令和 5 年度大型車の車輪脱落事故発生状況と傾向分析：国土交通省（2024.09）
［12］ 大型車の車輪脱落事故防止対策に係る調査・分析検討会　中間取りまとめ：国土交通省（2022.12.27）
［13］ 車輪脱落防止のための正しい車輪の取扱いについて：一般社団法人日本自動車工業会（2015）
［14］ 連結式ナット回転指示インジケータ：一般社団法人日本自動車工業会（2023）
［15］ 超軽量パワーレンチカタログ：日本プララド株式会社（2021）
［16］ 油圧トルクレンチカタログ：株式会社タイタンジャパン
［17］ 三菱自工車両車輪脱落事件最高裁決定：松宮孝明，立命館法学 343 号，立命館大学（2012）
［18］ 三菱ふそうでまたハブ破断事故　2004 年 12 月のリコール判断の正否が問われる可能性：日経 XTECH，日経 BP（2006.10.30）
［19］ 重大インシデント調査報告書：運輸安全委員会，AI2018-7，国土交通省（2018）
［20］ ブリティッシュ・エアウェイズ 5390 便不時着事故：Wikipedia（2022）
［21］ シティハイツ竹芝エレベーター事故調査報告書：昇降機等事故対策委員会，国土交通省（2009）
［22］ 東京都中央区内エレベーター事故調査報告書：昇降機等事故調査部会，国土交通省（2022.12.23）
［23］ 京都府京都市内エレベーター事故調査報告書：昇降機等事故調査部会，国土交通省（2022.12.23）
［24］ エレベータへの二重ブレーキの設置率 29%：国土交通省プレスリリース（2022.01.11）
［25］ なぜ中国でエレベーター事故が頻発するのか：Record China（2022.06.03）
［26］ 湖北省宜昌市のマンションのエレベータ事故報道：Record China（2021.06.03）
［27］ DURAMAX6600 ディーゼルエンジンの開発：前田民敏 他，いすゞ技報 105 号，p.99，いすゞ自動車株式会社（2001）
［28］ 事業用自動車の車両火災事故防止に向けた保守管理徹底について：国土交通省自動車局，国自整 370 号・国自安 254 号，国土交通省（2016）
［29］ 鉄道重大インシデント調査報告書 & 説明資料：運輸安全委員会，RI2019-1，国土交通省（2019）

[30] 鉄道の輸送トラブルに関する対策のあり方検討会とりまとめ資料：国土交通省（2018. 07. 27）
[31] 鉄道重大インシデント調査報告書：運輸安全委員会，RI2020-2，国土交通省（2020）
[32] 船舶インシデント調査報告書：運輸安全委員会（海事分科会），国土交通省（2018）
[33] 2006 ClassNK 技術セミナ：一般財団法人日本海事協会（2006）
[34] 当社が製造した建築用免震積層ゴムの国土交通大臣認定不適合等について：東洋ゴム工業株式会社（2015）
[35] 排出ガス不正事案を受けたディーゼル乗用車等検査方法見直し検討会　中間とりまとめ：国土交通省（2016.04.21）
[36] 保護制御ガイドラインの整備について：国土交通省（2016.04.21）
[37] 日野自動車の排出ガス・燃費性能試験における不正行為について：国土交通省プレスリリース（2022.08.02）
[38] 日野自動車に対する対応について：国土交通省プレスリリース（2022.02.09）
[39] 型式指定に係る違反の是正命令：国自審第 1264 号，国土交通省（2022.09.09）
[40] 日野自動車調査結果報告：日野自動車特別調査委員会，日野自動車株式会社（2022.08.01）
[41] 型式指定に係る違反の是正命令：国自審第 1264 号，国土交通省（2022.09.09）
[42] 日野自動車の排出ガス・燃費性能試験における不正行為について：日野自動車調査結果報告，日野自動車株式会社（2022.08.02）
[43] リコール届出一覧表：国土交通省，リ国 1056（2004.03.24）
[44] Space Transportation System Solid Rocket Boosters：Histric engineering record TX116-K, TX116-J，NASA
[45] スペースシャトルチャレンジャー事故に関する大統領委員会の報告：スペースシャトルチャレンジャー事故に関する大統領委員会（ロジャース委員会），大統領委員会（1986.06.01）
[46] 金属の疲労と設計：川田雄一，オーム社（1959）
[47] まるで実験?!　セラミックス強度のばらつきの数値解析手法の開発：横浜国立大学プレスリリース（2018.02）
[48] ろう付の基礎：恩澤忠男，真空，39 巻，5 号 (1996)
[49] コモンレール用高圧燃料噴射管における疲労強度評価法についての考察：飯田眞 他，いすゞ技報 122 号，pp.96-98，いすゞ自動車株式会社（2010）
[50] 材料力学：鵜戸口英善 他，裳華房（1957）
[51] 知りたい熱処理：浅井武二，ジャパンマシニスト（1970）
[52] いすゞ新大型トラック GIGA のエンジンについて：原田哲也 他，いすゞ技報 93 号，pp.40-50，いすゞ自動車株式会社 (1995)
[53] 冷却水・冷水・温水・補給水の水質基準：JRA-GL02:1994，一般社団法人日本冷凍空調工業会（1993）
[54] ねじ締結の原理と設計：山本晃，養賢堂（1995）
[55] ねじ締結の理論と計算：山本晃，養賢堂（1976）
[56] JIS による機械製図と機械設計：機械製図と機械設計編集委員会，p.120，オーム社（2020）
[57] リコール届出一覧表：国土交通省リコール課，外 -1543，国土交通省（2009）
[58] リコール届出一覧表：国土交通省リコール課，外 -2426，国土交通省（2017）
[59] ねじ締結体の設計法（第 2 版）：日本ねじ研究協会研究委員会，一般社団法人日本ねじ研究協会（2022）
[60] 東日トルクハンドブック Vol.9：株式会社東日製作所

［61］リコール届出一覧表：国土交通省リコール課，外 -2435，国土交通省（2017）
［62］リコール届出一覧表：国土交通省リコール課，4009，国土交通省（2012）
［63］リコール届出一覧表：国土交通省リコール課，540，国土交通省（2018）
［64］鋼材の表面粗さパラメータと高力ボルト摩擦接合継手のすべり係数：森猛 他，土木学会論文集 Vol.67, No.2，公益社団法人土木学会（2011）
［65］トルカーシリーズ Point 03：株式会社 MC システムズ Web ページ（2022）
［66］いすゞ 05 型 GIGA のエンジンについて：岩田憲仁 他，いすゞ技報 115 号，pp.11-14，いすゞ自動車株式会社 (2006)
［67］ボルトの遅れ破壊：中里福和，鉄と鋼 Vol.88, No.10，一般社団法人日本鉄鋼協会（2002）
［68］鉄鋼材料における水素脆化:白神哲夫, 材料と環境, Vol.60, pp.236-240, 腐食防食協会(2011)
［69］リコール届出一覧表：国土交通省リコール課，4202，国土交通省（2018.02.23）
［70］低レベル放射性廃棄物輸送容器蓋固定用ボルト折損事象の原因究明及び再発対策について：原燃輸送プレスリリース資料，原燃輸送株式会社（2015）
［71］いすゞ 00 型 GIGA のエンジンについて：尾頭卓 他，いすゞ技報 103 号，p.12-28，いすゞ自動車（2000）
［72］ホイール脱着後は増し締めを確実に：一般社団法人自動車技術会（2022）
［73］高圧ガス設備フランジ締結部の事故対策について：特別民間法人高圧ガス保安協会（2012）
［74］GASKET TYPES：ヘンケルジャパン株式会社（2021）
［75］Three Bond 自動車関連製品カタログ：株式会社スリーボンド（2021）
［76］No.6 プリコートボルトについて：株式会社スリーボンド（2022）
［77］ゴムの TR 曲線：株式会社パッキンランド（2022）
［78］NOK O-RINGS カタログ：NOK 株式会社（2021）
［79］リコール届出一覧表：国土交通省リコール課，リ国 -5023，国土交通省（2021.10.12）
［80］リコール届出一覧表：国土交通省リコール課，外 -3388，国土交通省（2022.04.12）
［81］自動車用ホースの環境劣化：神戸忍，日本ゴム協会誌第 89 巻第 1 号，一般社団法人日本ゴム工業会（2016）
［82］いすゞディーゼル技術 50 年史：50 年史編集委員会，いすゞ自動車株式会社（1987）
［83］リコール届出一覧表：国土交通省リコール課，5116，国土交通省（2022.03.15）
［84］世界最高気温 & 世界最低気温ランキング：雑学ミステリー（2020）
［85］鉄道事故調査報告書：運輸安全委員会，RA2009-6，国土交通省（2009）
［86］鋳造加工：千々岩健児，機械工作法第 1 巻，誠文堂新光社（1967）
［87］大形トラクタ用 10TD1 型エンジンの開発：阿部義幸，いすゞ技報 99 号，p.42-47，いすゞ自動車株式会社（1998）
［88］機械設計工学：井澤實，理工学社（1999）
［89］若い技術者のための機械金属材料：矢島悦次郎 他，丸善出版（1967）
［90］設計者に必要な材料の基礎知識：手塚則雄・米山猛，日刊工業新聞社（2006）
［91］機械設計 機械の要素とシステムの設計（第 2 版）：吉本茂香 他，オーム社（2020）
［92］信頼性工学入門：塩見弘，丸善出版（1972）
［93］事業用自動車事故調査報告書 2244102
［94］事業用自動車事故調査報告書 1641103
［95］豊田自動織機の型式指定申請における不正行為について, 国土交通省 Web ページ（2024.04.05）
［95］ダイハツ工業の型式指定申請における不正行為について, 国土交通省 Web ページ（2024.06.25）

図表引用・転載一覧

図 1　先進 7 か国の GDP/ 人の順位変遷：JPC-net「労働生産性の国際比較 2020」，公益財団法人日本生産性本部

図 4　バス火災要因：【国自整第 370 号】事業用自動車の車両火災事故防止に向けた保守管理の徹底について，国土交通省自動車局

図 2-01-01　テールロータの構造：航空事故調査報告書（AA2020-2-1, AA2020-2-2），運輸安全委員会

図 2-01-02　損傷したアウターベアリング：航空事故調査報告書（AA2020-2-1, AA2020-2-2），運輸安全委員会

図 2-01-03　事故のメカニズム：航空事故調査報告書（AA2020-2-1，AA2020-2-2），運輸安全委員会

図 2-01-04　大型車車輪脱落事故件数の推移：車輪脱落防止のための正しい車輪の取扱いについて，一般社団法人日本自動車工業会

図 2-01-05　大型車車輪脱落事故発生傾向分析結果：令和 4 年度大型車の車輪脱落事故発生状況と傾向分析について，国土交通省自動車局

図 2-01-06　タイヤ脱落車の締結部写真：大型車の車輪脱落事故に係る調査・分析検討会　中間取りまとめ，国土交通省自動車局

図 2-01-07　繰返し締付実験結果：大型車の車輪脱落事故に係る調査・分析検討会　中間取りまとめ，国土交通省自動車局

図 2-01-08　限界軸力実験結果：大型車の車輪脱落事故に係る調査・分析検討会　中間取りまとめ，国土交通省自動車局

図 2-01-09　規定トルク締付順序：点検整備〈ホイール・ボルト折損による大型車の車輪脱落事故〉注意すべきポイント，国土交通省自動車局

図 2-01-10　連結式ナット回転インジケータ：連結式ナット回転指示インジケータ，一般社団法人日本自動車工業会 Web ページ

図 2-01-11　旧 JIS 方式と ISO 方式の構造：新 ISO 方式ホイールの取扱いについて，一般社団法人日本自動車工業会 Web ページ

図 2-01-12　脱落したパネル：重大インシデント調査報告書，運輸安全委員会

図 2-01-13　不具合品と対策品比較：重大インシデント調査報告書，運輸安全委員会

図 2-01-14　事故機と取付ねじの正誤比較：ブリティッシュ・エアウェイズ 5390 便不時着事故，Wikipedia

図 2-01-15　事故機の構造：シティハイツ竹芝エレベーター事故調査報告書，昇降機等事故対策委員会

図 2-01-16　エレベータの戸開走行保護装置：エレベーターへの二重ブレーキの設置率は 29%，国土交通省住宅局

図 2-02-02　防爆性の高さから採用された米大統領専用車とディーゼルエンジン：いすゞ技報，前田民雄

図 2-02-03　台車亀裂部：鉄道重大インシデント調査報告書 RI2019-1

図 2-02-06　富士山観光バスの事故現場付近と運転状況：事業用自動車事故調査報告書 2244102，交通事故総合分析センタ事業用自動車事故調委員会

図 2-02-07　**事故車の駆動力線図**：事業用自動車事故調査報告書 2244102，交通事故総合分析センタ事業用自動車事故調委員会

図 2-02-08　**碓氷峠深夜バス転落事故現場付近**：事業用自動車事故調査報告書 1641103，交通事故総合分析センター

図 2-03-01　**亀裂部詳細**：鉄道重大インシデント調査報告書 RI2020-2，運輸安全委員会

図 2-03-02　**開先の有無**：鉄道重大インシデント調査報告書 RI2020-2，運輸安全委員会

図 2-03-03　**亀裂リブ溶接部**：鉄道重大インシデント調査報告書 RI2020-2，運輸安全委員会

図 2-03-06　**事故船外観**：船舶インシデント調査報告書，運輸安全委員会

図 2-03-07　**CPP 装置概略図と亀裂部詳細**：船舶インシデント調査報告書，運輸安全委員会

図 2-03-08　**給油箱据付**：船舶インシデント調査報告書，運輸安全委員会

図 2-04-02　**設置状態の免振ゴム**：日本大学理工学部 Web ページ

図 2-04-03　**免振ゴムせん断特性の例**：JIS K 6410-1 を基に著者作成，日本産業標準調査会

表 2-04-01　**縮小試験体による補正事例**：「当社が製造した建築用免震積層ゴムの国土交通大臣認定不適合等について」を基に著者作成，東洋ゴム工業

図 2-04-04　**特性値の認定範囲と偽装補正**：「当社が製造した建築用免震積層ゴムの国土交通大臣認定不適合等について」を基に著者作成，東洋ゴム工業

図 2-04-06　**WLTC（Worldwide-harmonaized Light vehicle Test Cycle）モード**：フォルクスワーゲン社による排出ガス不正事案について（資料 2），国土交通省

図 2-04-07　**台上試験**：フォルクスワーゲン社による排出ガス不正事案について（資料 2），国土交通省

図 2-04-08　**米国ウェストバージニア大学の実走行排出ガス調査結果**：フォルクスワーゲン社による排出ガス不正事案について（資料 2），国土交通省

表 2-04-02　**日本車の保護制御**：保護制御ガイドラインの整備について，国土交通省

図 2-04-09　**EU におけるディーゼルブームの終焉と EV 化の流れ**：New passenger car registrations Europe-28 by power train，Jato Dynamics，2022

図 2-04-10　**重量車排気ガス測定試験装置**：重量車の排出ガス規制及び試験法，公益財団法人日本自動車輸送技術協会

図 2-04-12　**ポール側面衝突試験上方図**：道路運送車両の保安基準，国土交通省

図 2-04-13　**側面衝突試験上方図**：平成 29 年度側面衝突安全性能試験方法，独立行政法人自動車事故対策機構（NASVA）

図 2-04-14　**破損箇所と対策形状**：リコール届出資料（リ国 1056），国土交通省

図 2-04-15　**NASA 公開図面のスケッチ**：チャレンジャー号事故に関する大統領委員会報告を基に著者作成

図 2-04-16　**NASA 安全管理組織**：チャレンジャー号事故に関する大統領委員会報告を基に著者作成

図 3-01-01　**ハブ断面形状**：リコール届出資料（リ国 1264 号）を基に著者作成

図 3-01-13　**予熱温度と溶接熱影響部硬度の最高硬さ**：『溶接・接合技術』溶接学会編，産報出版，p.166 の資料を基に著者作成

図 3-01-18　**ろう付継手の種類**：『ろう付の基礎』恩澤忠男，真空・第 39 巻 5 号，p.232 を基に著者作成

図 3-01-20　**炭素鋼の銅ろう継手強度**：『Q ろう付継手の強度にはどのような特徴がありますか』接合溶接技術 Q&A，Q08-01-08，一般社団法人日本溶接協会

表 3-01-03　**母材別のろう付一覧**：『ろう付の基礎』恩澤忠男，真空・第 39 巻 5 号，p.229 を基に著者作成
図 3-01-26　**エンジンの配管例**：4HK1TC の左側面図，いすゞ自動車株式会社
図 3-01-29　**実路走行の噴射管内圧変動**：いすゞ技報 122 号，p.98，いすゞ自動車
図 3-02-16　**ローラロッカの銅ピン冷やしばめ**：いすゞ技報 103 号，p.23，いすゞ自動車
表 3-03-01　**冷凍空調機器用 60 ～ 90℃循環水の水質ガイドライン**：冷却水・冷水・温水・補給水の水質基準，一般社団法人日本冷凍空調工業会
図 3-04-01　**ねじの最小はめあい長さ**：『JIS による機械製図と機械設計』機械製図と機械設計編集委員会編，オーム社（2023）
図 3-04-02　**BMW ブレーキディスク不具合箇所説明図**：リコール届出（外 1543, 2009 年），国土交通省
図 3-04-03　**DUCATI スタンドボルト不具合箇所説明図**：リコール届出（外 -2426, 2017 年），国土交通省
図 3-04-04　**自動車工業会の整備関係会社への広報資料**：ホイール脱着後は増し締めを確実に，一般社団法人自動車工業会
図 3-04-05　**球面座のナット**：車輪脱落防止のための正しい車輪の取扱いについて，一般社団法人自動車工業会
図 3-04-07　**プーリの不具合箇所説明図**：リコール届出（外 -2435,2017 年），国土交通省
図 3-04-08　**ハンドルホルダーボルトの不具合箇所説明図**：リコール届出（4009, 2012 年）
図 3-04-09　**フレームおよびボルト折損の不具合箇所説明図**：リコール届出（540, 2018 年）
図 3-04-27　**水素脆性のボルト強度と危険域**:『鉄鋼材料における水素脆化』材料と環境, 白神哲夫, JFE 条鋼株式会社，Vol.60，pp.236-240（2011）
図 3-04-28　**水素脆性破壊したボルトの使用箇所**:いすゞ 05 型 GIGA のエンジンについて, いすゞ技報 115 号（2006）
図 3-04-29　**破損ボルトの使用箇所**：リコール届出（4202, 2018 年），国土交通省
図 3-04-30　**LLW 輸送容器**：低レベル放射性廃棄物輸送容器蓋固定用ボルト折損事象の原因究明及び再発対策について，原燃輸送株式会社
図 3-04-31　**ボルト固定状態**：低レベル放射性廃棄物輸送容器蓋固定用ボルト折損事象の原因究明及び再発対策について，原燃輸送株式会社
図 3-04-32　**LLW 輸送容器保管状態**：低レベル放射性廃棄物輸送容器蓋固定用ボルト折損事象の原因究明及び再発対策について，原燃輸送株式会社
表 3-04-03　**被締付部材の限界面圧**：『ねじ締結体の設計法（第 2 版）』，VDI2230，一般社団法人日本ねじ研究協会
図 3-04-37　**ボア変形と亀裂**：いすゞ 00 型 GIGA のエンジンについて，いすゞ技報 103 号 p.48
図 3-05-04　**トルクレンチ**：東日トルクハンドブック，Vol.9，p.224, 240, 310，株式会社東日製作所
図 3-05-05　**ホイールボルト締付作業**：東日トルクハンドブック，Vol.9，p.226，株式会社東日製作所
図 3-05-12　**高圧ガス設備フランジ事故原因**：高圧ガス設備フランジ締結部の事故対策について，特別民間法人高圧ガス保安協会
図 3-05-13　**フランジ継手の締付順序**：JIS B 2511 を基に著者作成
図 3-05-14　**出火原因分析結果**：バス火災事故防止のための点検整備のポイント（別添 1），国土

交通省

図 3-06-01　液状ガスケット塗布作業：LEAK-FREE FLANGES A LOCTOTE DESIGN GUIDE, Henkel

表 3-06-01　液状ガスケットの特性例：自動車関連製品案内（Web カタログ），株式会社スリーボンド

図 3-06-07　シールテープ巻：配管時のシールテープの正しい巻き方を国家資格保有者が写真で解説，おじさんのやってみよう（ojisan-letstry.com）

表 3-06-03　2 種 B 形メートルねじプラグとガスケット：『JIS による機械製図と機械設計』機械製図と機械設計編集委員会編，オーム社（2023）

図 3-07-01　スペースシャトルのタング部の変形：スペースシャトルチャレンジャー事故に関する報告，大統領委員会

図 3-07-02　O リング許容つぶし率：O リングカタログ，NOK 株式会社

図 3-07-03　O リングの内径と線形の関係：JIS B 2401 を基に著者作成

図 3-07-04　ゴムの低温弾性回復試験：ゴム材料の TR 曲線，株式会社パッキンランド

図 3-07-08　材料試験からゴムの寿命予測例：ゴム・樹脂製品の耐久寿命評価，JFE テクノリサーチ株式会社

表 3-07-03　ホースの種類および用途と材質：自動車用ゴムホースの信頼性評価，一般社団法人日本ゴム工業会

図 3-07-10　電気劣化によるホース内面の亀裂：自動車用ホースの環境劣化，神戸忍，日本ゴム協会誌（2016 年 1 号）

図 3-08-02　スクリューギアの異常摩耗：いすゞディーゼル技術 50 年史　直噴でも先駆けたエルフ，いすゞ自動車株式会社（1987）

表 3-09-01　－45℃以下を記録した各国の地域：Wikipedia

図 3-10-01　オイルパン内のオイル：RV 用 4JX1TC ディーゼルエンジンの開発，いすゞ技報 99 号（1998）

図 3-11-02　湘南モノレール事故直後：湘南モノレール鎌倉駅構内鉄道物損事故，鉄道事故調査報告書（RA2009-6），国土交通省

図 3-13-03　10TD1 エンジンと筆者：大形トラクタ用 10TD1 型エンジンの開発，いすゞ技報 99 号（1998）

索　引

サ 行

タ 行

ナ　行

ハ　行

マ　行

ヤ　行

ラ　行

ワ　行

英　字

〈著者略歴〉
飯田　眞（いいだ　まこと）
静岡県伊豆市出身。
日本大学理工学部粟野研究室にていすゞ2AB1エンジンを用いてアルコール燃料の希薄燃焼研究をしたことがきっかけで，ディーゼルエンジンの魅力に取りつかれ，いすゞ自動車株式会社に入社。入社1か月後から大型エンジン設計部でA0図面を描き始めて以来（3年間のエンジン技術部課長を挟む），再雇用まで40年以上をエンジンの設計一筋に従事。
2016〜2023年に日本大学理工学部機械工学科の設計製図Ⅰ・Ⅱの非常勤講師を務める。
2020年『JISによる機械製図と機械設計』（オーム社）を共著執筆。
2020年より飯田エンジニアリング（https://www.iida-engineering.com）社長。
自動車技術会，日本ねじ研究協会，失敗学会，寺子屋ひがしたかつ，炉端の会に所属。

機械設計失敗事典
―99の事例から学ぶ正しい設計法―

2025年4月25日　第1版第1刷発行

著　者　飯田　眞
発行者　髙田光明
発行所　株式会社 オーム社
郵便番号　101-8460
東京都千代田区神田錦町3-1
電話　03(3233)0641(代表)
URL　https://www.ohmsha.co.jp/

組版　フレア　　印刷　精興社　　製本　協栄製本
ISBN978-4-274-23339-5　Printed in Japan